精彩创意欣赏

5DS⁺

作者介绍

北京五谛数字艺术有限公司

胡秀静

毕业于辽宁地质工程学院

主要负责 MAYA 动画和动力学特效 Reaflow 等部分。

个人信条：Nothing seek, nothing find.

李泉洲

从业时间：2005 年至今

5DS⁺ 智作 特效合成师
5DS⁺ 实训 特效高级讲师

2005 年开始从事影视动画行业，曾参与制作过多部三维动画、平面广告、栏目包装等商业作品。

曾服务客户：CCTV 7、北京电视台、蒙牛、贵州茅台集团等。

佟瑶

从业时间：2011 年至今

毕业于辽宁地质工程学院

主要负责 MAYA 材质和动画。

个 人 信 条：Action is the proper fruit of knowledge.

作者介绍

北京五谛数字艺术有限公司

王军丽（Lily）

毕业于郑州轻工业学院动画专业

拥有多年商业项目实战制作和多年的项目策划及流程管理优化经验，mix 广告计划发起人。
服务客户：可口可乐、奥康鞋业、柳汽集团、皇明集团、联邦制药、CCTV 少儿频道、CCTV 电影频道、浙江卫视、河南卫视、安徽经视、优扬传媒、电影《机器侠》宣传片等。

于浩

毕业于内蒙古师范大学

5DS⁺ 高级讲师

成功案例：CCTV-2、CCTV-6、北京卫视、山西卫视、新疆卫视等。

个人技术擅长：对后期特效合成有深入的研究和独到的见解。在创意与栏目包装方面有丰富的制作经验。
个人信条：生活就是发现。

张龙

5DS⁺ 高级讲师

具有丰富的电视包装实战和教学经验。
成功案例：CCTV 2、CCTV 9、河南卫视、河南5、安徽经视、安徽科教、boloni 等。
擅长技能：创意展现 MAYA、C4D、AE 后期合成。

5DS⁺ 精彩创意欣赏

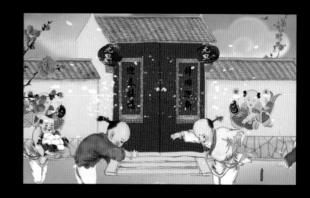

精彩创意欣赏

5DS⁺

5DS⁺ 精彩创意欣赏

精彩创意欣赏

5DS⁺

5DS⁺ 精彩创意欣赏

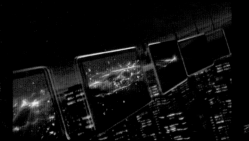
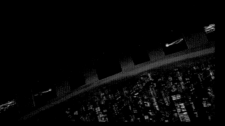

大像无形——5DS⁺影视包装 卫视典藏版（下）

5DS⁺公司　编著

机械工业出版社

本书采用5DS⁺近年完成的北京卫视整包项目为案例，普及整体包装创作思路及技巧，精选10个完整的独立案例，通过上、下册各5个案例的方式，对软件技术、创作思路等进行详细的讲解，并通过每本书2张DVD光盘的大量资源及素材，帮助读者更好地学习创作。本书涉及的软件包括Photoshop、Maya、After Effects，适合有一些Maya和After Effects相关软件基础，并对后期、电视包装、媒体后期行业感兴趣的读者学习。5DS⁺系列影视包装案例图书，已多被各大学收藏，并作为部分教学指导用书。

图书在版编目（CIP）数据

大像无形：5DS⁺影视包装卫视典藏版. 下 / 5DS⁺公司编著.
—北京：机械工业出版社，2012.6
ISBN 978-7-111-38522-6

Ⅰ. ① 大… Ⅱ. ① 5… Ⅲ. ① 三维动画软件
Ⅳ. ① TP391.41

中国版本图书馆CIP数据核字（2012）第109040号

机械工业出版社（北京市百万庄大街22号　邮政编码100037）
策划编辑：丁　诚　尚　晨　　责任编辑：丁　诚
责任印制：乔　宇
北京汇林印务有限公司印刷
2012年7月第1版·第1次印刷
203mm×260mm·28.5印张·4插页·719千字
0001—5000册
标准书号：ISBN 978-7-111-38522-6
　　　　　ISBN 978-7-89433-518-0（光盘）
定价：129.00元（含2DVD）

凡购本书，如有缺页、倒页、脱页，由本社发行部调换

电话服务	网络服务
社 服 务 中 心：(010) 88361066	
销 售 一 部：(010) 68326294	门户网：http://www.cmpbook.com
销 售 二 部：(010) 88379649	教材网：http://www.cmpedu.com
读者购书热线：(010) 88379203	封面无防伪标均为盗版

序

2012，这本书终于跟广大读者见面了，在这个注定不寻常的年代里留下了扎实的印记，这本书分为上、下两册，说来很巧，面对不惑之年的我，人生也正是在今年分成了上、下半场。

过去的 10 年，我们传统电视媒体人经历了几个阶段，从强调美感忽略内涵的电视包装 1.0 时代，到重视定位品牌整合的电视包装 2.0 时代，走到今天我们似乎已经不能再用类似 3.0 这样简单的模式描述它了，电视包装行业已经和战略规划、品牌管理、网络营销、移动应用、用户体验等等众多领域交织在一起，加之社交媒体、互联网视频媒体、移动客户端媒体等渠道的不断拓展，增强现实技术、电视数据库技术、二维码应用技术、LBS 技术等众多新兴应用工具的融合，原来的电视包装概念就显得太狭小了。

好吧，为了能够在拐点做个承前启后的转折，我们给他一个新的定义——媒体包装。

我常形容这个行业的从业者是一群"充满激情的受虐狂"，热爱设计、痴迷创意几近癫狂，长年累月虐待自己的身体，用熬夜代替休闲娱乐的一群疯子，也正是我们这些人，用我们的青春，创造了这个时代的视觉感受，为生活在这个时代的人们，留下了视觉记忆。

其实，也许我们作为个体，并没有那么多想法，仅仅是满足自己的点点成就感罢了，但在不经意间，正是我们这群充满激情的受虐狂们，集合在一起的集体创作，真正描绘了整个世界。

继续走下去，会是什么样的风景？没有人知道答案，我们都只是刚刚开始……

作为"前辈"（老人的代名词），非常希望能用自己的亲身体会，指导一下年轻人的思想，不过，这其实在我看来，又是一种不切实际的想法，按照前人走过的路走，对么？不对，这本身就是件没有创意的事，况且，人生的轨迹不可能重复，也不可能复制，每个人都是在经历了之后，才会有体验，这就是"经验"二字所传递给我们的概念。

每个人的人生都是独一无二的，对于我们这群喜欢创新，每天生活在创意之中的人们，对于自己的人生，你是否也像给客户的提案一样，认真地收集资讯，细致地分析脉络，异想天开地创意并缜密地梳理过呢？对于我们的项目和客户，把我们的才能和睿智发挥得淋漓尽致时的快乐，得到客户高度评价和充分认可后的欣喜若狂，是不是也应该用我们自己的人生去体验呢？

记得和我的同行们聊天时，经常会被问到"你经营 5DS⁺ 最大的收获是什么？"我总会说："经营 5DS⁺ 最大的收获，不是我们取得了什么样的成绩，而是这么多年一路走来所经历的这么多失败和犯下的这么多的错误！"。

的确，这个理念已经从最早思想当中表面上的"自我鼓励"，逐渐转变成现如今心底里真真切切的感受。每每回头望去，都会感谢那些过往发生在身边的大大小小的失败和打击，是失败给了我判断的经验，是诋毁让我学会了隐忍，是打击让我变得更坚强，是这些不可能再重复的逆商课程，让我面对新的困难和挑战时变得从容。感谢那些对我说不的人，正是因为你们，我靠自己做到了。

这个行业是充满刺激与挑战的行业，他会在你不知不觉中渗透到你每天生活的方方面面，每个角落，如果你正面面对他，你将会获得满盈的成就感，当然，有时也会遍体鳞伤，不过只要你坚持不懈，成功终将是属于你的。其实，成功就是爬起来比跌倒多一次！

那么还顾虑什么呢，来，让我们继续吧！

一觉

前言

本书凝结了来自 5DS⁺ 的设计师们的创作感悟与经验汇总。多年在制作一线打拼的我们，制作了大量的项目，每个项目都有其独特性，而北京卫视整体包装项目是这些项目中最精彩、最时尚的体现。本书将主要讲解 10 个大家喜闻乐见的北京卫视的包装项目，为读者带来视听盛宴的同时，也为大家重现项目创作的全过程，希望读者能从中获得收益。

本书从创意入手，将客户意见与实用性结合找准主题；再到通过各种制作技巧，帮助读者掌握具体制作技巧。本书最主要的价值在于帮助读者从项目实战中领悟商业制作的流程及项目的执行标准。每次的项目都是不断在创新。我们也希望读者可以在此基础上举一反三地拓展思路。5DS⁺ 会不断为大家带来更新的项目作品。我们的激情不断，我们的创作永不停止。

本书分为上、下两册，每册介绍 5 个北京卫视的栏目包装案例，读者可以根据自己的需要和兴趣选择学习相关的内容。

参加本书编写的包括：杨晶、牛琳琳、纪娇、王军丽、关瑞敏、丁睿、陈恒、于浩、张龙、成明、潘和、郝艳朋、佟瑶、张立勋、胡秀静、李宝圆、刘国才、梁宏霞、马可欣、杨中琼、贾妮、杨帅、王上楠、刘波、高智、邢涛、黄玲玲、齐跃海、张婉、张陈志、宋聚兵、张昱、夏国珲、刘睿明、郭翔、周登鹏、李文龙、文治、孙兵、唐中春、袁维雅、何伟斌、施旌、王嘉利、朱庆娟、苏展、谢孝先、刘笑天、韩新媛、陈鹏、吕宁、郭强、刘璐、曹野、李泉洲、刘刚刚、李志、王卫红、高振刚、燕君、赵琦、于晓雯、姜羽、张唯唯、牛闯、秦梦梦、郭明旭、李雪等。

编者

序
前言

第 6 章　北京卫视整体包装栏目篇之红星剧场

红星剧场

- 6.1　创意思路 …………………………………………………………2
- 6.2　创意分镜头的制作 …………………………………………………3
- 6.3　在 Maya 中完成模型的制作 ………………………………………20
  - 6.3.1　镜头一中显示器模型的制作 …………………………………20
  - 6.3.2　镜头四中 Logo 模型的制作 …………………………………31
- 6.4　在 Maya 中完成动画的制作 ………………………………………37
  - 6.4.1　镜头一显示器摄像机动画的制作 ……………………………37
  - 6.4.2　镜头三显示器摄像机动画的制作 ……………………………40
- 6.5　在 Maya 中完成材质灯光的制作 …………………………………42
  - 6.5.1　显示器材质的制作 …………………………………………42
  - 6.5.2　三点照明灯光的制作 ………………………………………52
  - 6.5.3　定版 Logo 材质的制作 ……………………………………56
- 6.6　在 After Effects 中完成镜头合成 …………………………………63
  - 6.6.1　第一镜头合成详解 …………………………………………63
  - 6.6.2　第四镜头合成详解 …………………………………………71

第 7 章　北京卫视整体包装栏目篇之早安剧场

早安剧场

- 7.1　创意思路 …………………………………………………………88
- 7.2　创意分镜头的制作 …………………………………………………88
- 7.3　在 Maya 中完成模型的制作 ………………………………………108
  - 7.3.1　镜头一中窗户模型的制作 ……………………………………108
  - 7.3.2　镜头一中音符模型的制作 ……………………………………114
  - 7.3.3　镜头四中楼房模型的制作 ……………………………………118
  - 7.3.4　镜头四中 Logo 模型的制作 …………………………………125
- 7.4　在 Maya 中完成粒子动画的制作 ……………………………………127
  - 7.4.1　镜头一中粒子动画的制作 ……………………………………127
  - 7.4.2　镜头一流体云海的制作 ………………………………………137
- 7.5　在 Maya 中完成材质灯光的制作 ……………………………………142
  - 7.5.1　定版 Logo 材质及灯光的制作 ………………………………142
  - 7.5.2　天光阵列灯光的制作 …………………………………………159
  - 7.5.3　楼房材质的制作 ……………………………………………168
- 7.6　在 After Effects 中完成镜头合成 …………………………………177
  - 7.6.1　第一镜头合成详解 …………………………………………177
  - 7.6.2　第四镜头合成详解 …………………………………………189

第 8 章　北京卫视整体包装栏目篇之好人故事

8.1	创意思路	197
8.2	创意分镜头的制作	197
8.3	在 Maya 中完成模型，材质的制作	209
	8.3.1　落班字模型的制作	209
	8.3.2　落版字材质制作	212
8.4	运用 After Effects 合成	225
	8.4.1　镜头 1 合成	225
	8.4.2　落版镜头合成	251

第 9 章　北京卫视整体包装栏目篇之好梦剧场

9.1	创意思路	265
9.2	创意分镜头的制作	265
9.3	模型搭建和材质调节	275
	9.3.1　模型搭建	275
	9.3.2　窗帘材质制作	286
	9.3.3　丝带模型制作	290
9.4	运用 After Effects 后期合成	301

第 10 章　北京卫视整体包装栏目篇之档案

10.1	创意思路	341
10.2	创意分镜头的制作	341
	10.2.1　创意分镜一的制作	341
	10.2.2　创意分镜二的制作	357
10.3	档案案例模型创建	371
	10.3.1　书模型的创建	371
	10.3.2　齿轮的创建	378
	10.3.3　笔尖的制作	378
	10.3.4　锁的制作	385
10.4	档案材质制作	393
	10.4.1　第一个镜头钢笔材质	393
	10.4.2　定版字材质调节	403
10.5	在 Maya 中完成动画的制作	409
10.6	运用 After Effects 后期合成	418
	10.6.1　镜头一合成	418
	10.6.2　档案定版合成镜头	432

第6章 北京卫视整体包装栏目篇之红星剧场

本案例的重点和特点

- 从分析客户需求入手，掌握创意定位思路，让创意元素表达核心创意点
- 创意的绘制方法
- 案例中灯光材质的运用制作有气氛的夜景
- 灵活掌握软件的使用技巧

制作内容

- 使用 Photoshop 绘制创意图
- 显示器模型材质制作方法
- 倒角字的制作方法
- 运用 After Effects 合成的思路

6.1 创意思路

北京卫视整体包装栏目篇之《红星剧场》片头创意的出发点来自于对整个片子的定位：《红星剧场》由红星集团赞助播出，但画面中不能出现关于红星集团的产品。剧场类栏目根据北京卫视口号"天涯共此时"，分为早、中、晚、夜四个时间段。而《红星剧场》是在晚间黄金时间播出的剧场类栏目，进行创意时可以根据播出时间以晚间为中心进行创意拓展，例如饭后家人围坐品茶聊天、休闲看电视机及灯火辉煌的都市等。

通过整理出的关键词和对主题的理解确定创意点：充满现代元素的大屏幕从天而降，屏幕中出现绚丽的光芒，在灯火辉煌的都市中穿梭。

创意制作储备素材如图 6-1-1 所示。

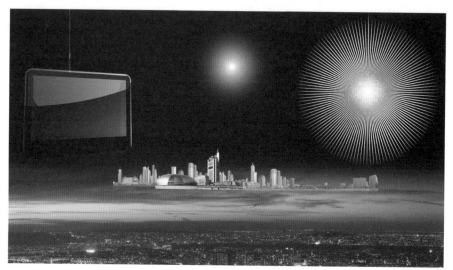

图 6-1-1

创意分镜头如图 6-1-2 所示。

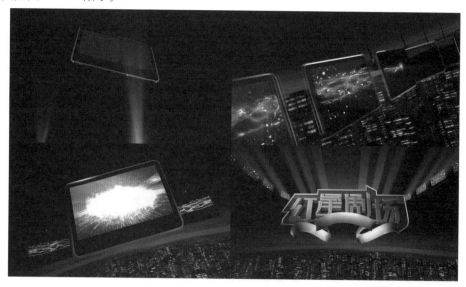

图 6-1-2

6.2 创意分镜头的制作

01 创意效果图如图 6-2-1 所示。

图 6-2-1

02 在 Adobe Photoshop 中执行"文件"→"新建"命令（按快捷键<Ctrl+N>）新建文件，命名为红星剧场，设置宽度：2500 像素；高度：576 像素；分辨率：72 像素/英寸；像素长宽比：方形像素，如图 6-2-2 所示。

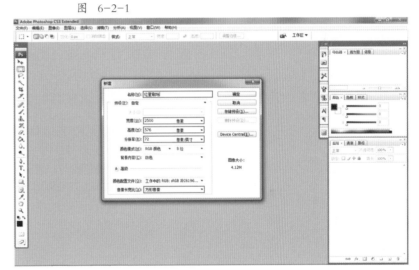

图 6-2-2

03 在工具箱中选择"渐变工具"，渐变颜色为深蓝到黑色渐变，渐变方式选择"径向渐变"，在背景层上进行拖曳，如图 6-2-3 所示。

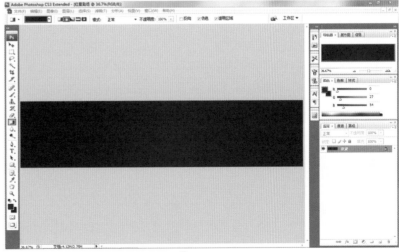

图 6-2-3

04 打开随书光盘中的"背景.jpg"文件(文中的素材文件均可在随书光盘中找到),如图6-2-4所示。

图 6-2-4

05 按快捷键<Ctrl+T>,旋转、缩放、移动摆放位置,如图6-2-5所示。

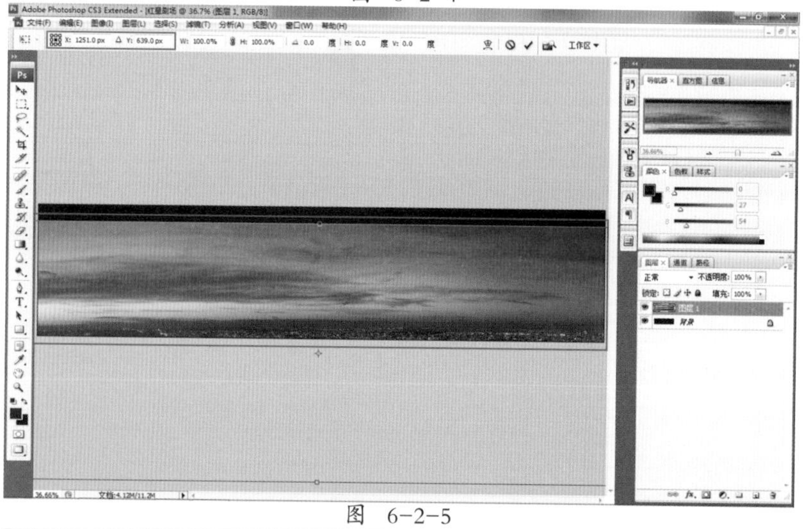

图 6-2-5

06 添加"图层蒙板",在工具箱中选择"渐变工具",渐变颜色为黑色到透明渐变,渐变方式选择"线性渐变",在蒙板上进行拖曳,如图6-2-6所示。

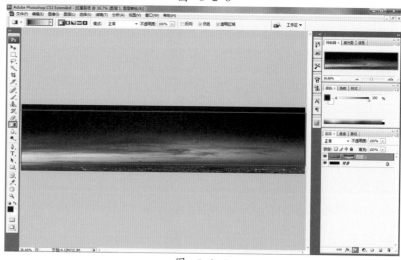

图 6-2-6

第 6 章 北京卫视整体包装栏目篇之红星剧场

07 将"图层1"素材选中，拖曳到"创建新图层"按钮上，进行复制或按快捷键<Ctrl+J>复制。设置图层混合模式为"正片叠底"，如图6-2-7所示。

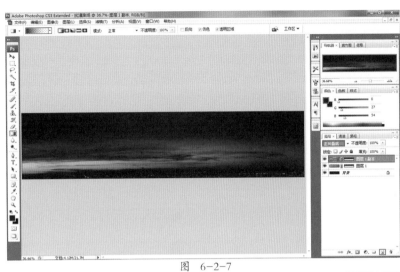

图 6-2-7

08 打开"幕布.jpg"文件，如图6-2-8所示。

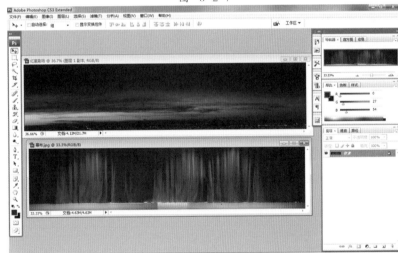

图 6-2-8

09 执行"图像"→"调整"→"去色"命令，变成黑白图像，如图6-2-9所示。

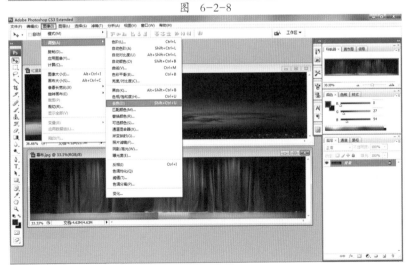

图 6-2-9

10 按快捷键<Ctrl+T>，旋转、缩放、移动摆放位置，设置图层混合模式为"柔光"，如图6-2-10所示。

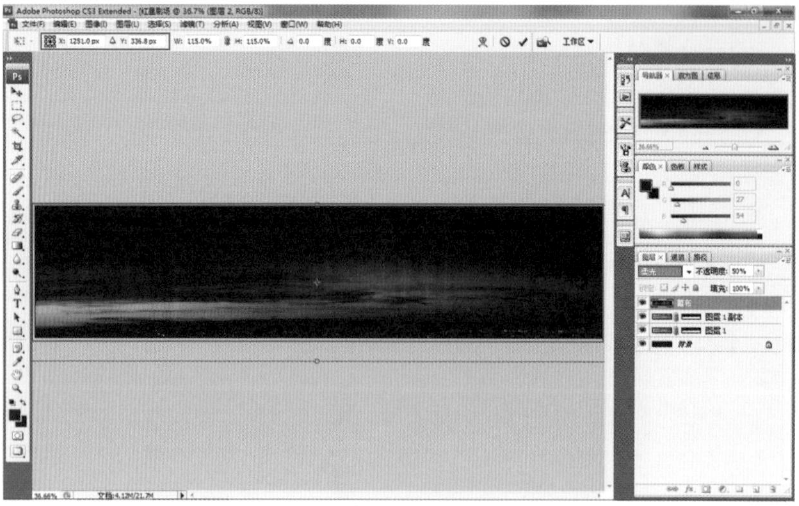

图 6-2-10

11 制作射线素材，执行"文件"→"新建"命令（按快捷键<Ctrl+N>），命名为射线，设置宽度：2000像素；高度：2000像素；分辨率：72像素/英寸；像素长宽比：方形像素，如图6-2-11所示。

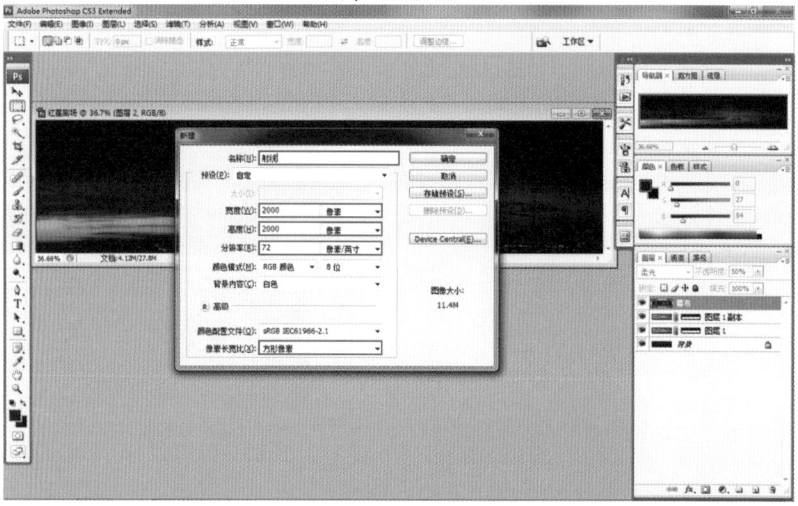

图 6-2-11

12 新建"图层1"，填充颜色为黑色，执行"编辑"→"变换"→"透视"命令，制作出一个三角形，如图6-2-12所示。

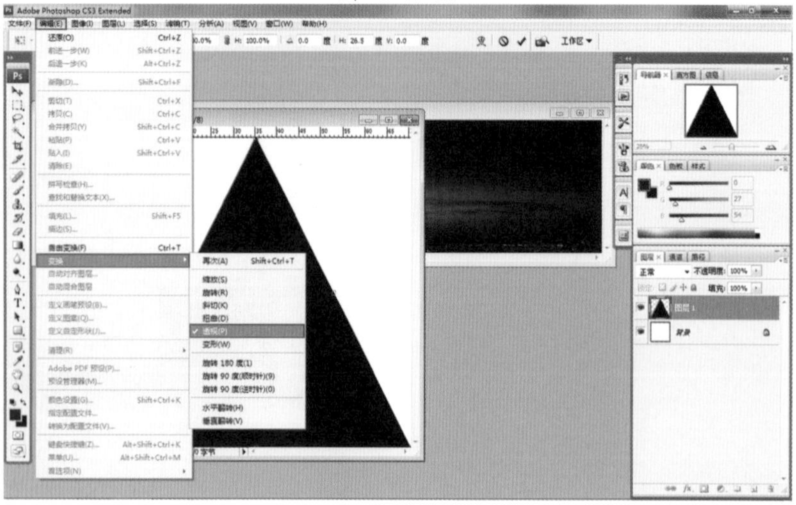

图 6-2-12

第6章 北京卫视整体包装栏目篇之红星剧场

13 按快捷键<Ctrl+J>复制，按快捷键<Ctrl+T>，旋转、缩放、移动摆放位置，重复执行把画面铺满，选择所有三角形图层执行"图层"→"合并图层"命令，如图6-2-13所示。

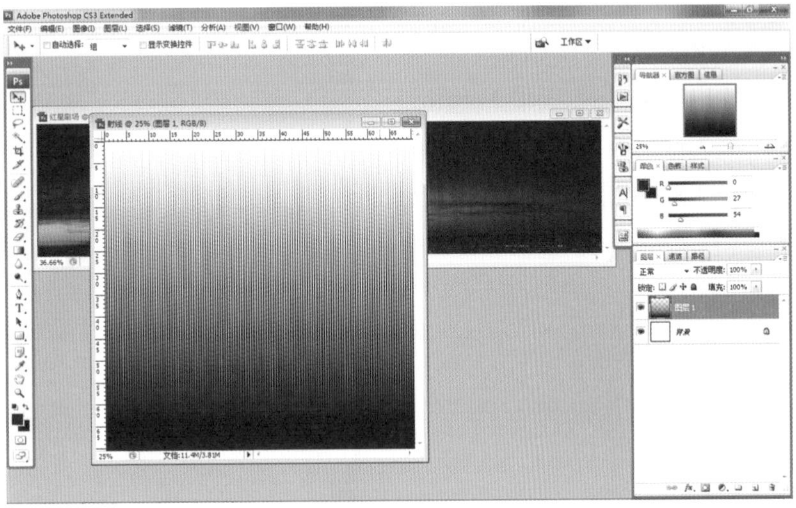

图 6-2-13

14 选择"图层1"，执行"滤色"→"扭曲"→"极坐标"命令，如图6-2-14所示。

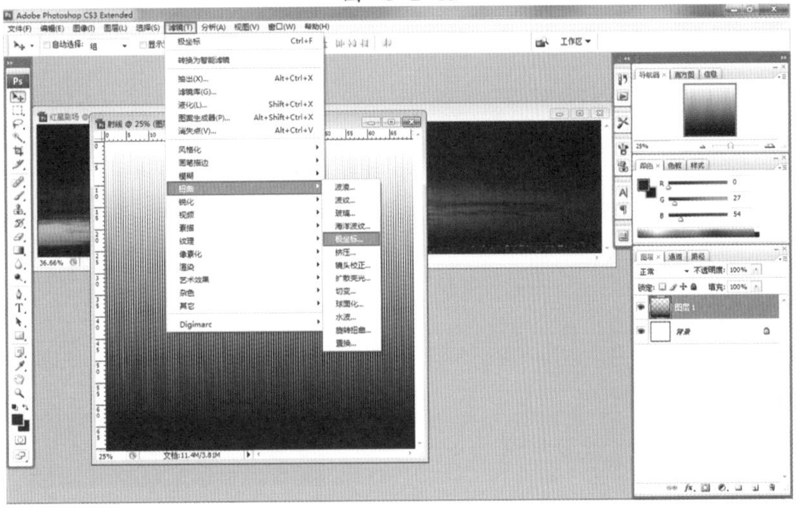

图 6-2-14

15 选择平面坐标到极坐标，制作放射效果，如图6-2-15所示。

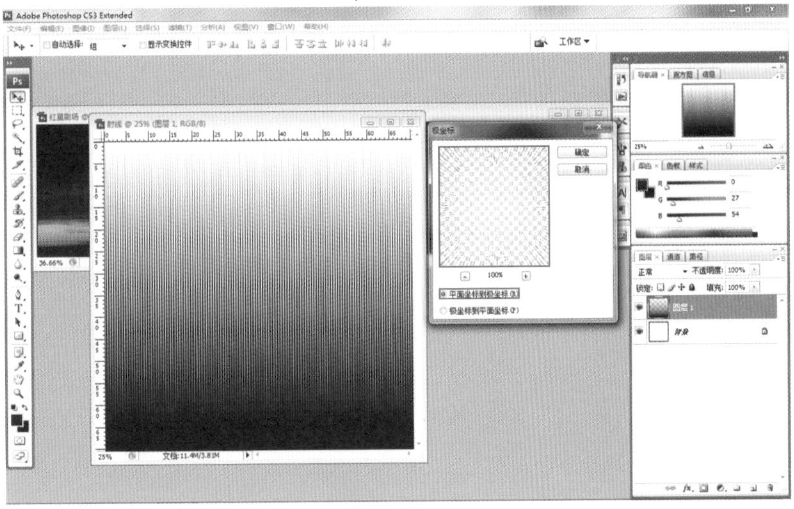

图 6-2-15

16 按快捷键<Ctrl+T>，旋转、缩放、移动摆放位置，如图6-2-16所示。

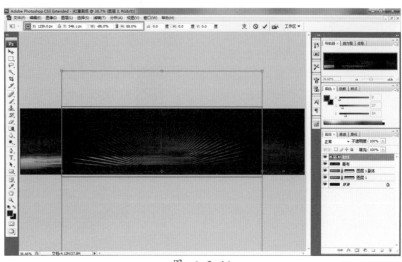

图 6-2-16

17 打开"光点.tga"文件，如图6-2-17所示。

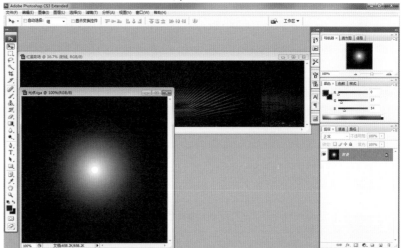

图 6-2-17

18 按快捷键<Ctrl+T>，旋转、缩放、移动摆放位置，如图6-2-18所示。

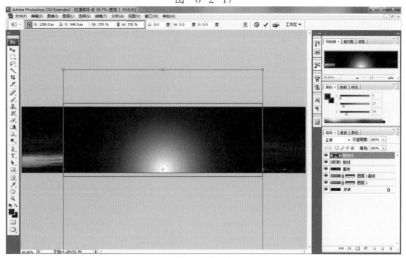

图 6-2-18

第 6 章 北京卫视整体包装栏目篇之红星剧场

(19) 按<Ctrl>键＋鼠标左键单击"射线"图层提取 Alpha 通道，按快捷键<Ctrl+Shift+I>反向选择，给射线光图层添加"图层蒙板"，设置图层混合模式为"滤色"，如图 6-2-19 所示。

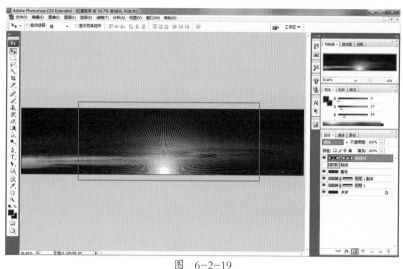

图 6-2-19

(20) 打开"城市夜景.jpg"文件，如图 6-2-20 所示。

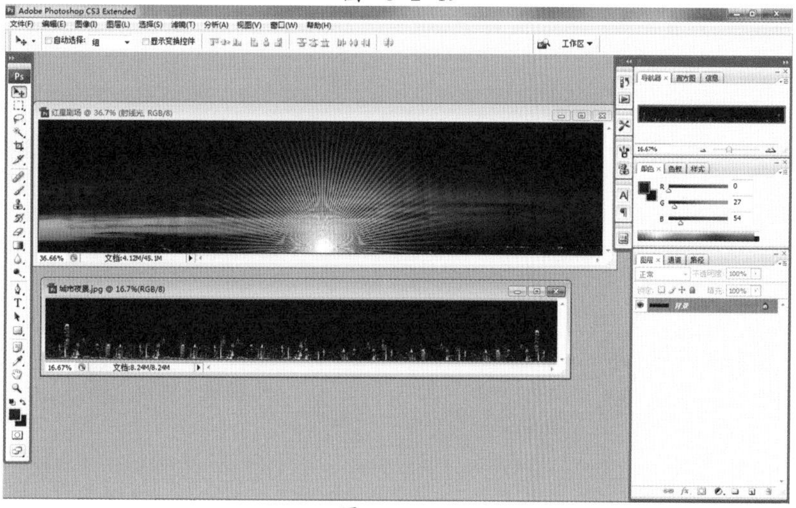

图 6-2-20

(21) 按快捷键<Ctrl+T>，旋转、缩放、移动摆放位置，添加"图层蒙板"，用"画笔工具"涂抹多余的地方做遮挡，设置图层混合模式为"正片叠底"，如图 6-2-21 所示。

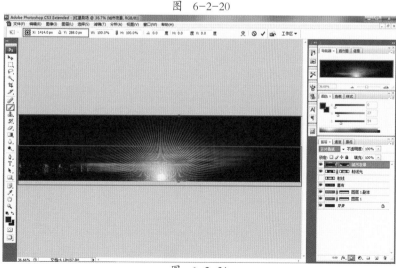

图 6-2-21

22 按快捷键 <Ctrl+J> 复制"城市夜景"图层，设置图层混合模式为"滤色"，如图 6-2-22 所示。

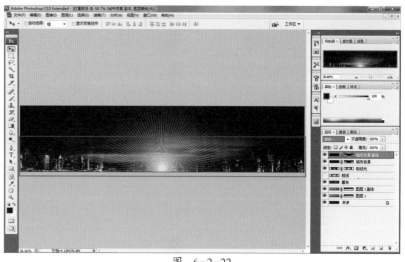

图 6-2-22

23 打开"楼.psd"文件，如图 6-2-23 所示。

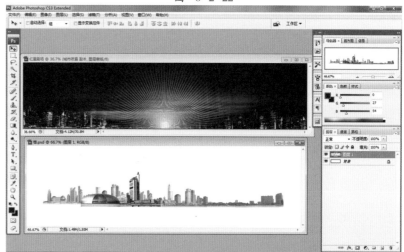

图 6-2-23

24 按快捷键 <Ctrl+T>，旋转、缩放、移动摆放位置，添加"图层样式"、"外发光"，设置大小：38 像素，如图 6-2-24 所示。

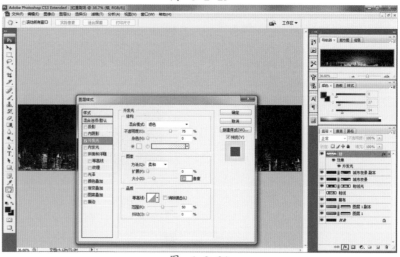

图 6-2-24

第 6 章　北京卫视整体包装栏目篇之红星剧场

25 添加"图层样式"、"渐变叠加",设置渐变颜色,如图 6-2-25 所示。

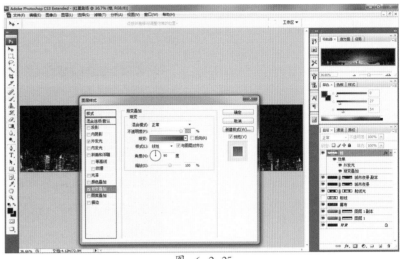

图 6-2-25

26 打开"人群.psd"文件,如图 6-2-26 所示。

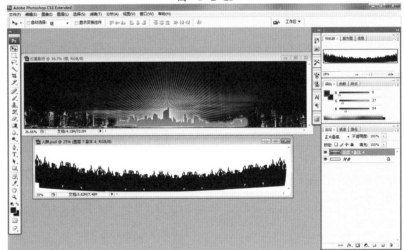

图 6-2-26

27 按快捷键<Ctrl+T>,旋转、缩放、移动摆放位置,设置图层混合模式为"正片叠底",如图 6-2-27 所示。

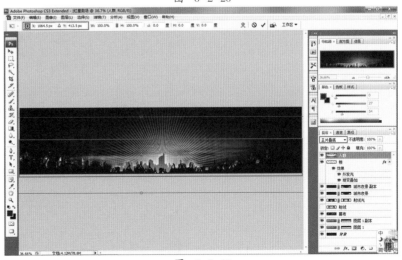

图 6-2-27

(28) 打开"屏幕01.tga"文件，如图6-2-28所示。

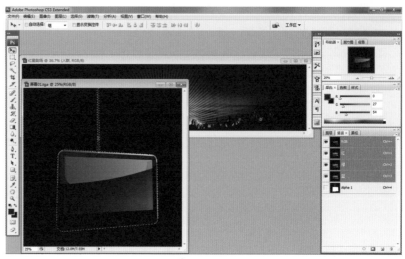

图 6-2-28

(29) 按快捷键<Ctrl+T>，旋转、缩放、移动摆放位置，如图6-2-29所示。

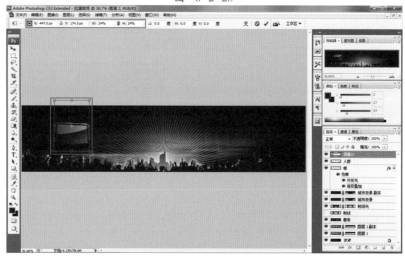

图 6-2-29

(30) 按快捷键<Ctrl+J>，复制"屏幕01"图层，执行"图像"→"调整"→"色相／饱和度"命令，如图6-2-30所示。

图 6-2-30

第 6 章　北京卫视整体包装栏目篇之红星剧场

31 调节"色相/饱和度"，打开着色，设置色相：40、饱和度：100，设置图层混合模式为"滤色"，如图 6-2-31 所示。

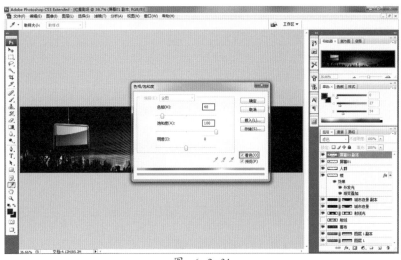

图 6-2-31

32 打开"光点.tga"文件，按快捷键 <Ctrl+T>，旋转、缩放、移动摆放位置，设置图层混合模式为"滤色"，如图 6-2-32 所示。

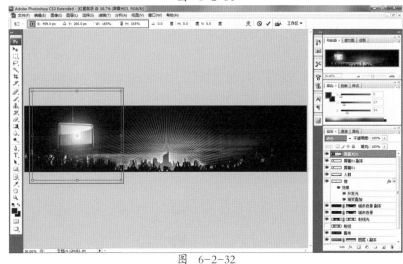

图 6-2-32

33 用"钢笔工具"画出光线的放射方向，如图 6-2-33 所示。

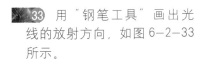

图 6-2-33

34 单击鼠标右键选择"建立选区",如图6-2-34所示。

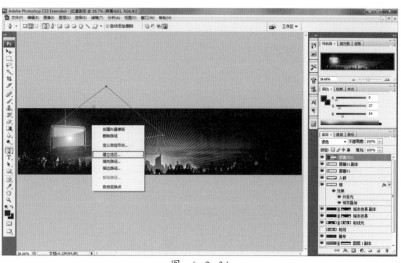

图 6-2-34

35 在弹出"建立选区"设置栏,设置羽化半径:10像素,如图6-2-35所示。

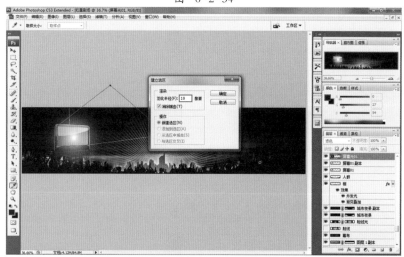

图 6-2-35

36 按快捷键<Ctrl+Shift+I>反向选择,按快捷键<Delete>删除多余部分,如图6-2-36所示。

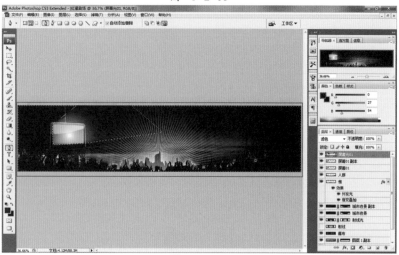

图 6-2-36

第6章 北京卫视整体包装栏目篇之红星剧场

37 打开"屏幕02.tga"文件，按快捷键<Ctrl+T>，旋转、缩放、移动摆放位置，如图6-2-37所示。

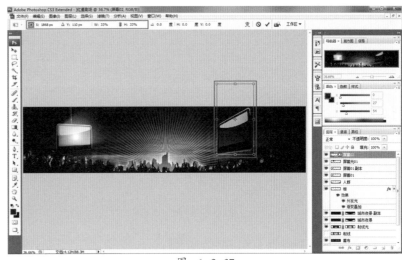

图 6-2-37

38 按快捷键<Ctrl+J>，复制"屏幕02"图层，制作方法同步骤30、31，打开"光点.tga"文件，按快捷键<Ctrl+T>，旋转、缩放、移动摆放位置，设置图层混合模式为"滤色"，制作方法同步骤33、34、35、36，如图6-2-38所示。

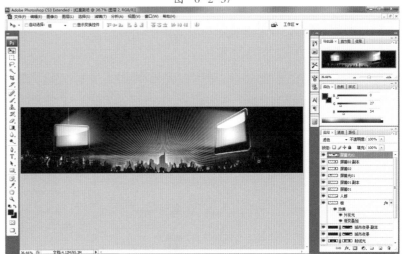

图 6-2-38

39 打开"屏幕03.tga"文件，按快捷键<Ctrl+T>，旋转、缩放、移动摆放位置，按快捷键<Ctrl+J>复制"屏幕03"图层，制作方法同步骤30、31，重复制作，制作好屏幕背景，如图6-2-39所示。

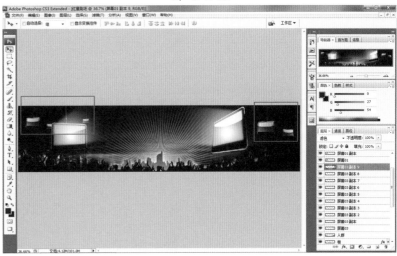

图 6-2-39

40 执行"滤镜"→"模糊"→"高斯模糊"命令，如图6-2-40所示。

图 6-2-40

41 调节"高斯模糊"半径：1.2像素，模拟近实远虚的效果，越远的模糊半径越大，如图6-2-41所示。

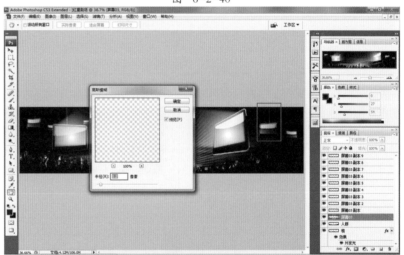

图 6-2-41

42 打开"光点.tga"文件，按快捷键<Ctrl+T>，旋转、缩放、移动摆放位置，设置图层混合模式为"滤色"，按快捷键<Ctrl+J>复制多个光点，如图6-2-42所示。

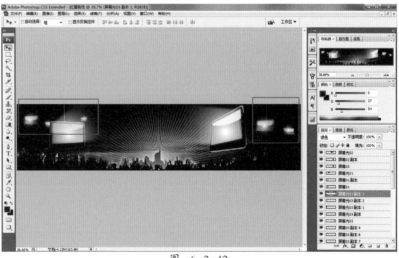

图 6-2-42

第 6 章　北京卫视整体包装栏目篇之红星剧场

43 选择所有的屏幕和屏幕光图层，拖曳到"创建新组"按钮上，进行打组，如图 6-2-43 所示。

图 6-2-43

44 打开"Logo.psd"文件，按 <Ctrl> 键 + 鼠标左键单击"Alpha"图层提取 Alpha 通道，如图 6-2-44 所示。

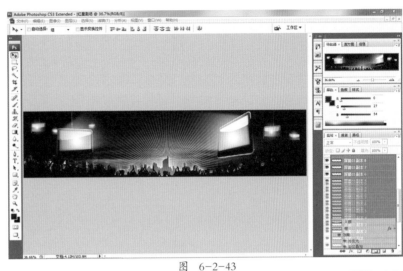

图 6-2-44

45 按快捷键 <Ctrl+T>，旋转、缩放、移动摆放位置，如图 6-2-45 所示。

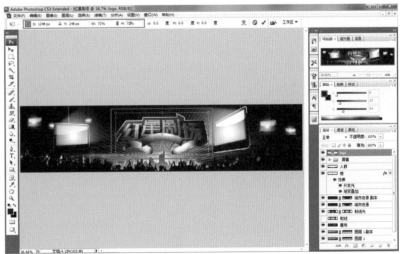

图 6-2-45

46 按快捷键<Ctrl+J>，复制"Logo"图层，执行"图像"→"调整"→"色相/饱和度"命令，如图6-2-46所示。

图 6-2-46

47 调节"色相/饱和度"，饱和度：+50，设置图层混合模式为"整片叠底"，不透明度50%，如图6-2-47所示。

图 6-2-47

48 按快捷键<Ctrl+J>，复制"Logo 副本"图层，设置图层混合模式为"滤色"，不透明度50%，如图6-2-48所示。

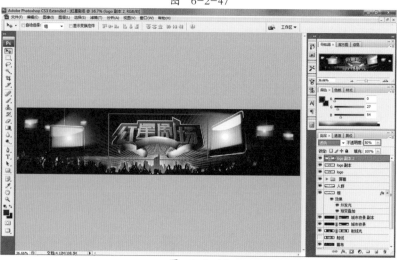

图 6-2-48

第 6 章　北京卫视整体包装栏目篇之红星剧场

49　打开"光点.tga"文件，按快捷键<Ctrl+T>，旋转、缩放、移动摆放位置，设置图层混合模式为"滤色"，如图 6-2-49 所示。

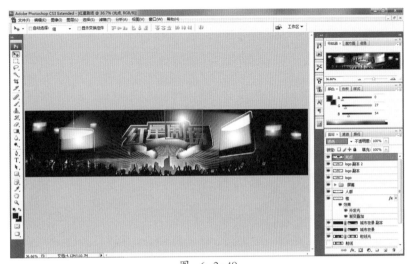

图 6-2-49

50　按快捷键<Ctrl+J>，复制两个"光点"图层，按快捷键<Ctrl+T>，旋转、缩放、移动摆放位置，如图 6-2-50 所示。

图 6-2-50

51　按快捷键<Ctrl+J>，复制多个"光点"图层，按快捷键<Ctrl+T>，旋转、缩放、移动摆放位置，选择光点图层，执行"图层"→"合并图层"，完成粒子光的搭建，如图 6-2-51 所示。

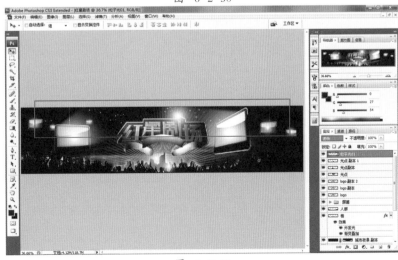

图 6-2-51

52 按快捷键<Ctrl+J>，复制多个"粒子光"图层，按快捷键<Ctrl+T>，旋转、缩放、移动摆放位置，完成创意效果图，如图6-2-52所示。

图 6-2-52

6.3 在Maya中完成模型的制作

6.3.1 镜头一中显示器模型的制作

01 在Maya菜单中，执行Create → Polygon Primitives → Cube命令创建立方体，如图6-3-1所示。

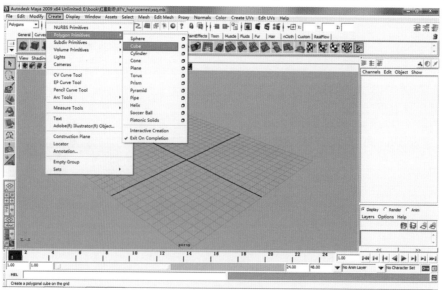

图 6-3-1

02 选择立方体进行缩放，如图 6-3-2 所示。

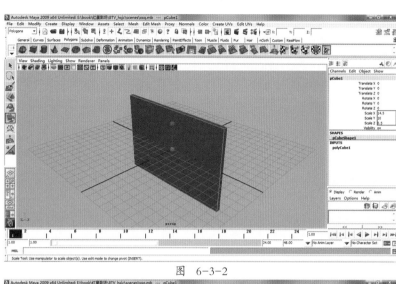

图 6-3-2

03 选择模型，单击鼠标右键选择 Vertex 点选项，如图 6-3-3 所示。

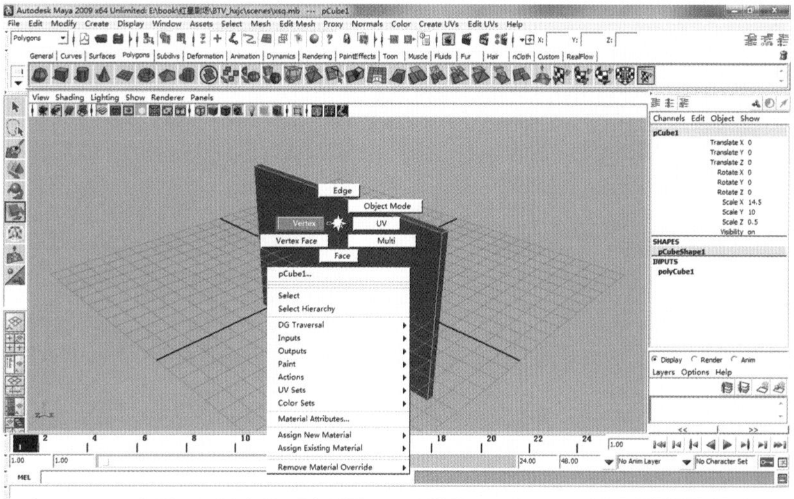

图 6-3-3

04 切换到顶视图选择后面的点进行缩放，如图 6-3-4 所示。

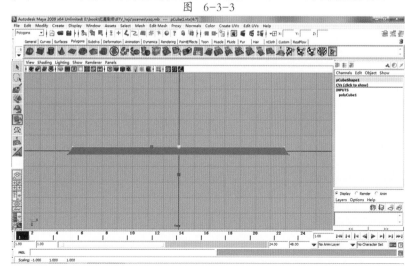

图 6-3-4

05 选择模型，单击鼠标右键选择 Edge 边选项，如图 6-3-5 所示。

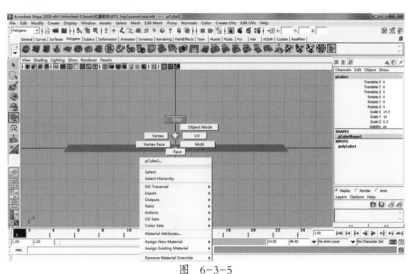

图 6-3-5

06 选择后面几条边，执行 Edit Mesh → Bevel 倒角命令，单击后面按钮设置，如图 6-3-6 所示。

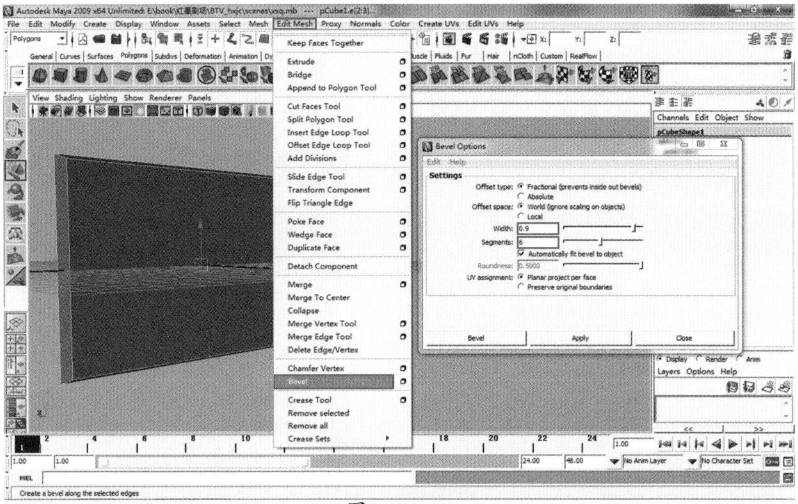

图 6-3-6

07 选择模型，单击鼠标右键选择 Edge 边选项，如图 6-3-7 所示。

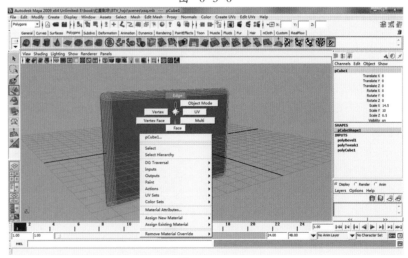

图 6-3-7

08 选择模型正面多余的边，执行 Edit Mesh → Delete Edge/Vertex 删除线或点工具，如图 6-3-8 所示。

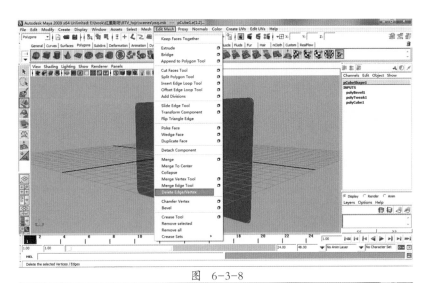

图 6-3-8

09 选择模型，单击鼠标右键选择 Face 面选项，如图 6-3-9 所示。

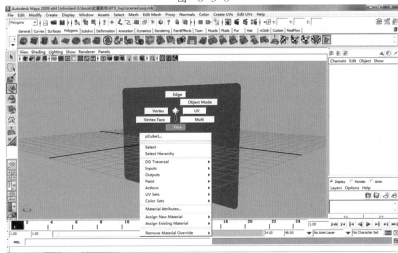

图 6-3-9

10 选择正面，执行 Edit Mesh → Extrude 拉伸工具挤压，如图 6-3-10 所示。

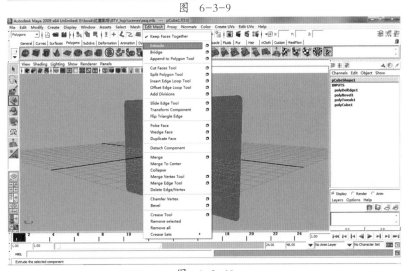

图 6-3-10

11 选择模型，单击鼠标右键选择 Edge 边选项，选择挤压出来新面最外的边，执行 Edit Mesh → Bevel 倒角工具，单击后面按钮设置。完成显示器主体外形制作，如图 6-3-11 所示。

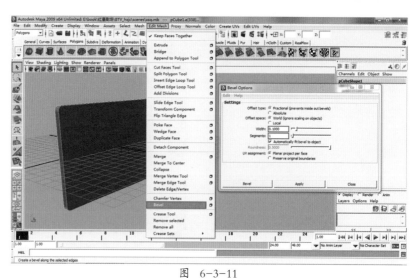

图 6-3-11

12 切换到顶视图，选择模型，单击鼠标右键选择 Face 面选项，选择挤压出来的新面，执行 Edit Mesh → Duplicate Face 复制面命令，如图 6-3-12 所示。

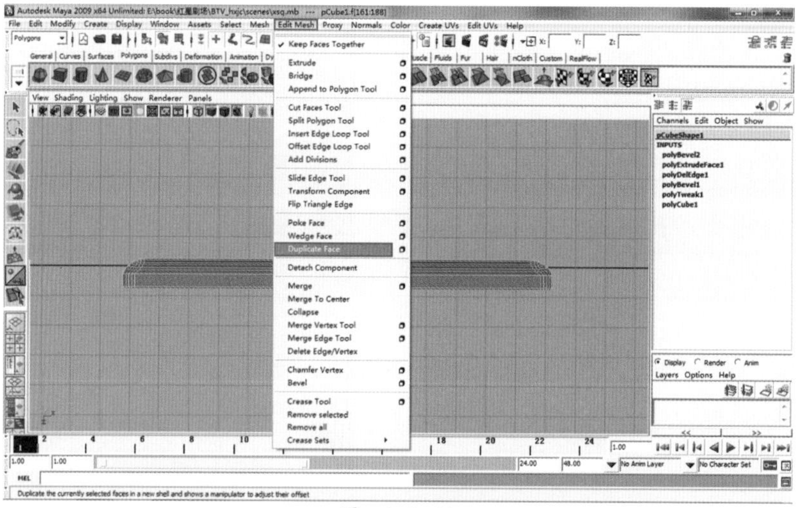

图 6-3-12

13 选择复制出来的面，单击鼠标右键选择 Face 面选项，选择面，执行 Edit Mesh → Extrude 拉伸工具挤压。完成显示器外边框模型制作，如图 6-3-13 所示。

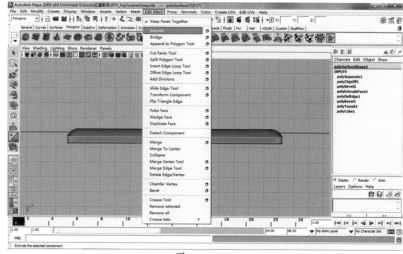

图 6-3-13

第 6 章　北京卫视整体包装栏目篇之红星剧场

14 执行 Create → Polygon Primitives → Cube 命令，创建立方体，如图 6-3-14 所示。

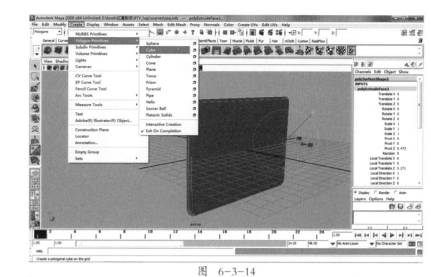

图　6-3-14

15 选择立方体进行缩放，如图 6-3-15 所示。

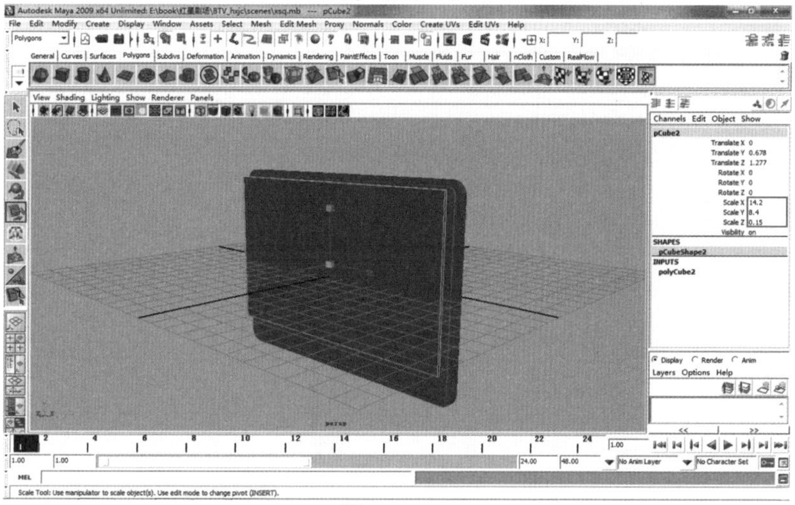

图　6-3-15

16 切换到侧视图，选择模型，单击鼠标右键选择 Edge 边选项，选择立方体上边的两条边，执行 Edit Mesh → Bevel 倒角工具，单击后面按钮设置，如图 6-3-16 所示。

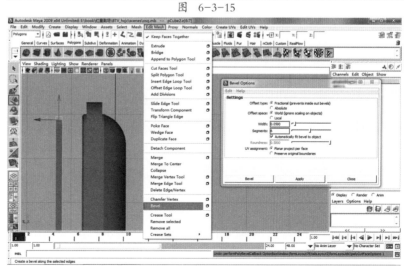

图　6-3-16

17 切换到前视图，选择模型正面多余的边，执行 Edit Mesh → Delete Edge/Vertex 删除线或点工具，如图 6-3-17 所示。

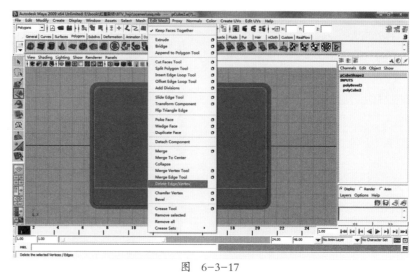

图 6-3-17

18 选择模型，单击鼠标右键选择 Face 面选项，选择正面，执行 Edit Mesh → Extrude 拉伸工具挤压。挤压出显示器屏幕的厚度，如图 6-3-18 所示。

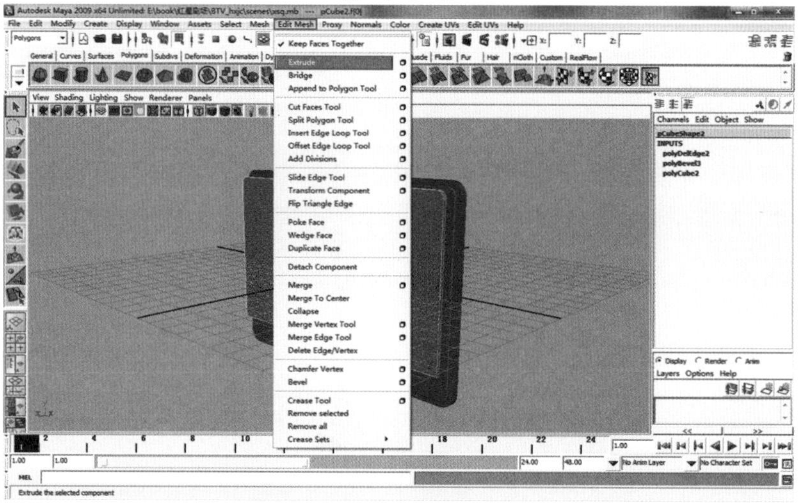

图 6-3-18

19 选择模型，单击鼠标右键选择 Edge 边选项，选择模型正面两条环边，执行 Edit Mesh → Bevel 倒角工具，单击后面按钮设置，如图 6-3-19 所示。

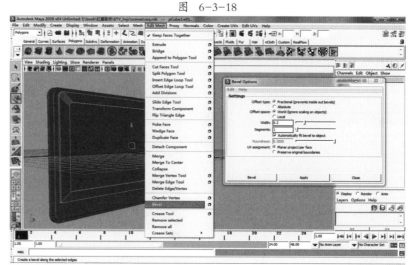

图 6-3-19

20 选择模型，单击鼠标右键选择 Face 面选项，选择正面，执行 Mesh → Extract 提取面命令。完成显示器屏幕模型制作，如图 6-3-20 所示。

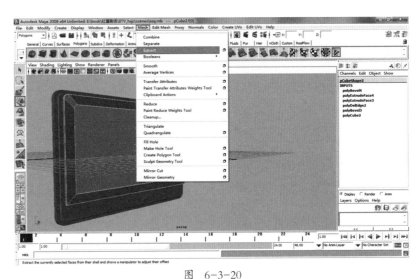

图 6-3-20

21 执行 Create → Polygon Primitives → Cube 命令，创建立方体，选择立方体进行缩放，如图 6-3-21 所示。

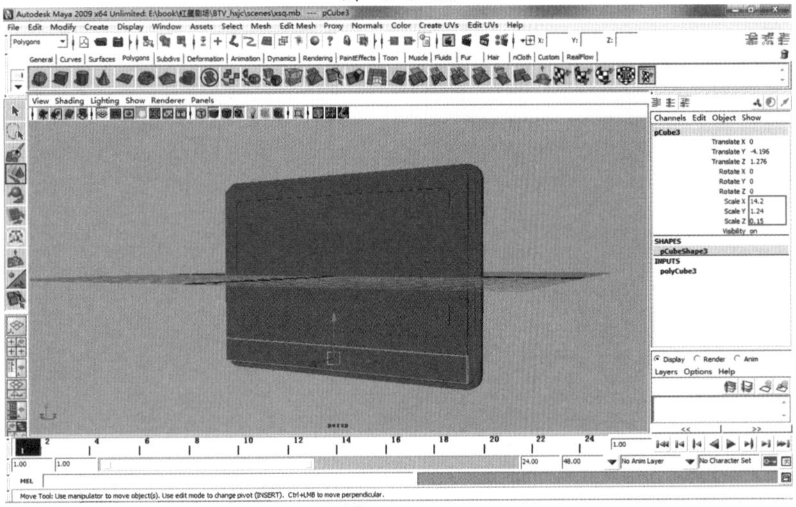

图 6-3-21

22 切换到侧视图，选择模型，单击鼠标右键选择 Edge 边选项，选择立方体下边的两条边，执行 Edit Mesh → Bevel 倒角工具，单击后面按钮设置，如图 6-3-22 所示。

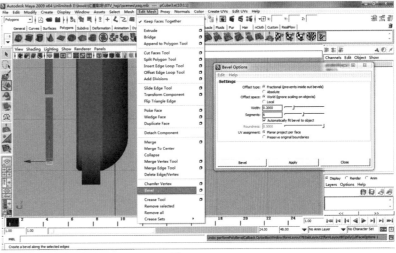

图 6-3-22

23 切换到前视图，选择模型正面多余的边，执行 Edit Mesh → Delete Edge/Vertex 删除线或点工具，如图 6-3-23 所示。

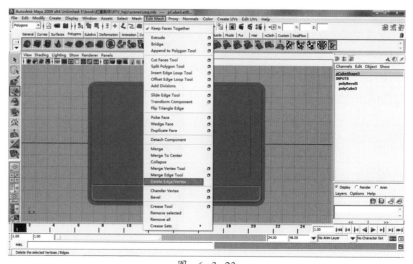

图 6-3-23

24 切换到侧视图，选择模型正面环边，执行 Edit Mesh → Bevel 倒角工具，单击后面按钮设置。完成显示器音箱模型制作，如图 6-3-24 所示。

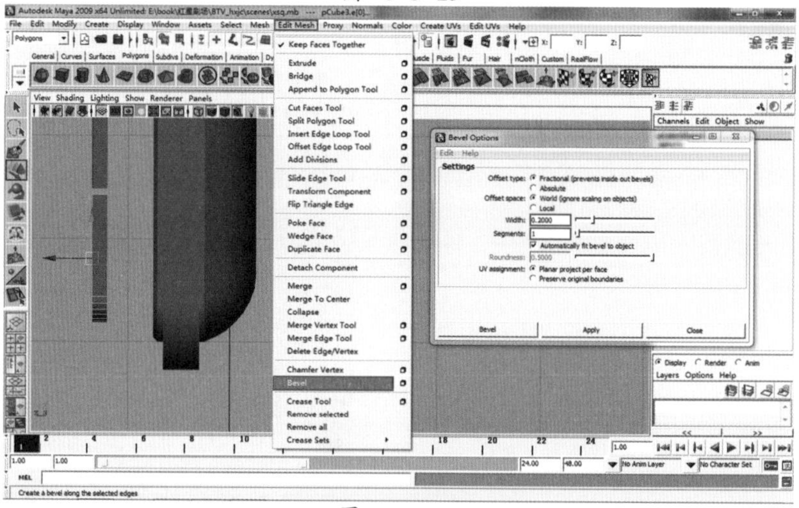

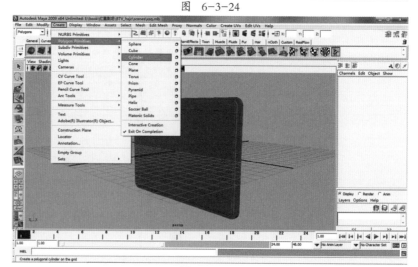

图 6-3-24

25 执行 Create → Polygon Primitives → Cylinder 命令，创建圆柱体，如图 6-3-25 所示。

图 6-3-25

第6章 北京卫视整体包装栏目篇之红星剧场

26 选择模型，单击鼠标右键选择 Vertex 点选项，调整模型外形，如图 6-3-26 所示。

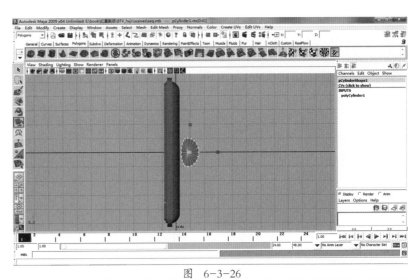

图 6-3-26

27 执行 Edit Mesh → nsert Edge Loop Tool 插入循环边工具，如图 6-3-27 所示。

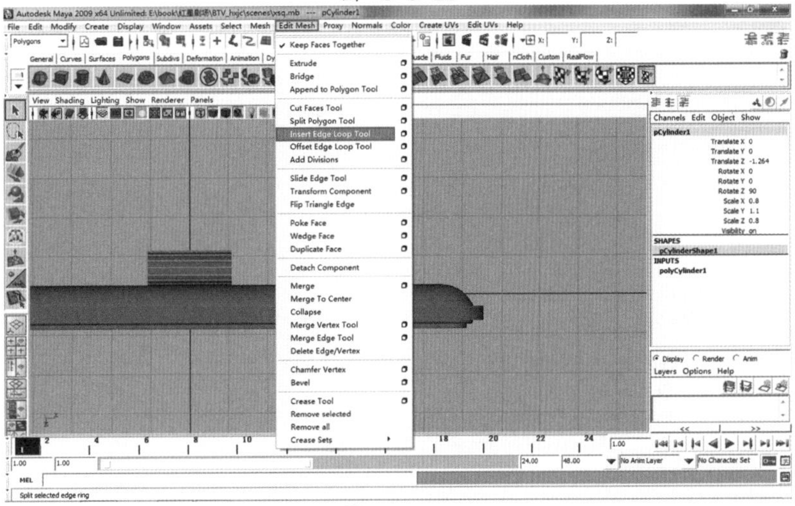

图 6-3-27

28 执行 Mesh → Smooth 光滑工具，如图 6-3-28 所示。

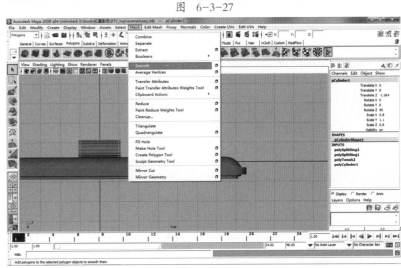

图 6-3-28

29 执行 Creat → Polygon Primitives → Sphere 命令，创建球体，如图 6-3-29 所示。

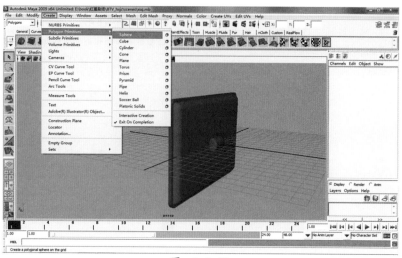

图 6-3-29

30 按快捷键 <Ctrl+D> 复制球体，移动缩放摆放位置，如图 6-3-30 所示。

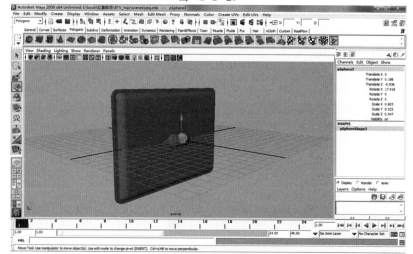

图 6-3-30

31 执行 Create → Polygon Primitives → Cylinder 命令，创建圆柱体，旋转缩放摆放位置，如图 6-3-31 所示。

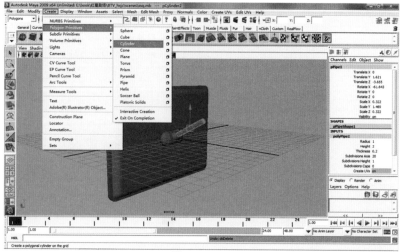

图 6-3-31

第 6 章　北京卫视整体包装栏目篇之红星剧场

32　执行 Create → Polygon Primitives → Pipe 命令，创建管状体，旋转缩放摆放位置，如图 6-3-32 所示。

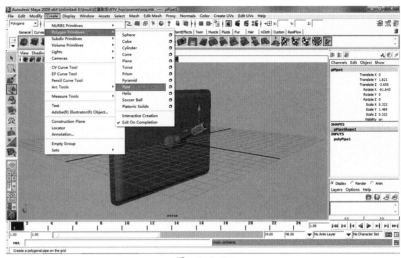

图 6-3-32

33　按快捷键 <Ctrl+D> 复制球体、圆柱体、管状体，旋转缩放摆放位置。完成显示器模型制作，如图 6-3-33 所示。

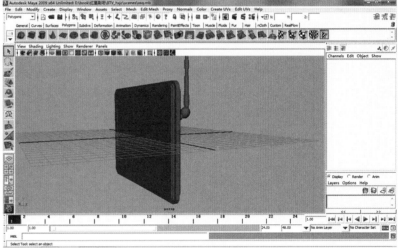

图 6-3-33

6.3.2　镜头四中 Logo 模型的制作

01　在 Maya 中的菜单执行 File → Import 命令，将 Illustrator 8 的 Logo 文件导入。提示 Illustrator 中导出的 Logo 文件保存成 Illustrator 8 版本，如图 6-3-34 所示。

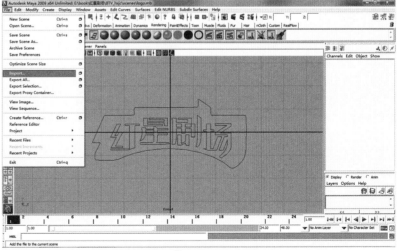

图 6-3-34

31

02 切换到 Surfaces 面板，选择外边曲线，执行 Surfaces → Bevel 倒角，单击后面按钮设置，如图 6-3-35 所示。

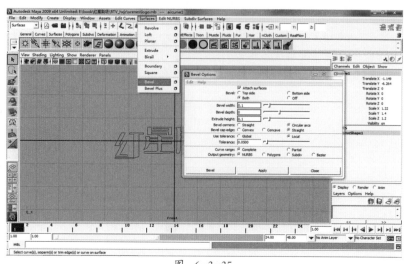

图 6-3-35

03 切换到 Surfaces 面板，选择文字曲线，执行 Surfaces → Bevel 倒角，单击后面按钮设置，如图 6-3-36 所示。

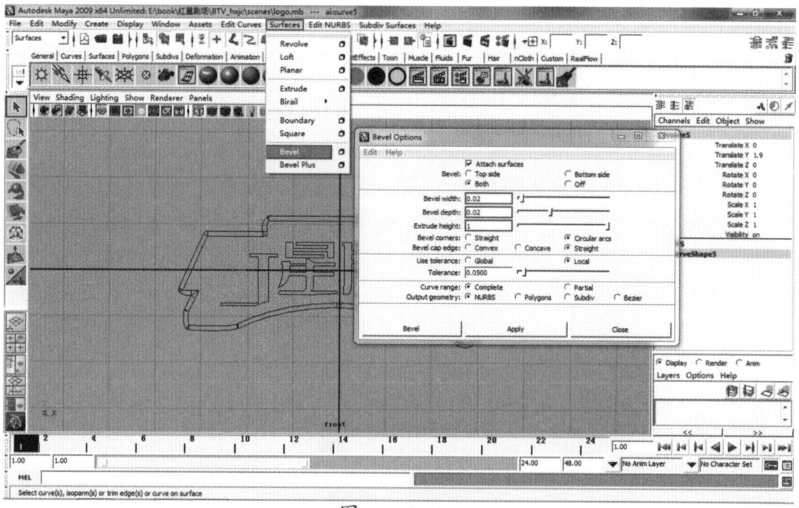

图 6-3-36

04 若倒角方向有误，选择曲线执行 Edit Curve → Reverse Curve Direction 反转曲线方向工具。提示单独物体，单独倒角。镂空物体先选择外框，再选择镂空部分，如图 6-3-37 所示。

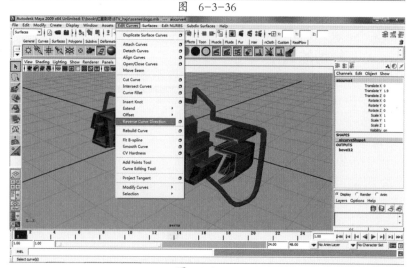

图 6-3-37

第6章 北京卫视整体包装栏目篇之红星剧场

05 选择模型，单击鼠标右键选择Isoparm ISO参数线选项，如图6-3-38所示。

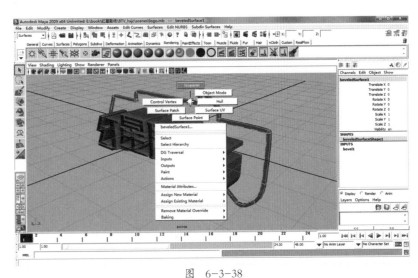

图 6-3-38

06 选择ISO参数线，执行Surfaces → Planar平面，如图6-3-39所示。

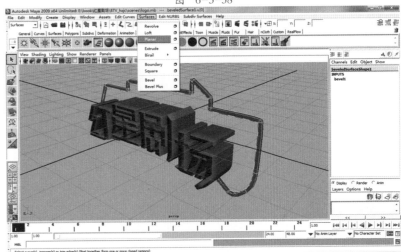

图 6-3-39

07 执行 Edit → Delete All by Type → History 删除历史记录，如图6-3-40所示。

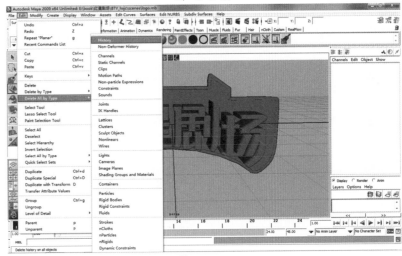

图 6-3-40

33

08 删除曲线，选择文字模型，按快捷键<Ctrl+G>将它们组合，如图6-3-41所示。

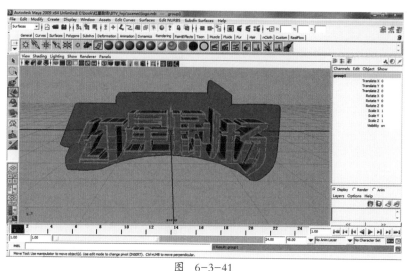

图 6-3-41

09 切换到Animation面板，选择文字模型，执行Create Deformers→Lattice晶格变形，如图6-3-42所示。

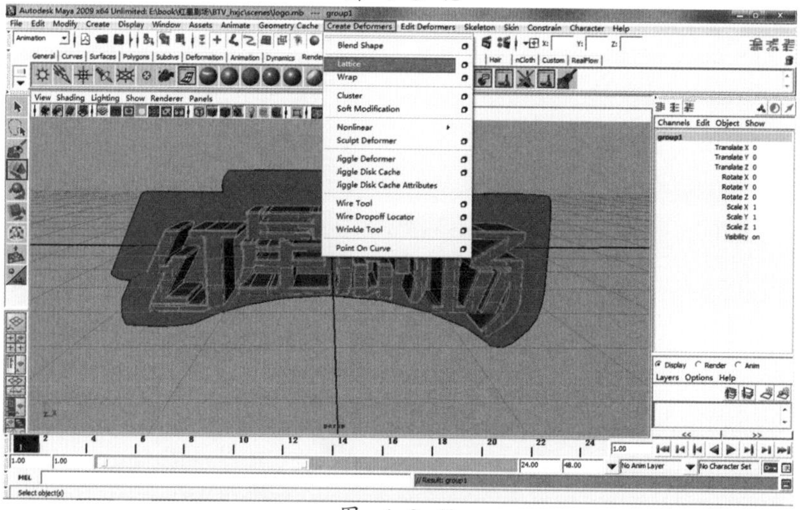

图 6-3-42

10 切换到顶视图，选择晶格，在空白处单击鼠标右键选择Lattice Point晶格点选项，如图6-3-43所示。

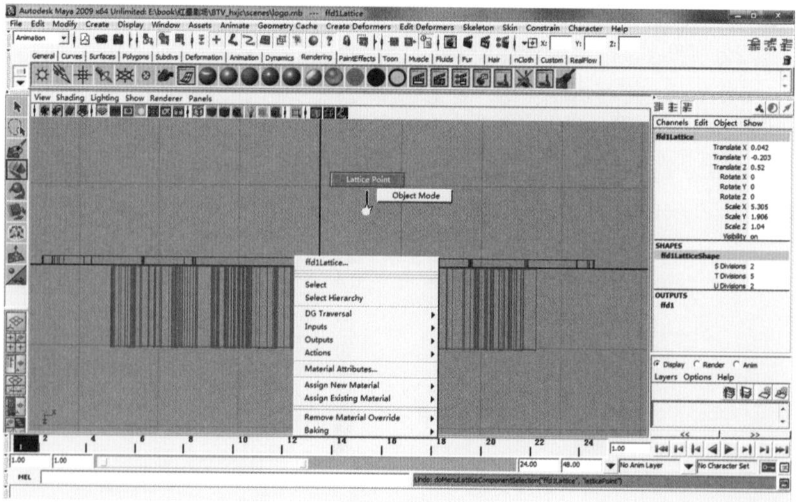

图 6-3-43

第 6 章　北京卫视整体包装栏目篇之红星剧场

11 选择后面的晶格点，进行缩放，如图 6-3-44 所示。

12 执行 Create → CV Curve Tool 命令创建 CV 曲线，设置右侧窗口，如图 6-3-45 所示。

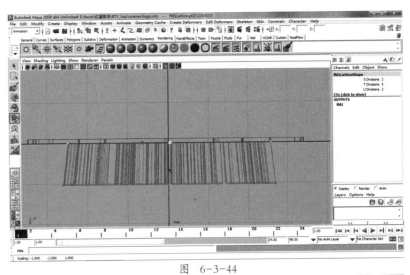

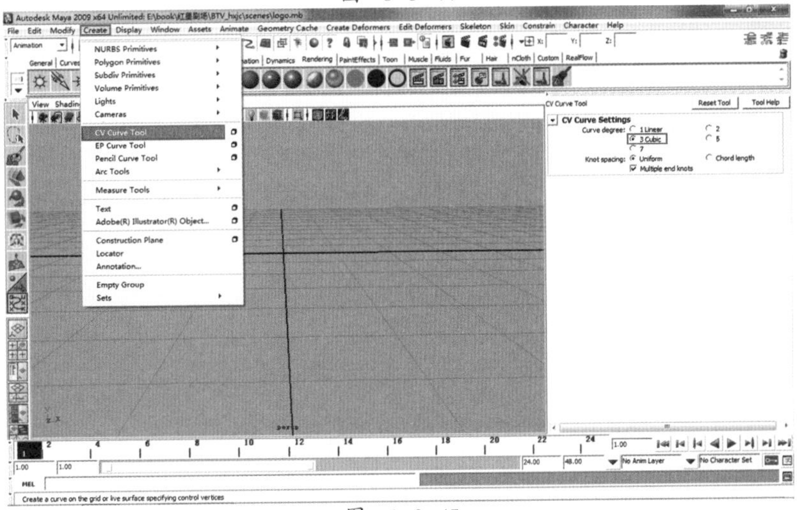

图 6-3-44

13 选择曲线，单击鼠标右键选择 Control Vertex CV 控制点选项，调整 CV 控制点位置，如图 6-3-46 所示。

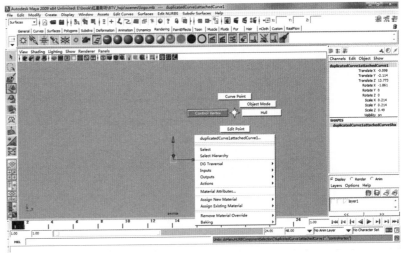

图 6-3-45

图 6-3-46

14 按快捷键 <Ctrl+D> 复制两条曲线，缩放中间曲线，如图 6-3-47 所示。

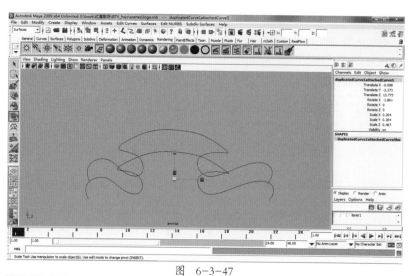

图 6-3-47

15 依次选择三条曲线，执行 Surfaces → Loft 放样，如图 6-3-48 所示。

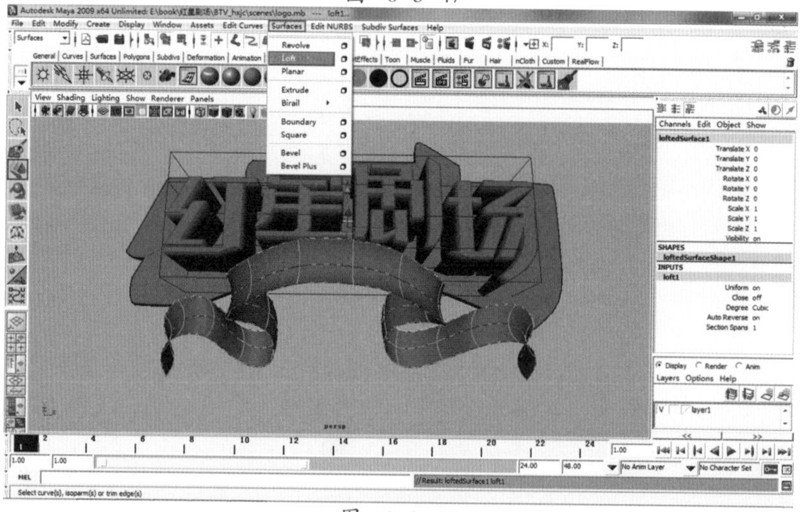

图 6-3-48

16 完成 Logo 模型制作，如图 6-3-49 所示。

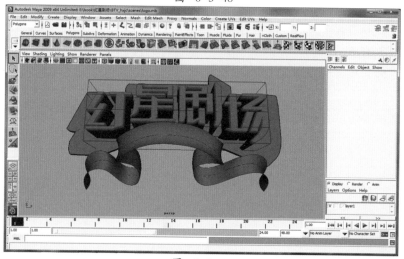

图 6-3-49

6.4 在 Maya 中完成动画的制作

6.4.1 镜头一显示器摄像机动画的制作

01 在首选项 Preferences 的设置里面把时间制式改为电视制式 25 帧每秒,并保存设置,如图 6-4-1 所示。

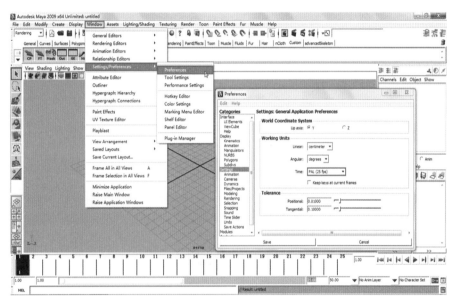

图 6-4-1

02 打开显示器的 Maya 文件,并新建一个单点摄像机 camera1,如图 6-4-2 所示。

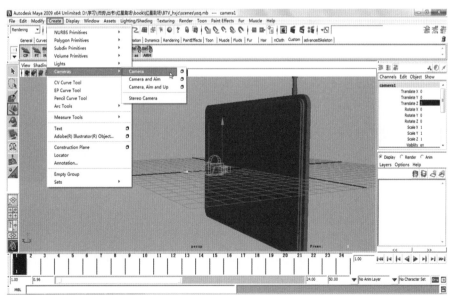

图 6-4-2

03 对 Maya 的操作界面进行一些简单设置，以便于我们制作动画。先将操作界面切换为三视窗，如图 6-4-3 所示。再将上方右侧的视窗切换为摄像机视窗（左侧默认为透视图，也就是我们经常用来操作的视图），如图 6-4-4 所示。最后将下方视窗切换为曲线编辑器视窗，如图 6-4-5 所示。

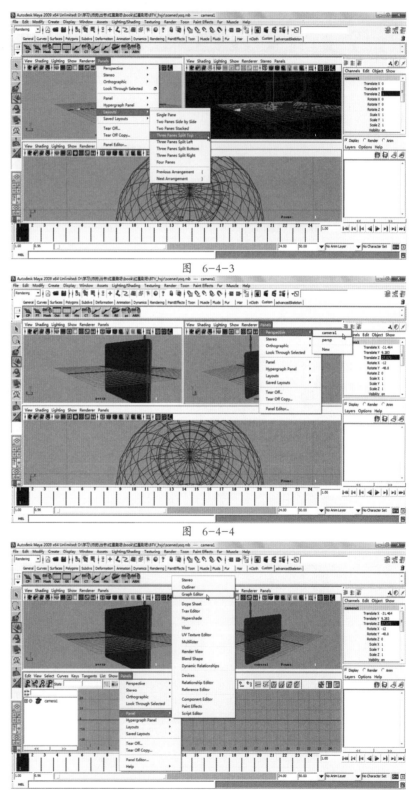

图 6-4-3

图 6-4-4

图 6-4-5

第 6 章　北京卫视整体包装栏目篇之红星剧场

04 将渲染尺寸设置为需要的尺寸：HD 1080，如图 6-4-6 所示，并对摄像机进行参数设置。需勾选两项，参数 A：Resolution Gate（分辨率门），它可以在摄像机视图里显示出当前的渲染尺寸：1920×1080；B：Vertical（垂直），它可以确保在操作界面是多视窗的时候，在我们设置的视窗里完整显示渲染框内包含的内容，如图 6-4-7 所示。

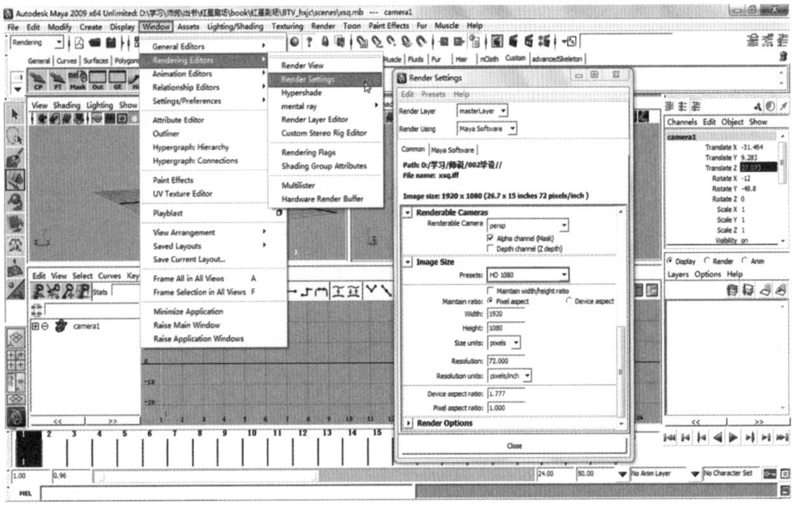

图 6-4-6

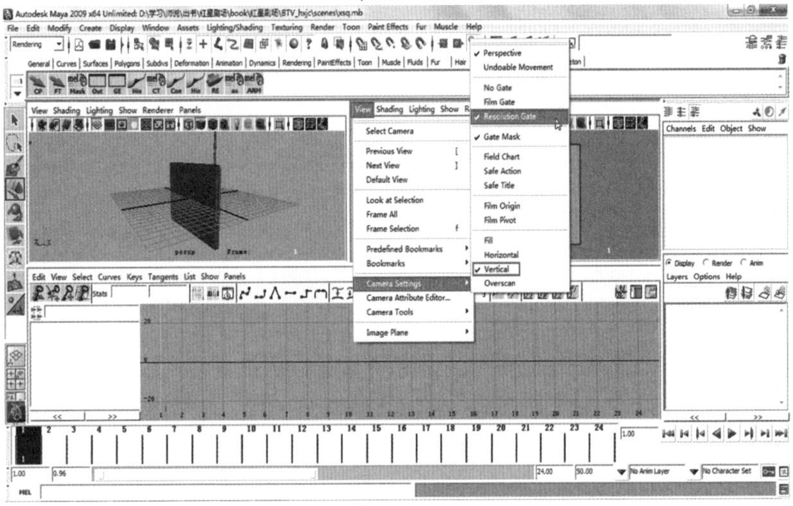

图 6-4-7

05 在摄像机视图通过移动和旋转直接做出想要的构图，或者在透视图移动旋转摄像机，在右侧实时的观察效果直至调整出满意的构图。在此镜中，我们将焦距调为 29，选择摄像机，将通道栏内 Focal Length 项改为 29，如图 6-4-8 所示（这样在渲染框中会比默认焦距（35）包含更多的物体。调整焦距与我们推拉镜头相似，但是缩小焦距之后再将镜头推近到与之前同样的构图，物体间的距离会显得远一些。

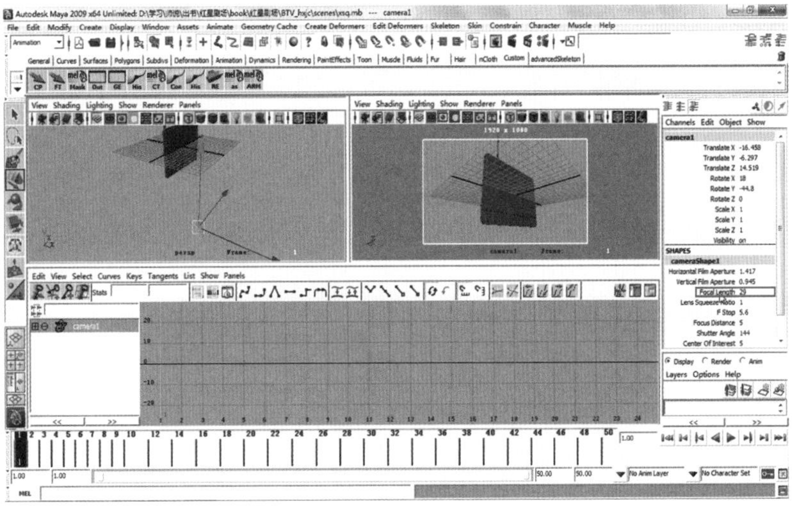

图 6-4-8

06 移动摄像机和显示器的模型，使镜头构成如图6-4-9所示。为当前摄像机、显示器打帧，开启自动关键帧按钮，这样在下一次物体位移产生的时候，系统会自动为有变化的属性打上关键帧。

图 6-4-9

07 旋转并下移显示器，摄像机稍微前推去靠近显示器。使镜头构图如图6-4-10所示。此时单击播放按钮。镜头已经产生了一段显示器旋转下移的动画。我们可以反复观看并修改动画效果，直至产生满意的镜头画面。

图 6-4-10

6.4.2 镜头三显示器摄像机动画的制作

01 打开显示器文件，并复制5个，排成一个纵列，如图6-4-11所示。

图 6-4-11

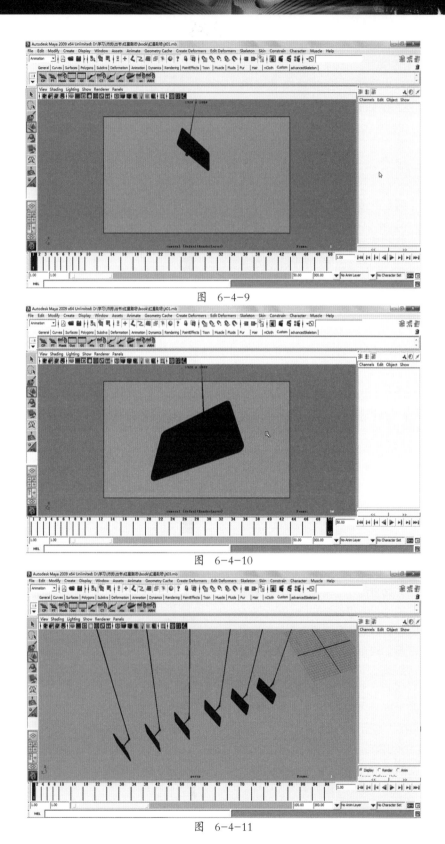

第 6 章　北京卫视整体包装栏目篇之红星剧场

02 摄像机在跟拍翻转过程中，是以显示器为视觉中心的，即在移动过程中始终注视着显示器，并且摄像机在运动中有明显的倾斜过程，所以在此镜中会创建一个三点摄像机，如图 6-4-12 所示。为了方便操作，我们创建一个圆环，将摄像机和上置点作为它的子物体。再次创建一个圆环，将上一个圆环和摄像机前置点作为它的子物体，这样方便我们整体移动和单独的移动。注意要在发生位移的每一个时间点给所有的属性打上关键帧。

03 在相应的时间段做出每一个重要的空间变换（指运动方向发生变化的帧）并为产生这些变换的属性打上关键帧，如图 6-4-13 所示。

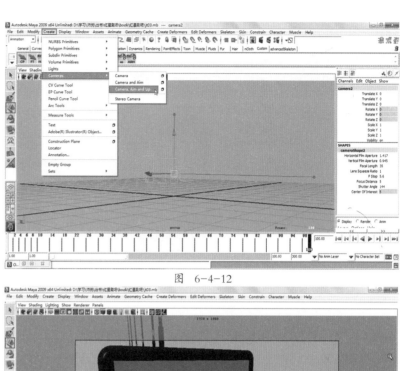

图 6-4-12

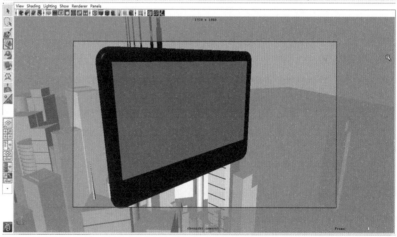

图 6-4-13

04 显示器翻转为依次翻转，即在摄像机经过的时刻发生翻转，如图 6-4-14 所示。

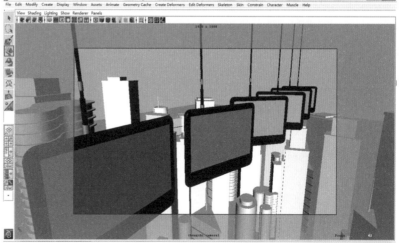

图 6-4-14

05 单击播放按钮反复查看动画，调整至满意效果，如图6-4-15所示。

图 6-4-15

6.5 在Maya中完成材质灯光的制作

6.5.1 显示器材质的制作

01 打开我们的模型文件，如图6-5-1所示。

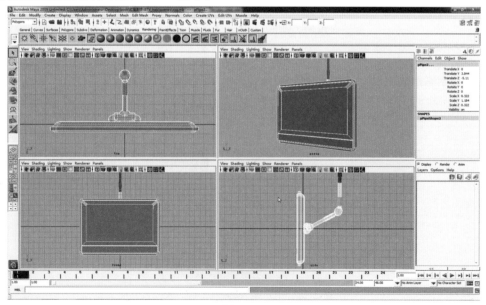

图 6-5-1

02 执行 Create → Cameras → Camera 命令为模型创建 "摄像机"，如图 6-5-2 所示。

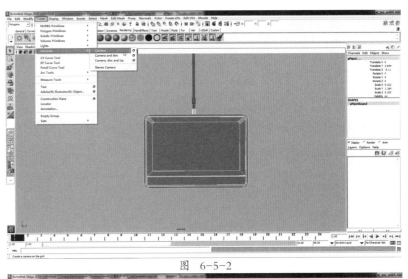

图 6-5-2

03 在视图上面选择 Panels → Perspective → camera1，如图 6-5-3 所示。

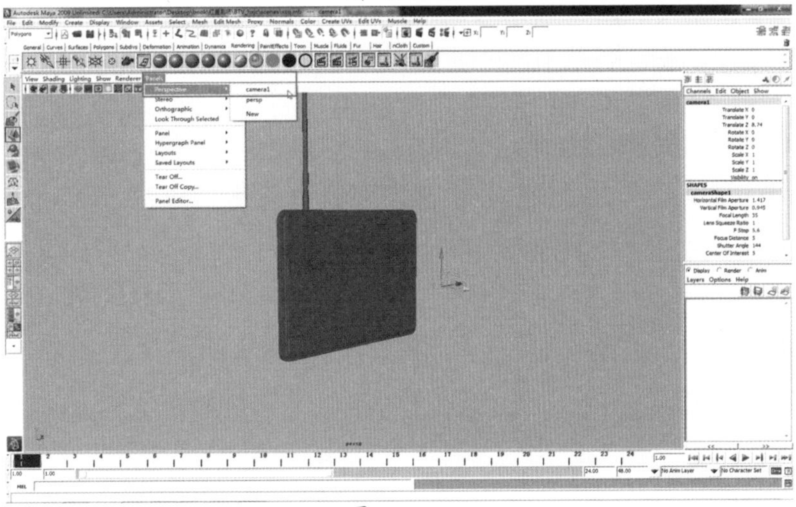

图 6-5-3

04 在视图上面选择，打开摄像机视图框，方便我们以摄像机的视角选择好的摄像机位置，如图 6-5-4 所示。

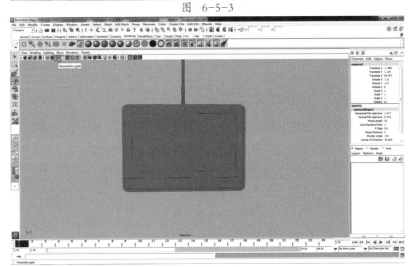

图 6-5-4

05 确定好摄像机角度,如图6-5-5所示。

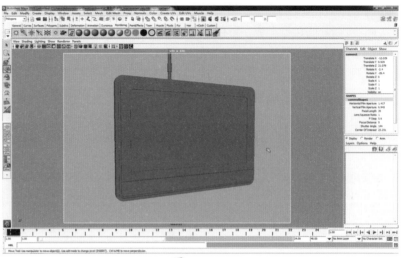

图 6-5-5

06 锁定摄像机,选择摄像机属性,单击鼠标右键选择Lock Selected,如图6-5-6所示。

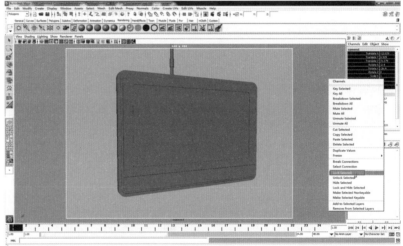

图 6-5-6

07 在使用默认材质下,渲染测试如图6-5-7所示。

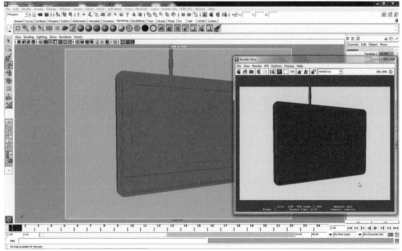

图 6-5-7

08 执行 Window → Rendering Editors → Hypershade 命令，打开"材质编辑器"，如图6-5-8所示。

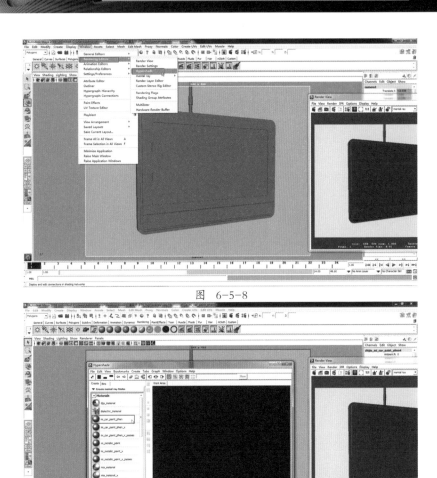

图 6-5-8

09 在 Create mental ray Nodes 下创建"mi_car_paint_phen 材质球"，如图 6-5-9 所示。

图 6-5-9

10 材质球属性参数如图 6-5-10 所示。

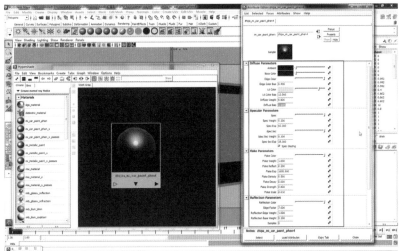

图 6-5-10

11 选择模型赋予材质，先选模型在选择材质球，单击鼠标右键向上拖曳，选择 Assign Material To Selection，如图 6-5-11 所示。

图 6-5-11

12 测试渲染效果如图 6-5-12 所示。

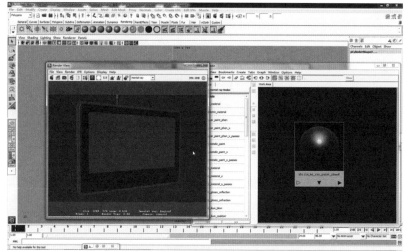

图 6-5-12

13 在 Create Maya Nodes 下创建"Blinn 材质球"，如图 6-5-13 所示。

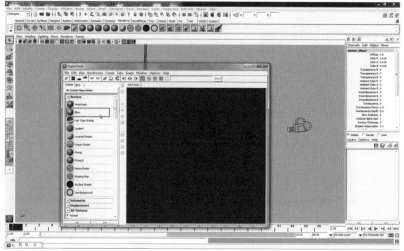

图 6-5-13

第 6 章 北京卫视整体包装栏目篇之红星剧场

14 调节材质球参数，如图 6-5-14 所示。

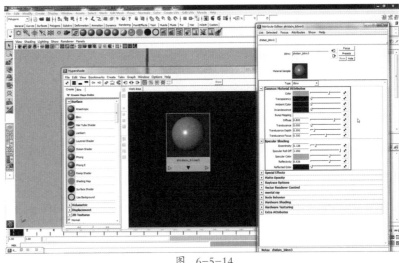

图 6-5-14

15 选择模型赋予材质，如图 6-5-15 所示。

图 6-5-15

16 切换到透视图测试效果，如图 6-5-16 所示。

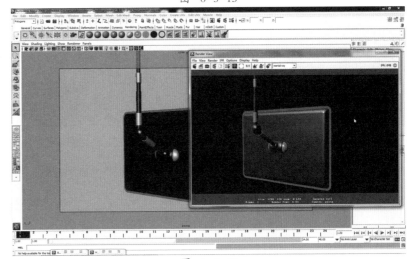

图 6-5-16

17 使用相同方法创建"Blinn材质球",调节材质球参数如图 6-5-17 所示。

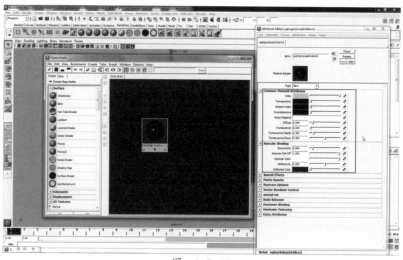

图 6-5-17

18 创建两个 Ramp"渐变"节点,并且调节 Ramp 颜色,一个为上白下黑,一个为上黑下白,如图 6-5-18 所示。

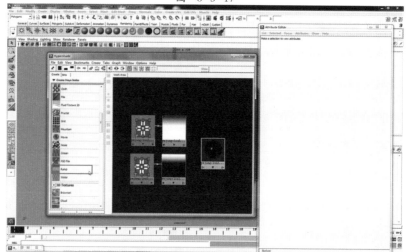

图 6-5-18

19 创建 Sampler Info"采样"节点,如图 6-5-19 所示。

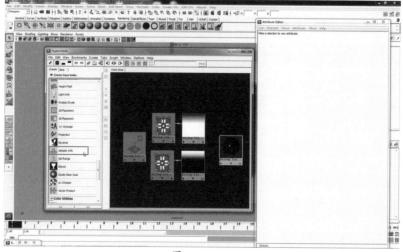

图 6-5-19

第 6 章　北京卫视整体包装栏目篇之红星剧场

20 鼠标中键将 Sampler Info "采样"节点拖放到 Ramp "渐变"节点上松开鼠标，在弹出的下拉菜单中选择 Other，如图 6-5-20 所示。

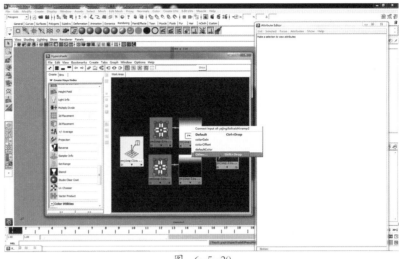

图 6-5-20

21 在 Connection Editor 中选择 Outputs 里的 FacingRatio "面比率"与 Inputs 里的 VCoord 相链接，如图 6-5-21 所示。

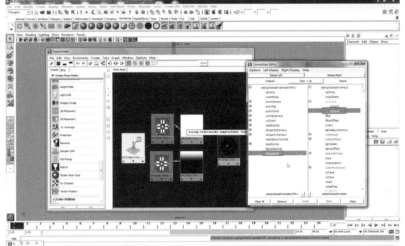

图 6-5-21

22 使用相同的方法把 Sampler Info "采样"节点和另一个 Ramp "渐变"节点相链接，如图 6-5-22 所示。

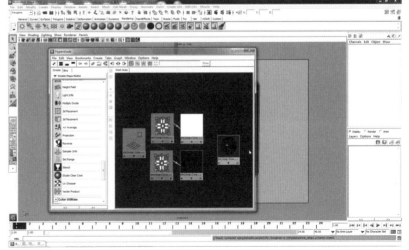

图 6-5-22

49

23 把黑色Ramp"渐变"节点和材质球的Transparency"透明度"相链接，如图6-5-23所示。

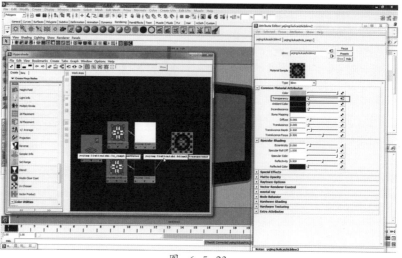

图 6-5-23

24 把白色Ramp"渐变"节点和材质球的Reflectivity"反射强度"相链接，如图6-5-24所示。

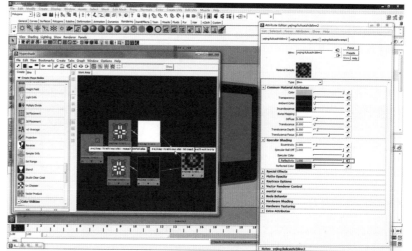

图 6-5-24

25 单击Reflected Color"反射颜色"后面的链接按钮，如图6-5-25所示。

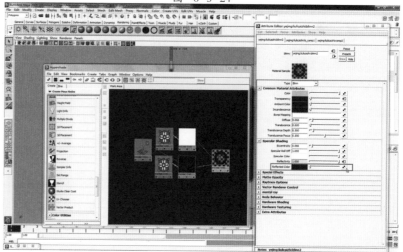

图 6-5-25

第 6 章　北京卫视整体包装栏目篇之红星剧场

26 为材质球创建 Environment Textures → Env Sphere "环境贴图"，如图 6-5-26 所示。

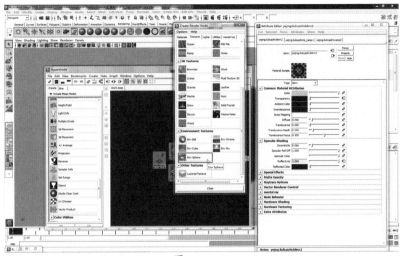

图 6-5-26

27 创建 Ramp "渐变"节点，并调节 Ramp 渐变颜色，如图 6-5-27 所示。

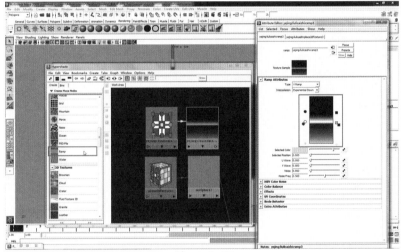

图 6-5-27

28 将 Ramp "渐变"节点和 Env Sphere 中的 Image 属性相链接，如图 6-5-28 所示。

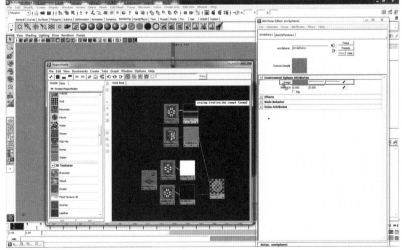

图 6-5-28

51

29 选择模型赋予材质，如图 6-5-29 所示。

图 6-5-29

30 测试渲染，完成屏幕材质制作，如图 6-5-30 所示。

图 6-5-30

6.5.2 三点照明灯光的制作

01 切换到透视图，选择"聚光灯"，如图 6-5-31 所示。

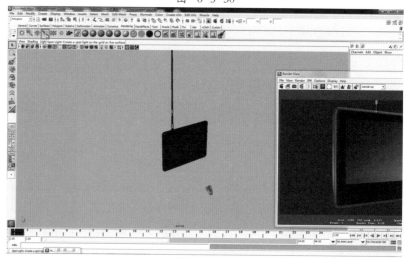

图 6-5-31

第 6 章 北京卫视整体包装栏目篇之红星剧场

02 在选择聚光灯的前提下，执行 Panels → Look Through Selected 命令，进入"灯光视图"，如图 6-5-32 所示。

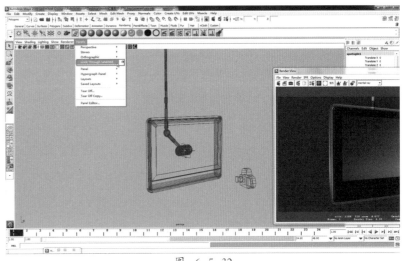

图 6-5-32

03 选择模型左侧 45°角的位置布光，确定主光位置，如图 6-5-33 所示。

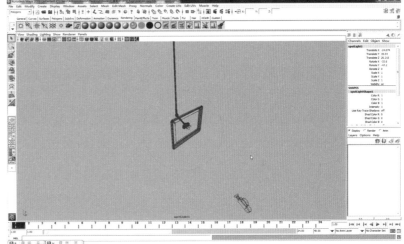

图 6-5-33

04 选择灯光，按快捷键 <Ctrl+A> 进入灯光属性，调节灯光参数，如图 6-5-34 所示。

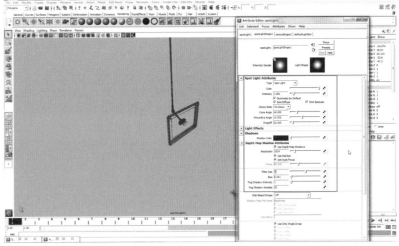

图 6-5-34

05 新创建一盏"聚光灯",使用相同方法在模型右侧45°布光,确定辅光位置,如图6-5-35所示。

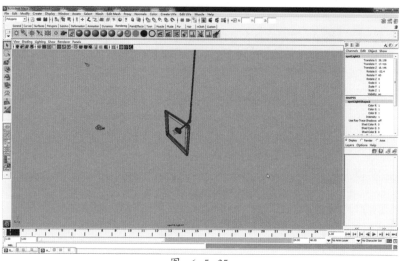

图 6-5-35

06 选择灯光,按快捷键<Ctrl+A>进入灯光属性,调节灯光参数,如图6-5-36所示。

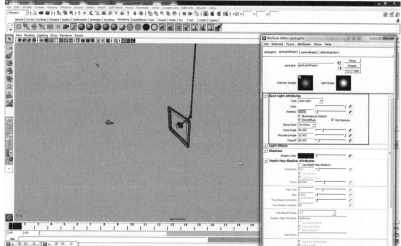

图 6-5-36

07 再创建一盏"聚光灯",在模型背部打一盏背光,如图6-5-37所示。

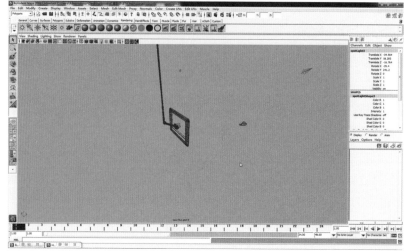

图 6-5-37

08 选择灯光，按快捷键 <Ctrl+A> 进入灯光属性，调节灯光参数，如图 6-5-38 所示。

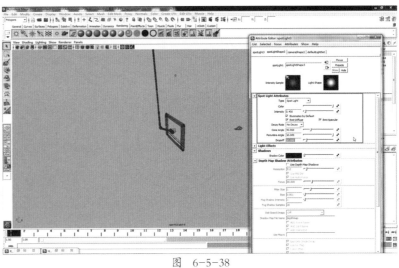

图 6-5-38

09 三盏聚光灯布局如图，如图 6-5-39 所示。

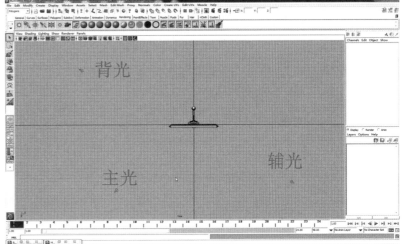

图 6-5-39

10 测试渲染，完成三点照明灯光制作，如图 6-5-40 所示。

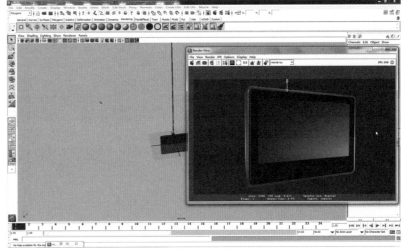

图 6-5-40

6.5.3 定版 Logo 材质的制作

01 打开已创建的 Logo 文件，同前面的操作方法一样，先创建一个摄像机并且锁定摄像机，如图 6-5-41 所示。

图 6-5-41

02 使用默认的材质测试渲染，如图 6-5-42 所示。

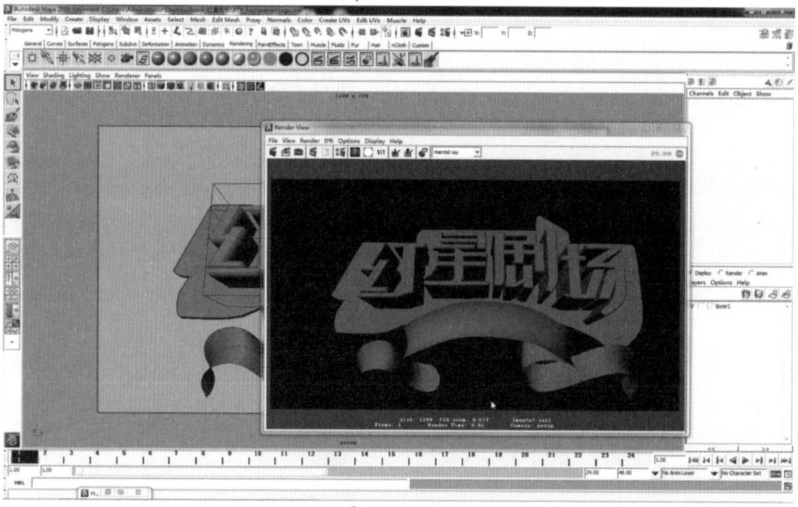

图 6-5-42

03 执行 Window → Rendering Editors → Hypershade 命令，打开"材质编辑器"，在 Create mental ray Nodes 下创建"mi_car_paint_phen 材质球"，如图 6-5-43 所示。

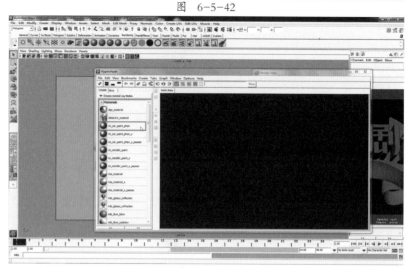

图 6-5-43

第 6 章 北京卫视整体包装栏目篇之红星剧场

04 调节材质球参数，如图 6-5-44 所示。

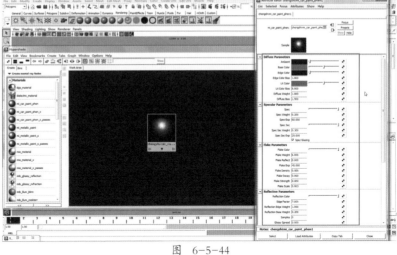

图 6-5-44

05 返回到 Create Maya Nodes 下，创建 Ramp "渐变" 节点，如图 6-5-45 所示。

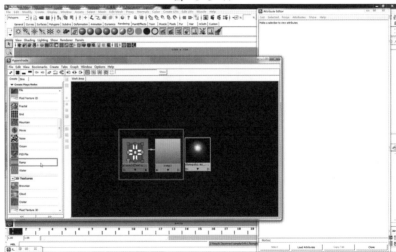

图 6-5-45

06 接着创建 Sampler Info "采样" 节点，如图 6-5-46 所示。

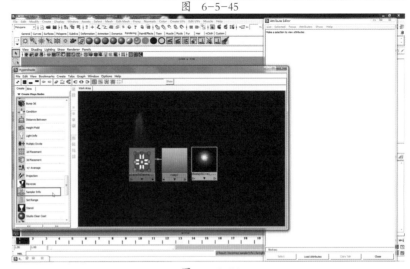

图 6-5-46

57

07 与之前调显示器的材质方法相同我们把 Sampler Info "采样"节点拖放到 Ramp "渐变"节点松开鼠标，在弹出的下拉菜单中选择 Other，如图 6-5-47 所示。

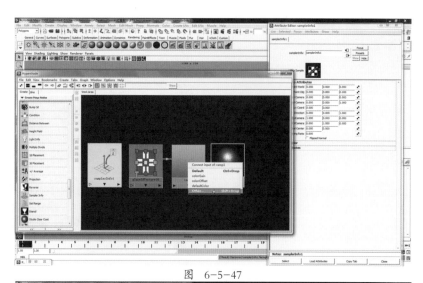

图 6-5-47

08 在 Connection Editor 中选择 Outputs 里的 FacingRatio "面比率"与 Inputs 中的 caching，UCoord，VCoord 相链接，如图 6-5-48 所示。

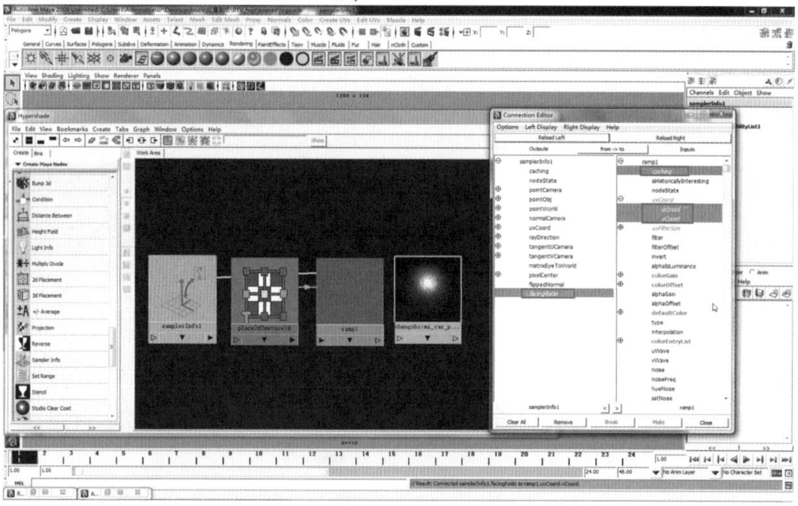

图 6-5-48

09 Ramp "渐变"节点和材质球的链接方法和上面讲的链接方法一样，在弹出的下拉菜单中选择 Other，如图 6-5-49 所示。

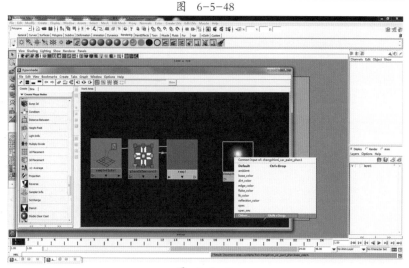

图 6-5-49

第 6 章 北京卫视整体包装栏目篇之红星剧场

10 将 Outputs 中的 OutAlpha 与 Inputs 中的 base-colorA 相链接，如图 6-5-50 所示。

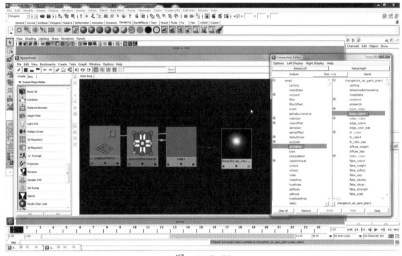

图 6-5-50

11 将 Outputs 中的 outcolor 与 Inputs 中的 base-color 相链接，如图 6-5-51 所示。

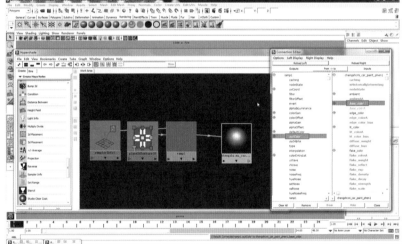

图 6-5-51

12 选择模型赋予材质，先选模型在选择材质球，单击鼠标右键向上拖曳，选择 Assign Material To Selection，如图 6-5-52 所示。

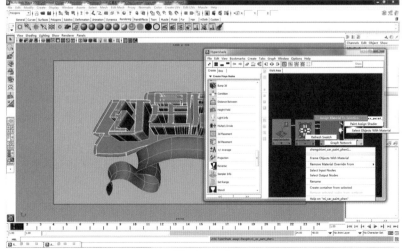

图 6-5-52

13 测试渲染。提示：此时我们虽然没有给场景添加任何的灯光，但是渲染效果明显受灯光的影响，这是因为在没有灯光的情况下，Maya会使用默认灯光给我们渲染，当手动创建灯光后，默认灯光照明效果会自动失效，如图6-5-53所示。

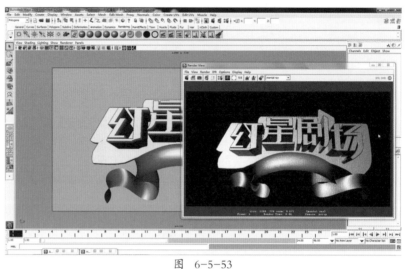

图 6-5-53

14 使用相同的方法创建"mi_car_paint_phen材质球"，调节材质球参数，如图6-5-54所示。

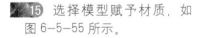

图 6-5-54

15 选择模型赋予材质，如图6-5-55所示。

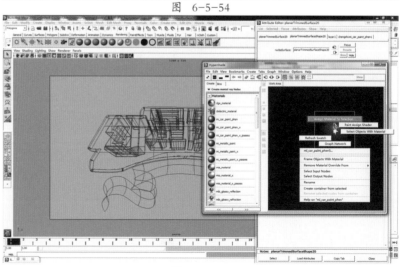

图 6-5-55

第 6 章　北京卫视整体包装栏目篇之红星剧场

(16) 测试渲染效果如图 6-5-56 所示。

(17) 关于灯光，我们这里还是采用三点布光的方法，如图 6-5-57 所示。

(18) 测试渲染效果如图 6-5-58 所示。

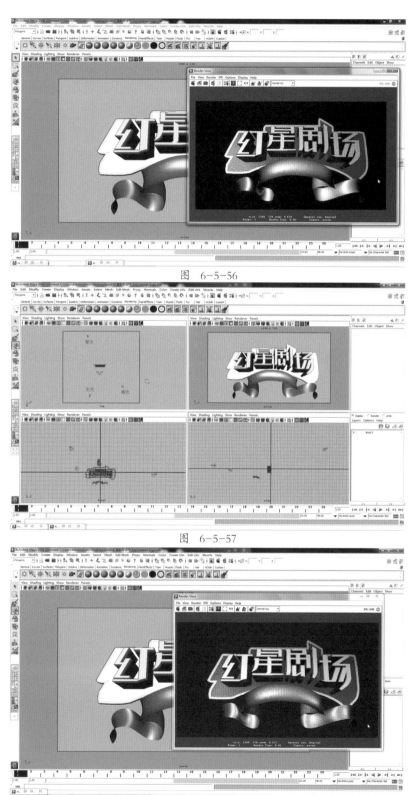

图　6-5-56

图　6-5-57

图　6-5-58

19 为了呈现比较好的反射效果,我们这里创建了一个面片,如图6-5-59所示。

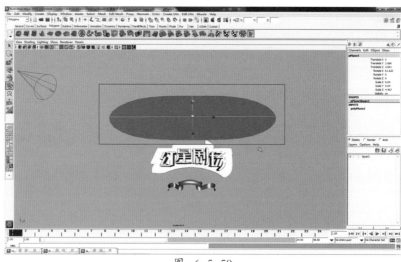

图 6-5-59

20 创建"Surface Shader 材质球",把 Outcolor 的颜色更改为白色,如图6-5-60所示。

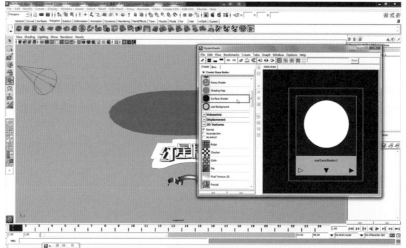

图 6-5-60

21 选择面片赋予材质,如图6-5-61所示。

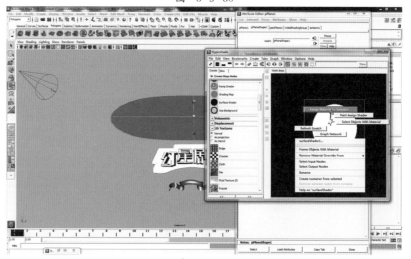

图 6-5-61

第 6 章 北京卫视整体包装栏目篇之红星剧场

22 再次的测试渲染，完成 Logo 材质制作，如图 6-5-62 所示。

图 6-5-62

6.6 在 After Effects 中完成镜头合成

6.6.1 第一镜头合成详解

01 分别导入三维生成的分层素材序列电视颜色层 jingtoua-dianshi 如图 6-6-1 所示，单独生成的电视屏幕层 jingtoua-dianshigai 如图 6-6-2 所示，环幕型的背景层 jingtoua-qiu 如图 6-6-3 所示，星空层 starB 如图 6-6-4 所示。

图 6-6-1

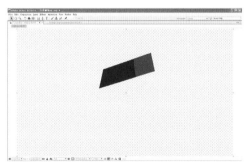

图 6-6-2

图 6-6-3

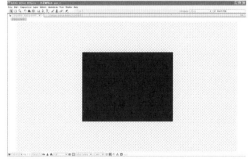

图 6-6-4

02 建立合成命名为：镜头一，合成设置为1920×1080，像素约束为1，帧速率为每秒25帧，如图6-6-5所示。

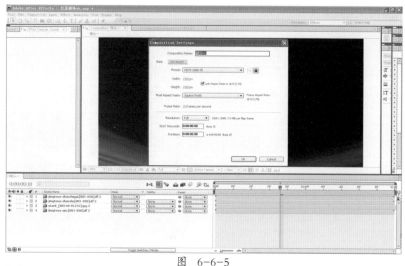

图 6-6-5

03 将素材一次拖入时间线，依次由上而下排列为电视屏幕层jingtoua-dianshigai、电视颜色层jingtoua-dianshi、星空层starB、环幕型的背景层jingtoua-qiu，如图6-6-6所示。

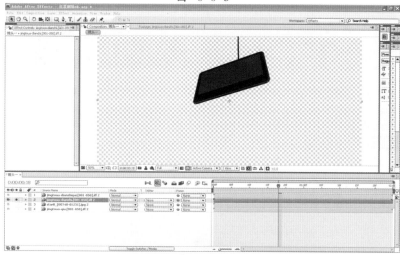

图 6-6-6

04 单独显示电视颜色层jingtoua-dianshi，添加Hue/Saturation，降低色彩饱和度为-39，如图6-6-7所示。

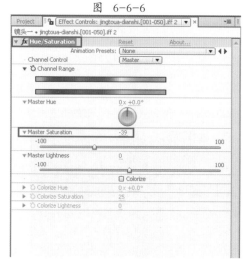

图 6-6-7

第 6 章　北京卫视整体包装栏目篇之红星剧场

05 复制调节好的电视颜色图层 jingtoua-dianshi，饱和度降低为 -100，使用图层叠加模式 Add，效果如图 6-6-8 所示。

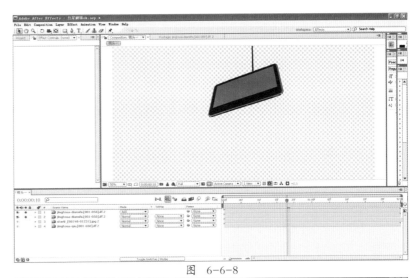

图　6-6-8

06 显示电视屏幕层 jingtoua-dianshigai 如图 6-6-9 所示。

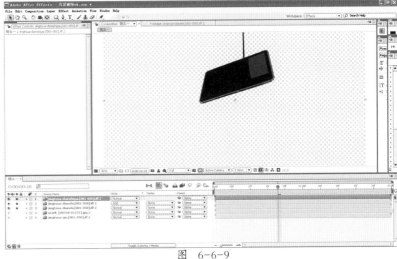

图　6-6-9

07 分别复制电视颜色图层 jingtoua-dianshi、电视屏幕层 jingtoua-dianshigai，注意图层顺序电视屏幕层 jingtoua-dianshigai 在上，在 TrkMat 中选择 Apha Matte，如图 6-6-10 所示。

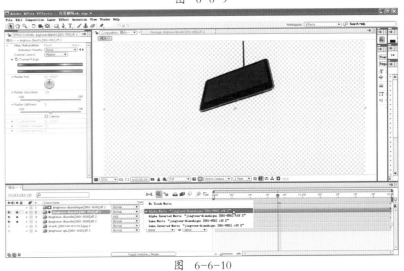

图　6-6-10

65

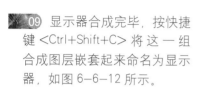 08 显示出屏幕上的星光如图6-6-11所示。

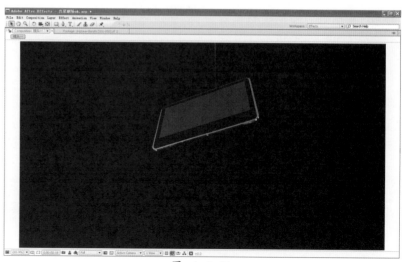

图 6-6-11

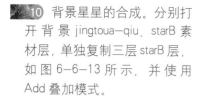 09 显示器合成完毕，按快捷键<Ctrl+Shift+C>将这一组合成图层嵌套起来命名为显示器，如图6-6-12所示。

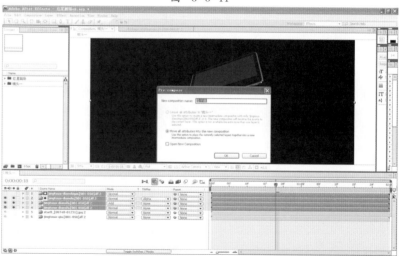

图 6-6-12

10 背景星星的合成。分别打开背景jingtoua-qiu、starB素材层，单独复制三层starB层，如图6-6-13所示，并使用Add叠加模式。

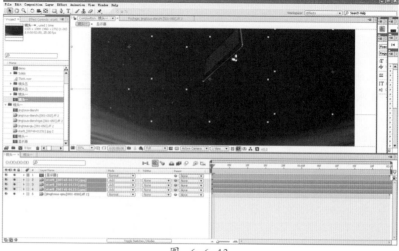

图 6-6-13

第 6 章　北京卫视整体包装栏目篇之红星剧场

11 选中三层 starB 层，做由下至上位移动画关键帧，如图 6-6-14 所示。

图　6-6-14

12 新建固态层 Black Solid 19，使用 Optical Flares，制作城市背景探照灯光束，如图 6-6-15 所示。添加元素如图 6-6-16 所示，得到光效符合城市背景探照灯光束的形态。

图　6-6-15

图　6-6-16

67

13 接下来先为调节好的光束制作从右向左运动的动画关键帧，调节 Position XY，使用 Center Position 来控制光束动画参数设置如图 6-6-17 所示，图层使用 Add 叠加模式。

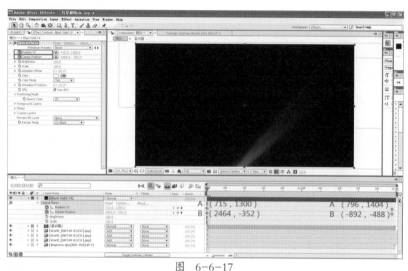

图 6-6-17

14 将光束层 Black Solid 19，解除动画，设置 Position XY (1620，1240)，Center Position (476，-20)，Rotation Evolution：-11°，并对 Center Position 进行动画关键帧设置参数，如图 6-6-18 所示。

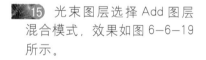

图 6-6-18

15 光束图层选择 Add 图层混合模式，效果如图 6-6-19 所示。

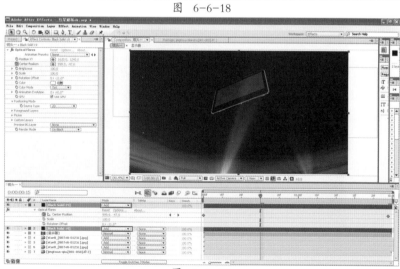

图 6-6-19

第 6 章　北京卫视整体包装栏目篇之红星剧场

16 新建固态层,命名为Particles,使用CC Particle World制作粒子效果效果如图6-6-20所示,加强画面的动势即细节,设置参数,如图6-6-21所示。

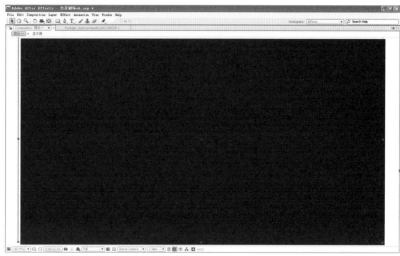

图 6-6-20

图 6-6-21

17 复制Particles并打开所有图层,合成效果如图6-6-22所示。

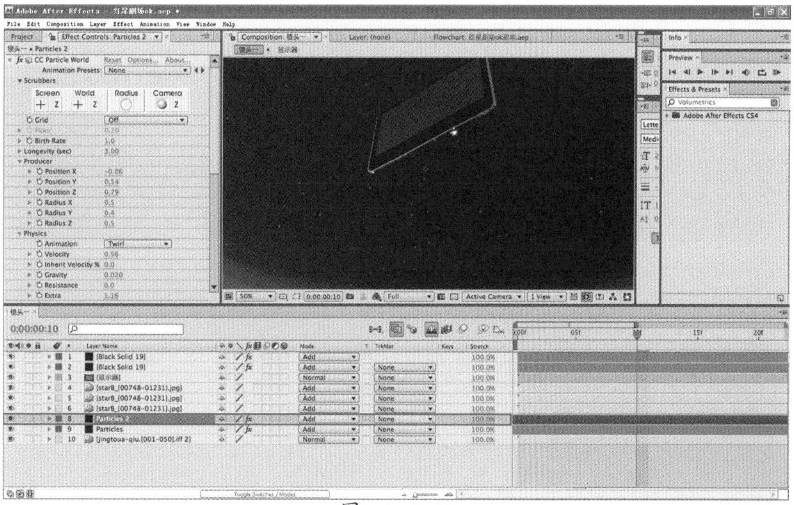

图 6-6-22

18 接下来完成两个细节的调整，新建可调节层 Adjustment Layer 6 为镜头添加 Fast Blur，为制作变焦模糊动画，排除图层 Black Solid19 两层，如图 6-6-23 所示。

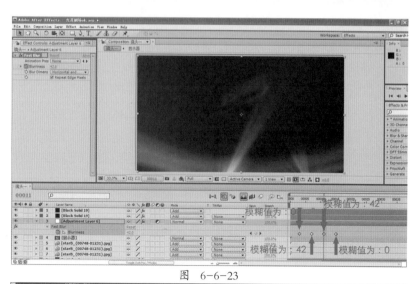

图 6-6-23

19 再回到背景细节的调整上，根据整个片子的色彩基调使用 Frischluft Flair 体积光效果 Volumetrics，如图 6-6-24 所示，Curves 进行调节的方法。如图 6-6-25 所示。

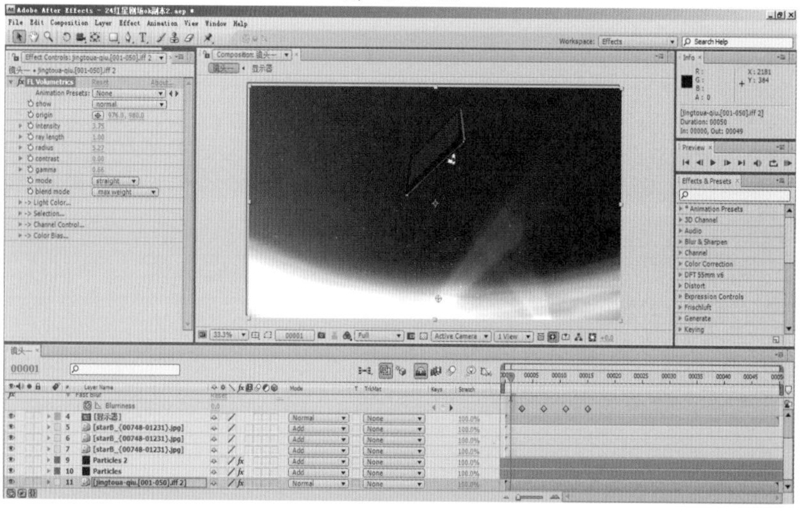

图 6-6-24

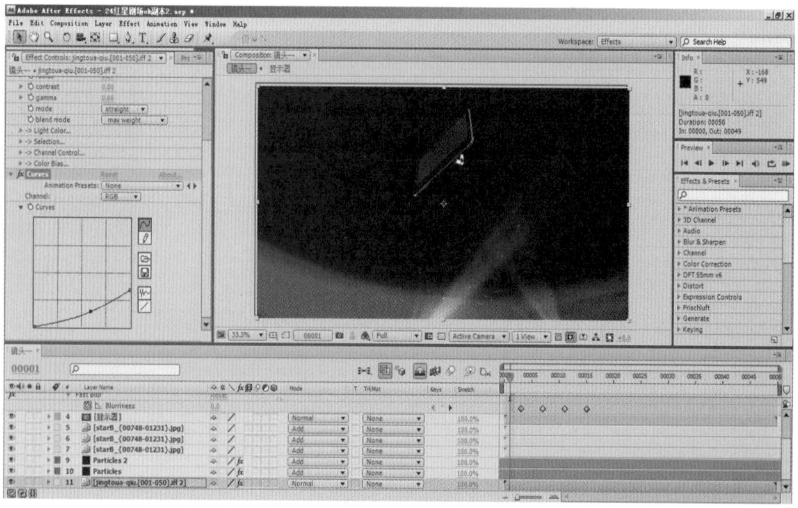

图 6-6-25

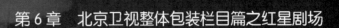

第 6 章　北京卫视整体包装栏目篇之红星剧场

20 镜头一合成效果如图 6-6-26 所示。

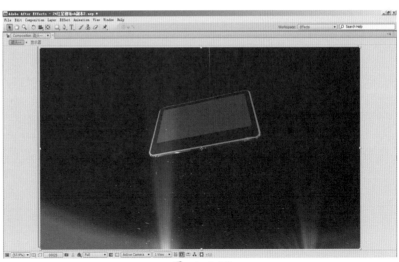

图 6-6-26

6.6.2 第四镜头合成详解

合成思路：镜头四的合成是整个成片中光效合成是一大亮点，涉及图层较多，合成手法多样，为了便于理解和操作，我们把主要的合成规划分为三大块分别进行制作，第一部分为背景的合成如图 6-6-27 所示，第二部分为阵列液晶屏的合成涉及光效的具体操作如图 6-6-28 所示，第三部分为主体大液晶屏的光效合成如图 6-6-29 所示，最终完成定版字的合成。接下来我们按这个整体思路一步一的进行制作。

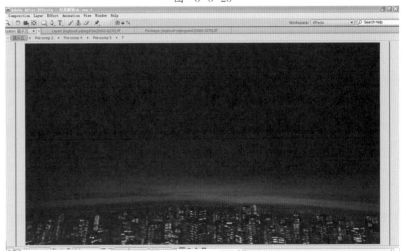

图 6-6-27

图 6-6-28

71

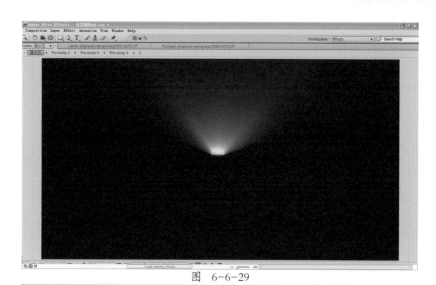

图 6-6-29

01 背景的合成。新建 Composition，命名为镜头五设置，如图 6-6-30 所示。

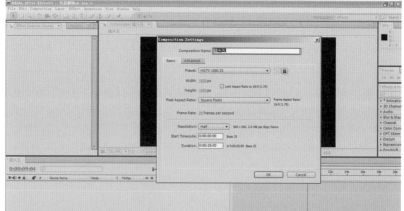

图 6-6-30

02 分别导入背景图层 jingtoud-qiu 和 jingtoud-louqun，序列注意帧速率为 25 帧，按快捷键 <Ctrl+Alt+T>，延长最后一帧与 Composition 总时间长度等长，如图 6-6-31 所示。

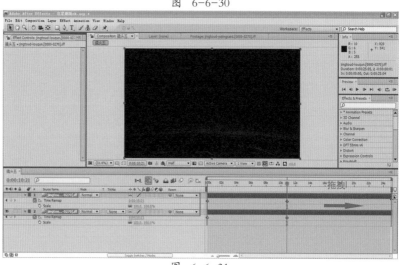

图 6-6-31

第 6 章　北京卫视整体包装栏目篇之红星剧场

03 接下来对镜头动画稍作调整，选中两层背景，按快捷键 <S> 显示图层缩放属性，在 9 秒 04 帧处缩放值为 106，18 秒 19 帧处缩放值为 100，如图 6-6-32 所示。

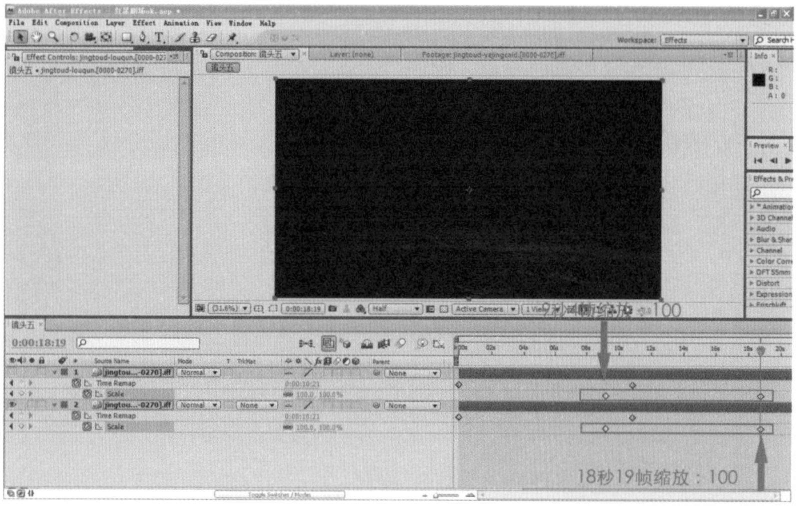

图 6-6-32

04 复制图层 jingtoud-qiu 一层，使用 Out of Focus，如图 6-6-33 所示。

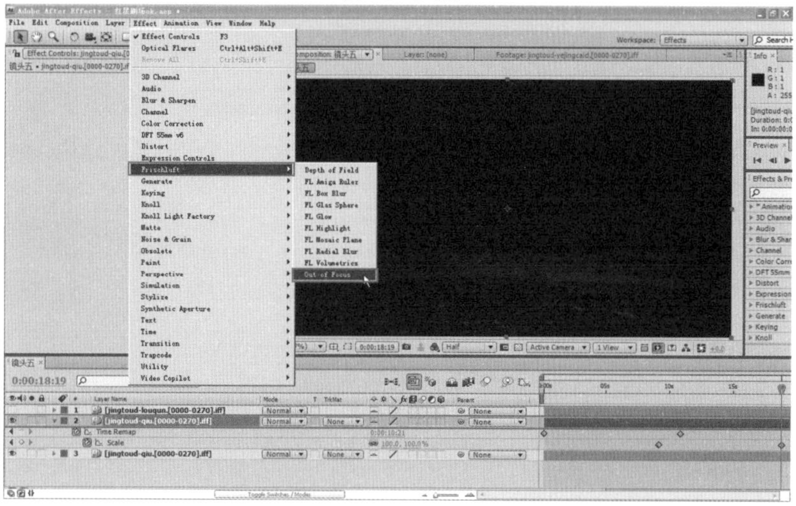

图 6-6-33

05 调节 Out of Focus，Radiu 设置为 2，将复制图层打虚两个像素的模糊，图层模式为 Add 叠加，如图 6-6-34 所示。

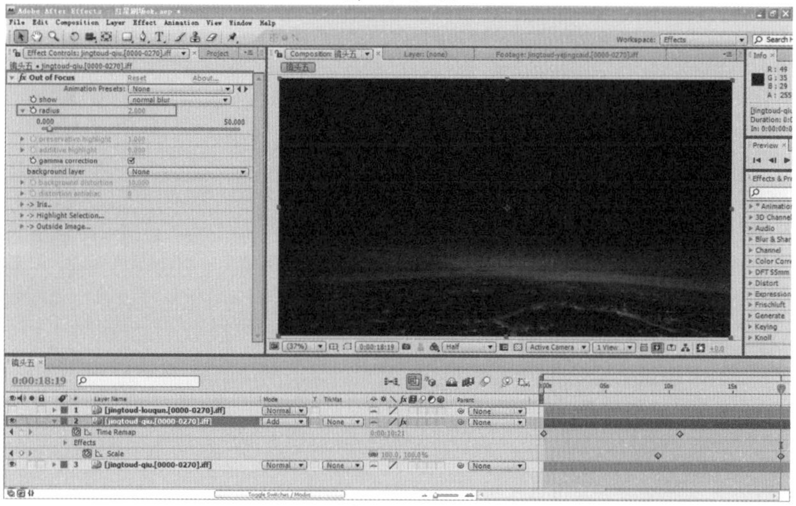

图 6-6-34

06 复制图层 jingtoud-louqun，使用图层 Overlay 模式，如图 6-6-35 所示。

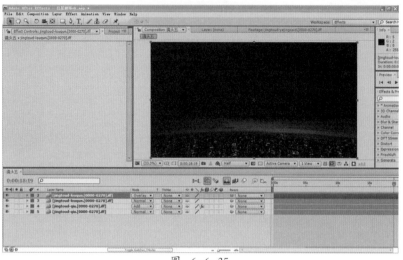

图 6-6-35

07 再次复制 jingtoud-louqun，添加 Out of Focus 滤镜，Radiu 设置为 2，使用图层 Screen 模式，按快捷键 <T> 显示图层透明属性并更改为 60%，如图 6-6-36 所示。

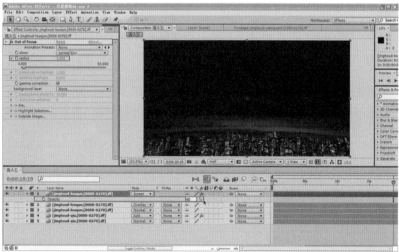

图 6-6-36

08 将调整好的三层背景楼层 jingtoud-louqun 选中，按快捷键 <Ctrl+Shift+C> 嵌套，命名为背景楼，完成背景的合成，如图 6-6-37 所示。

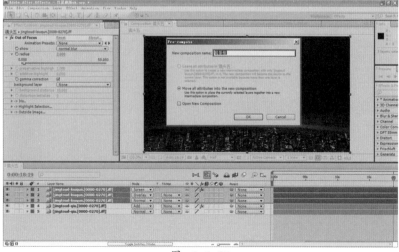

图 6-6-37

提示

为了便于区别合成的几部分图层，选中合成好的背景图层，更改图层颜色显示，如图6-6-38所示。

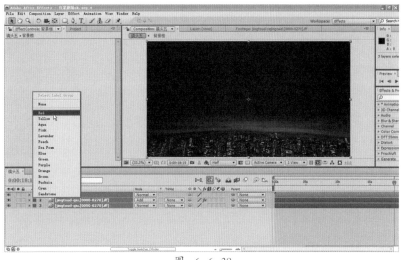

图 6-6-38

09 下面我们针对第二部分的液晶屏幕阵列进行合成，分别依照顺序导入液晶屏幕层jingtoud–yejingcaidi、jingtoud–yejingdi、jingtoud–yejingcaidi、jingtoud–yejingcaidilizi、jingtoud–yejingcaidi、jingtoud–yejingdi，一次拖曳到时间线上，并按快捷键<Ctrl+Alt+T>延长最后一帧与Composition总时间长度等长，如图6-6-39所示。

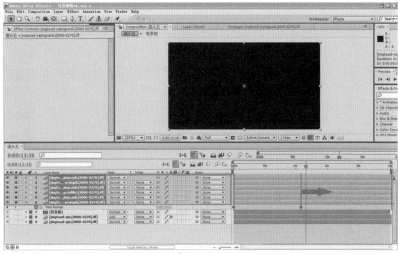

图 6-6-39

10 对镜头动画稍作调整，选中两层背景按快捷键<S>显示图层缩放属性，在9秒04帧处缩放值为106，18秒19帧处缩放值为100，如图6-6-40所示。

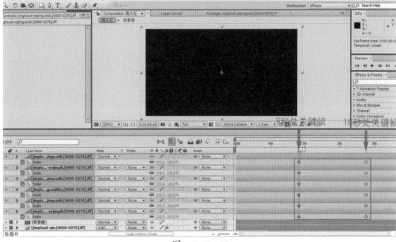

图 6-6-40

11 单独显示图层 jingtoud-yejingdi，添加 Curves 提高画面整体亮度，如图 6-6-41 所示。

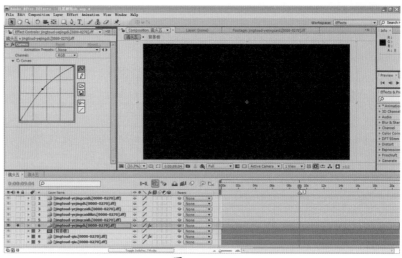

图 6-6-41

12 追加显示图层 jingtoud-yejingcaid 层，并复制 jingtoud-yejingcaidi 图层，使用图层 Screen 模式，如图 6-6-42 所示。

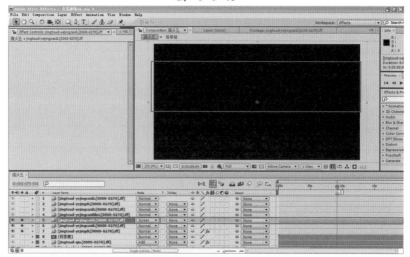

图 6-6-42

13 追加显示图层 jingtoud-yejingcaidilizi 层，使用图层 Add 模式加强画面效果，如图 6-6-43 所示。

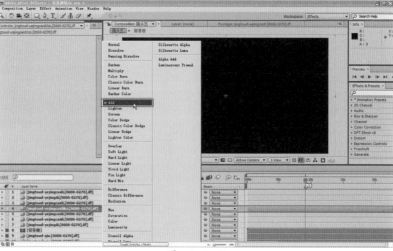

图 6-6-43

第 6 章　北京卫视整体包装栏目篇之红星剧场

14 将三层嵌套命名为：液晶屏幕阵列合成，更改图层颜色显示，如图 6-6-44 所示。

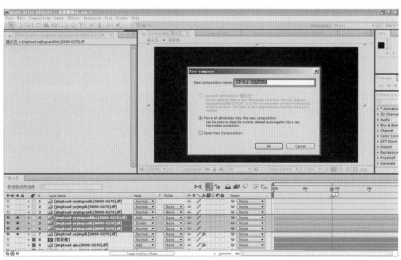

图　6-6-44

15 更改"液晶屏幕阵列合成"图层颜色为 Aqua，如图 6-6-45 所示。

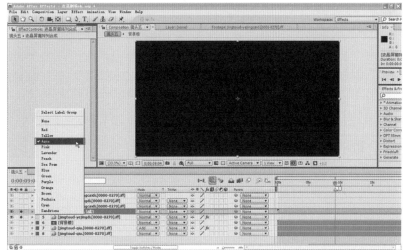

图　6-6-45

16 追加显示 jingtoud-yejingcaid 图层，使用 Screen 图层混合模式，添加 Fast Blur 设置模糊大小为 30 左右，使得画面柔和细腻，如图 6-6-46 所示。

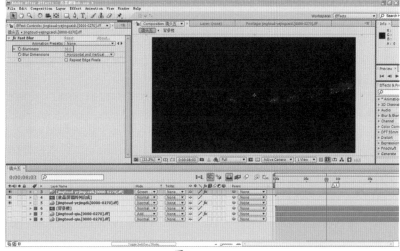

图　6-6-46

17 追加显示 jingtoud-yejingdi，并复制 jingtoud-yejingcaid 图层后，解除图层混合模式为 Normal，做 jingtoud-yejingdi 图层的遮罩，如图 6-6-47 所示。

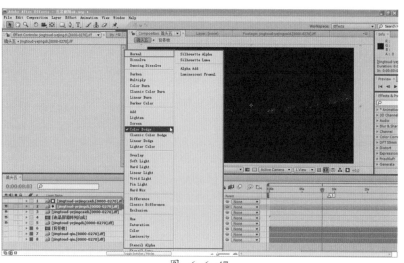

图 6-6-47

18 接下来完成主体液晶屏幕的合成，分别导入素材序列 jingtoud-yejingcaida 和 jingtoud-yejingdida，并拖曳到时间线上，单独显示这两层，如图 6-6-48 所示。

提示 5DS+

按快捷键 <Ctrl+Alt+T> 延长最后一帧与 Composition 总时间长度等长，并且进行同前的操作对镜头进行缩放效果的调节，按快捷键 <S> 显示图层缩放属性，在 9 秒 04 帧处缩放值为 106，18 秒 19 帧处缩放值为 100，新导入的时间线上的图层均需要做这两项操作，之后的制作中大家重复操作，概不赘述。

图 6-6-48

19 新建可调节层，并与 jingtoud-yejingcaida 图层嵌套实现光柱效果的制作，如图 6-6-49 所示，命名为主体液晶屏幕光柱效果，如图 6-6-50 所示。

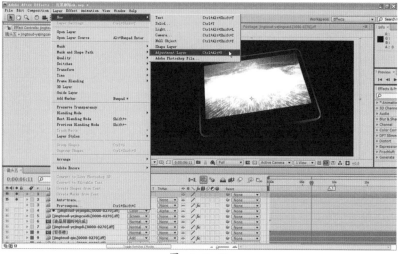

图 6-6-49

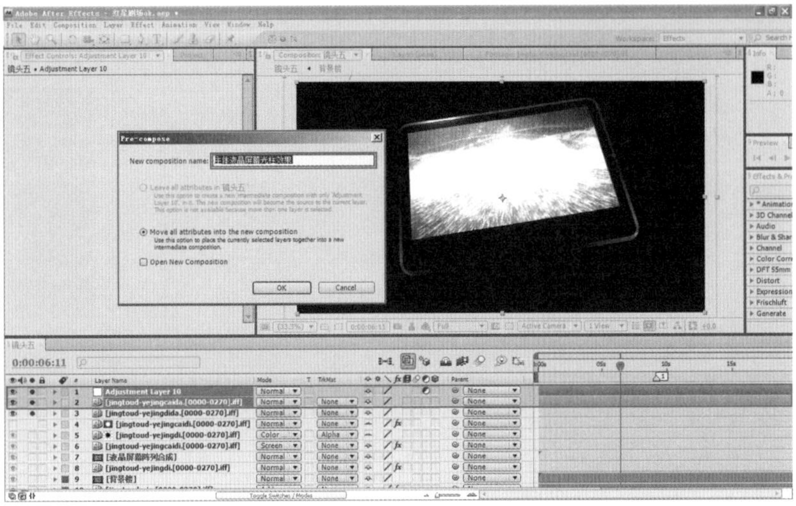

第6章　北京卫视整体包装栏目篇之红星剧场

图 6-6-50

20 双击嵌套图层"主体液晶屏幕光柱效果"进入嵌套层内，在可调节图层上添加滤镜 FL Volumetrics 添加体积光效果动画，Volumetrics 动画设置 00152 帧处 origin 为（944，528），intensity 为 0；00159 帧处设置关键帧 origin 为（944，528），intensity 为 1.14；00226 帧处设置关键帧 origin 为（944，528），intensity 为 0.7，调节方法如图 6-6-51 所示。动画设置如图 6-6-52 所示。

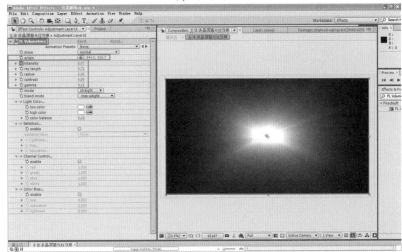

图 6-6-51

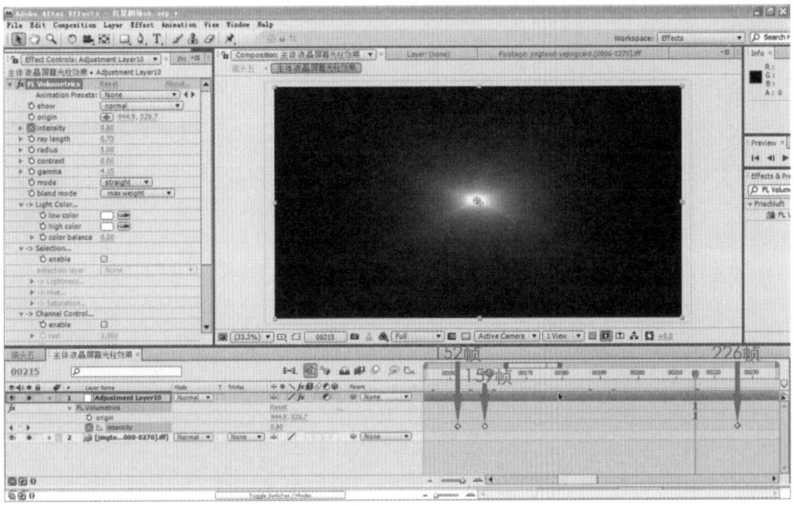

图 6-6-52

21 拖曳主体液晶屏幕动画素材 jingtoud-yejingcaida 层,添加 Fast Blur 滤镜调节模糊大小为 30 左右,改变 jingtoud-yejingcaida 层的透明值为 66,如图 6-6-53 所示。

图 6-6-53

22 拖曳 jingtoud-yejingdid 图层到时间线上,图层混合模式为 Color Dodge,如图 6-6-54 所示。

图 6-6-54

23 复制液晶屏幕图层 jingtoud-yejingcaida,关闭 Fast Blur 效果,并解除图层叠加模式,作为 jingtoud-yejingdid 层的 Alpha 遮罩,如图 6-6-55 所示。

图 6-6-55

第6章 北京卫视整体包装栏目篇之红星剧场

提示 50S+

主体液晶屏幕合成完毕，读者会发现在制作的过程中为了使得合成的图层间融合的比较好、细节丰富，我们会使用快速模糊工具来模糊较小的效果叠加在合成好的元素上，画面就不显得生硬、层次不够。接下来我们要对液晶屏阵列制作体积光效效果，如图6-6-56所示。

图 6-6-56

24 在合成告一段落时，我们要保持一个好的习惯，针对每一部分的合成，通过修改图层的现实颜色来区分，这样便于接下来的操作，方法为选中图层后单击图层属性按钮旁边的小色块进行修改即可，如图6-6-57所示。

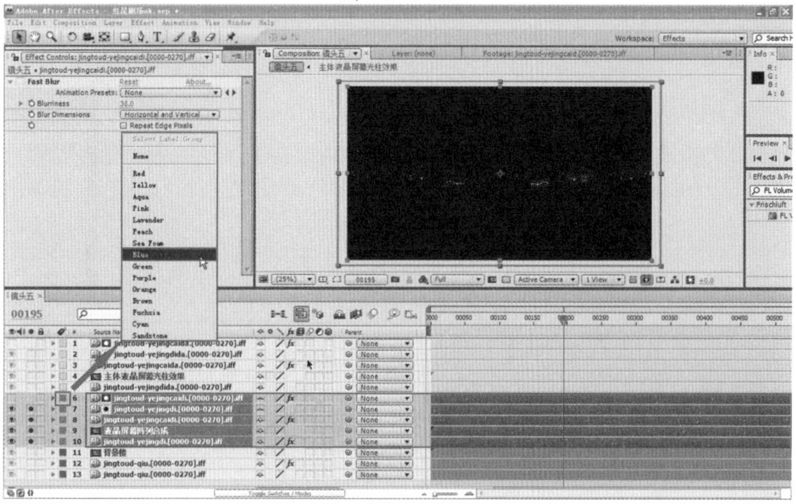

图 6-6-57

25 导入渲染生成序列 jingtoud-yejingcaia、jingtoud-yejingcaib、jingtoud-yejingcaic、jingtoud-yejingcaic、jingtoud-yejingcaid、jingtoud-yejingcaie、jingtoud-yejingcaif、jingtoud-yejingcaig，依次分别拖曳到时间线上复制一层两层选中后进行嵌套命名为2、3、4、5、6、7、8，如图6-6-58所示。依次调整透明值作每一层的淡入动画，如图6-6-59所示。

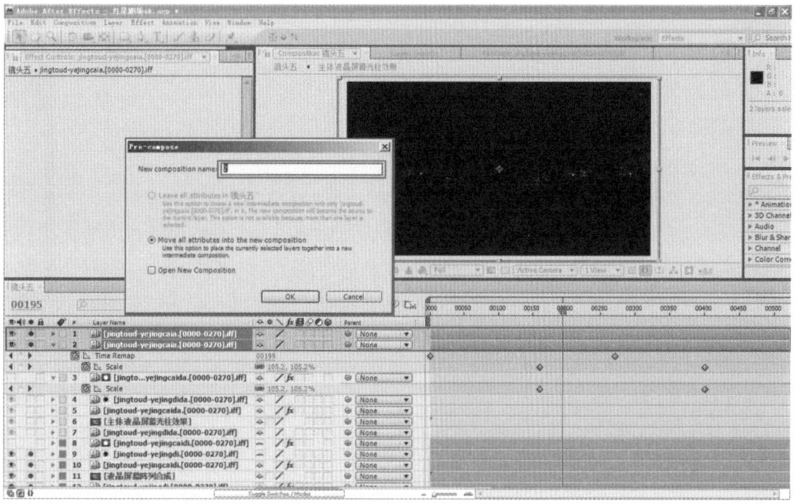

图 6-6-58

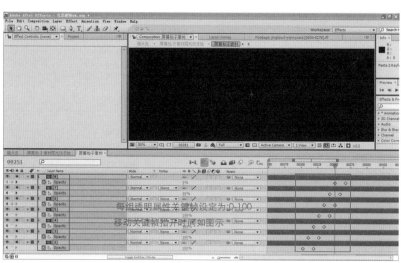

图 6-6-59

26 选中嵌套图层2、3、4、5、6、7、8嵌套命名为"屏幕粒子素材",如图6-6-60所示。

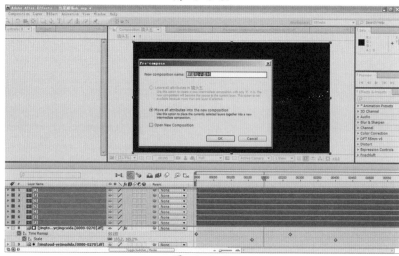

图 6-6-60

27 新建固态层置于"屏幕粒子素材"层下,两层进行嵌套,命名为"屏幕粒子素材层光效添加",如图6-6-61所示。

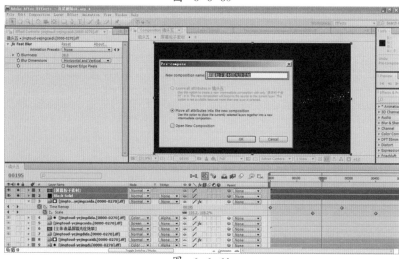

图 6-6-61

28 双击"屏幕粒子素材层光效添加"层进入嵌套，在"Black Solid"图层上添加滤镜 Light Factory EZ，设置如图 6-6-62 所示。

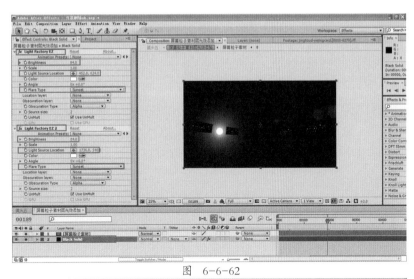

图 6-6-62

29 将"屏幕粒子素材"作为"Black Solid"的 Alpha 遮罩，如图 6-6-63 所示。

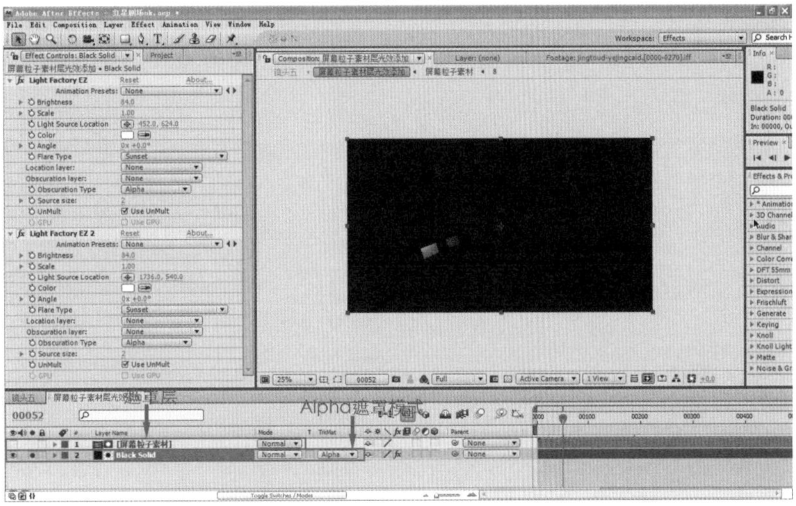

图 6-6-63

30 导入"金"素材，新建合成层命名为"金"，设置画面尺寸为：4000×1000 大小，如图 6-6-64 所示。

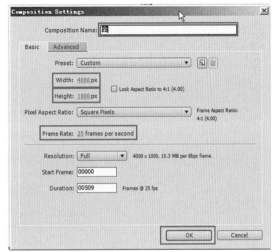

图 6-6-64

(31) 将"金"合成拖曳到"屏幕粒子素材层光效添加",将时间线上调整缩放大小为：54.4,并调整位置,如图6-6-65所示。

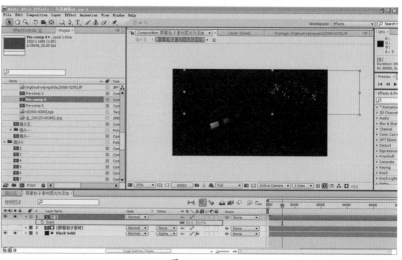

图 6-6-65

(32) 接下来复制"屏幕粒子素材"作为图层"金"的Alpha遮罩,如图6-6-66所示。

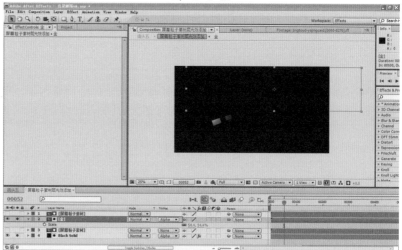

图 6-6-66

(33) 复制该组遮罩关系,移动调节图层"金"的位置,如图6-6-67所示。

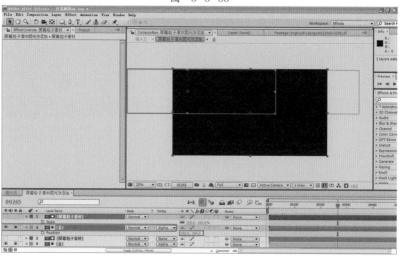

图 6-6-67

34 排除 Black Solid，选中剩余的所有图层混合 Add 叠加模式，如图 6-6-68 所示。

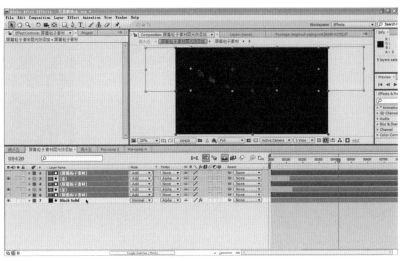

图 6-6-68

35 建立 Adjustment Layer 17，添加体积光效 FL Volumetrics，设置关键帧动画 00172 帧处为 Volumetrics origin(1004，835)，gamma 为 1.71；设置关键帧动画 00518 帧处为 Volumetrics origin(1004，1299)，gamma 为 1.71；设置关键帧动画 00644 帧处为 Volumetrics origin(1244，2199)，gamma 为 2.38；其他参数设置如图 6-6-69 所示。为合成添加固态层 Black Solid 2，设置关键帧完成光的制作，如图 6-6-70 所示。

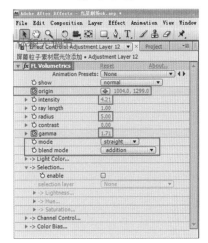

图 6-6-69

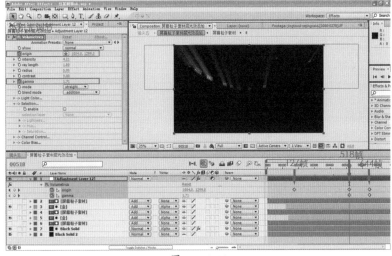

图 6-6-70

36 回到综合成"镜头五",嵌套层"屏幕粒子素材层光效添加"使用 Add 图层叠加模式,接下来倒入 Zi 序列素材,对齐到 200 帧,使用快捷键 <Ctrl+Alt+T> 延长最后一帧,添加 Brightness/Contrast 参数为:亮度 9,对比度 6,完成定版的合成,如图 6-6-71 所示。

图 6-6-71

第 7 章 北京卫视整体包装栏目篇之早安剧场

本案例的重点和特点

- 从分析客户需求入手,掌握创意定位思路,让创意元素表达核心创意点
- 创意的绘制方法
- 案例中流体的运用制作出空中云的效果
- 灵活掌握软件的使用技巧

制作内容

- 使用 Photoshop 绘制创意图
- 流体云的制作方法
- 粒子动画的制作
- 运用 After Effects 合成的思路技法

大像无形——5DS+影视包装卫视典藏版（下）

7.1 创意思路

北京卫视整体包装栏目篇之《早安剧场》片头创意的出发点来自于对整个片子的定位：根据北京卫视口号"天涯共此时"，以北京时间为主，分早、中、晚、夜四个时间段。《早安剧场》是早间播出的剧场类栏目，可以以早间为中心进行创意拓展，如清晨阳光、晴朗的天空等。

通过整理出的关键词和对主题的理解确定创意点：打开一扇窗，道一声早安，在云端中穿梭感受清晨的第一缕阳光。

创意制作储备素材如图7-1-1所示。

创意分镜头如图7-1-2所示。

图 7-1-1

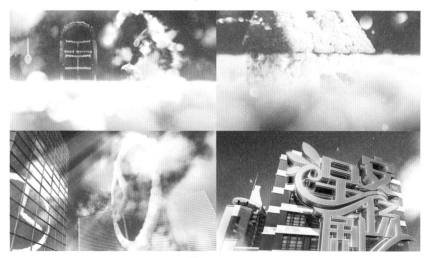

图 7-1-2

7.2 创意分镜头的制作

01 创意效果图如图7-2-1所示。

图 7-2-1

第 7 章　北京卫视整体包装栏目篇之早安剧场

02 在 Adobe Photoshop 中执行"文件"→"新建"命令（接快捷键<Ctrl+N>），文件名为早安剧场，设置宽度：2500像素、高度：576像素、分辨率：72像素/英寸、像素长宽比：方形像素，如图 7-2-2 所示。

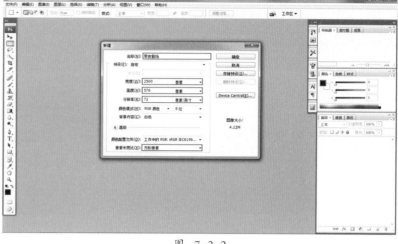

图　7-2-2

03 在工具箱中选择"渐变工具"，渐变颜色为浅蓝到深蓝渐变，渐变方式选择"线性渐变"，在状态栏中勾选"反向"，在背景层上进行拖曳，如图 7-2-3 所示。

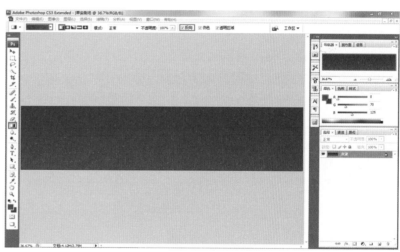

图　7-2-3

04 打开"云01.psd"文件，提取云图案，如图 7-2-4 所示。

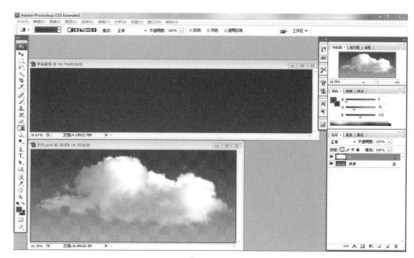

图　7-2-4

05 按快捷键<Ctrl+T>，旋转、缩放、移动摆放位置，如图7-2-5所示。

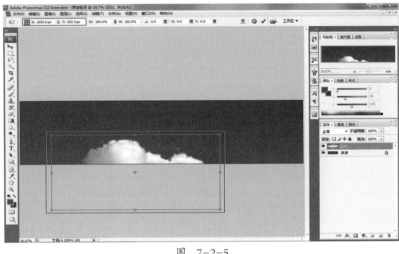

图 7-2-5

06 将"云01"素材选中，拖曳到"创建新图层"按钮上，进行复制或按快捷键<Ctrl+J>复制，如图7-2-6所示。

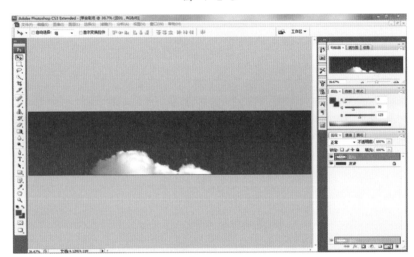

图 7-2-6

07 按快捷键<Ctrl+T>，旋转、缩放、移动摆放位置，如图7-2-7所示。

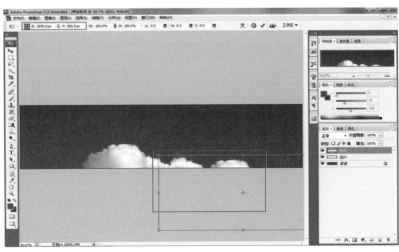

图 7-2-7

第7章 北京卫视整体包装栏目篇之早安剧场

08 打开"云02.psd"文件，提取云图案，如图7-2-8所示。

图 7-2-8

09 按快捷键<Ctrl+J>复制云图层，按快捷键<Ctrl+T>，旋转、缩放、移动摆放位置，完成云层的搭建，如图7-2-9所示。

图 7-2-9

10 打开"窗户.tga"文件，按<Ctrl>+鼠标左键单击"Alpha"图层提取Alpha通道，如图7-2-10所示。

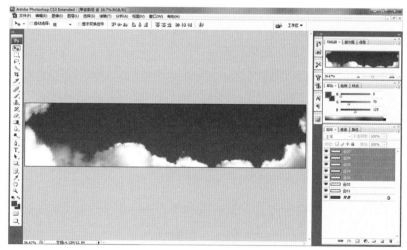

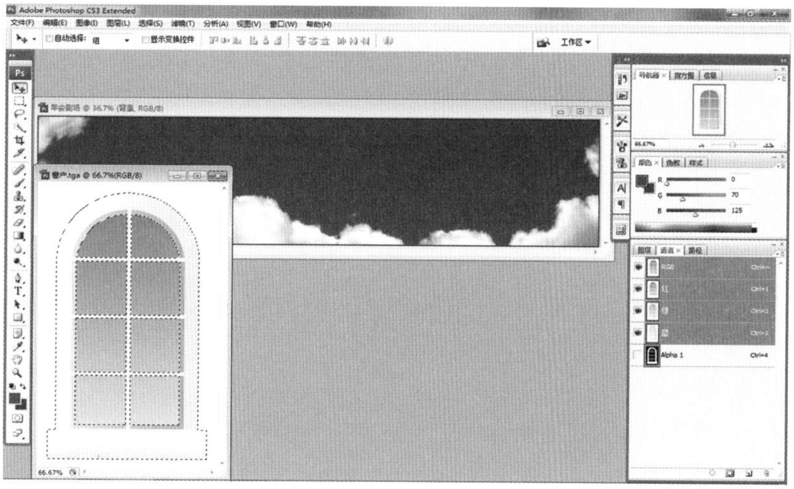

图 7-2-10

11 按快捷键<Ctrl+T>，旋转、缩放、移动摆放位置，如图7-2-11所示。

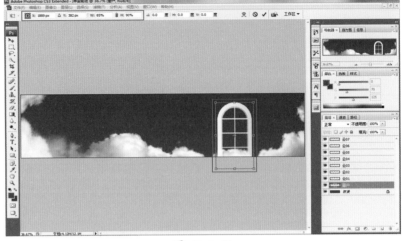

图 7-2-11

12 按快捷键<Ctrl+J>，复制"云01"图层，执行"编辑"→"变换"→"变形"命令，如图7-2-12所示。

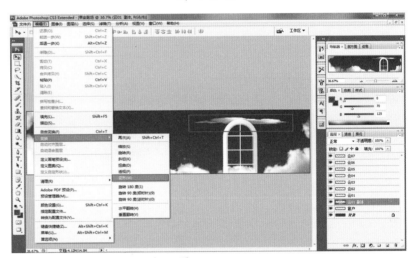

图 7-2-12

13 围绕窗户形状变换云图像形状，如图7-2-13所示。

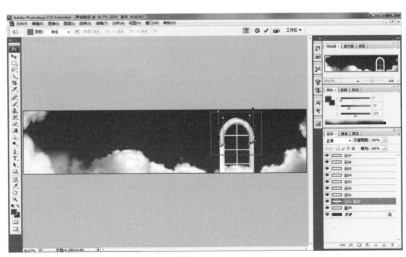

图 7-2-13

第 7 章 北京卫视整体包装栏目篇之早安剧场

14 选择所有云图层，执行"图层"→"合并图层"命令，完成窗户云图形的搭建，如图 7-2-14 所示。

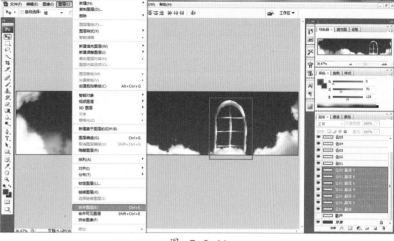

图 7-2-14

15 在工具箱中选择"模糊工具"，再选择"涂抹工具"，做出些云纹的拖尾效果，如图 7-2-15 所示。

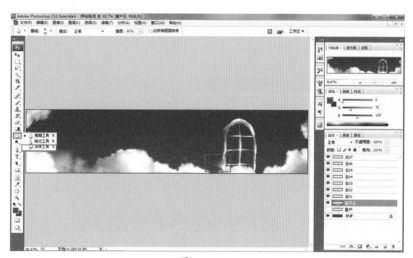

图 7-2-15

16 打开"时钟.tga"文件，按<Ctrl>+鼠标左键单击"Alpha"图层提取Alpha通道，如图 7-2-16 所示。

图 7-2-16

17 按快捷键<Ctrl+T>，旋转、缩放、移动摆放位置，如图7-2-17所示。

图 7-2-17

18 制作时钟云，方法同窗户云，如图7-2-18所示。

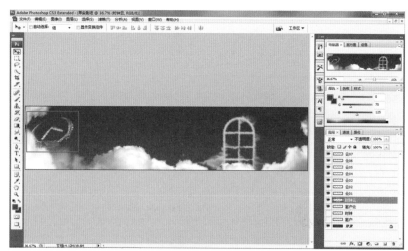

图 7-2-18

19 按快捷键<Ctrl+J>，复制"时钟云"图层，设置图层混合模式为"滤色"，如图7-2-19所示。

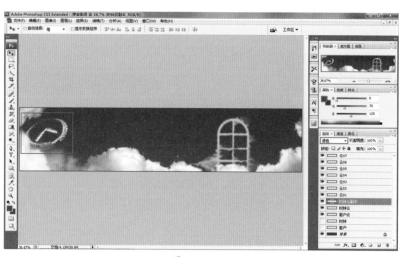

图 7-2-19

20 按快捷键<Ctrl+J>，复制云图案，执行"编辑"→"变换"→"变形"命令，如图7-2-20所示。

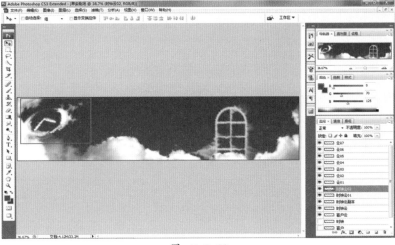

图 7-2-20

21 将"时钟云"、"时钟云副本"、"时钟云01"、"时钟云02"素材选中，拖曳到"创建新组"按钮上，进行打组，如图7-2-21所示。

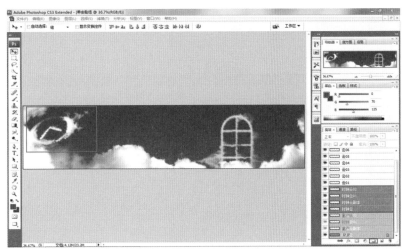

图 7-2-21

22 打开"光01.jpg"文件，如图7-2-22所示。

图 7-2-22

23 执行"图像"→"调整"→"去色"命令,变成黑白图像,如图7-2-23所示。

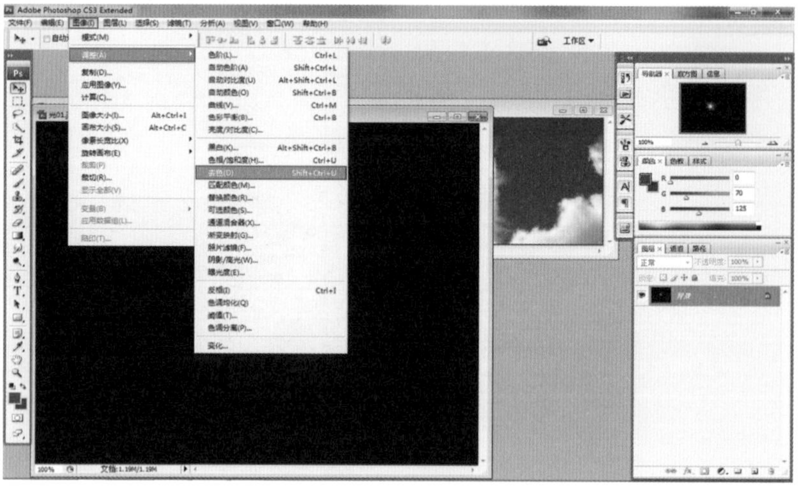

图 7-2-23

24 按快捷键<Ctrl+T>,旋转、缩放、移动摆放位置,设置图层混合模式为"滤色",如图7-2-24所示。

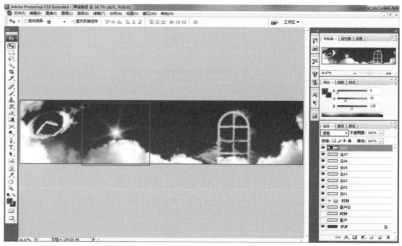

图 7-2-24

25 打开"光02.jpg"文件,执行"图像"→"调整"→"去色"命令,变成黑白图像,如图7-2-25所示。

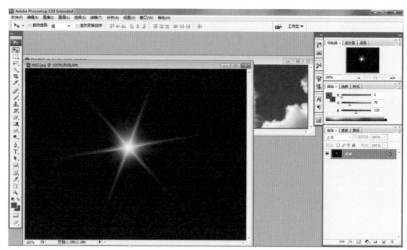

图 7-2-25

第 7 章　北京卫视整体包装栏目篇之早安剧场

26　按快捷键 <Ctrl+T>，旋转、缩放、移动摆放位置，设置图层混合模式为"滤色"，如图 7-2-26 所示。

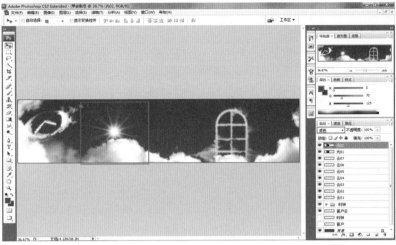

图　7-2-26

27　打开"光束.tga"文件，如图 7-2-27 所示。

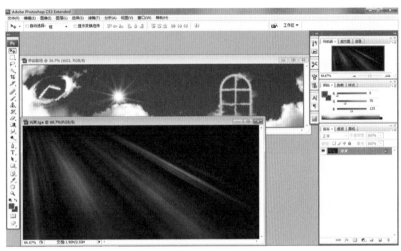

图　7-2-27

28　按快捷键 <Ctrl+T>，旋转、缩放、移动摆放位置，设置图层混合模式为"滤色"，不透明度为 60%，单击添加"图层蒙板"，如图 7-2-28 所示。

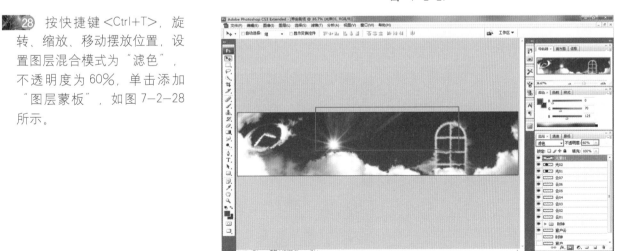

图　7-2-28

97

29 添加"图层蒙板",用"画笔工具"涂抹多余的地方做遮挡,如图 7-2-29 所示。

图 7-2-29

30 按快捷键 <Ctrl+J>,复制两层"光束"图层,按快捷键 <Ctrl+T>,旋转、缩放、移动摆放位置,设置图层混合模式为"滤色",不透明度为 60%,如图 7-2-30 所示。

图 7-2-30

31 打开"楼01.psd"文件,如图 7-2-31 所示。

图 7-2-31

第7章 北京卫视整体包装栏目篇之早安剧场

32 按快捷键<Ctrl+T>，旋转、缩放、移动摆放位置，如图7-2-32所示。

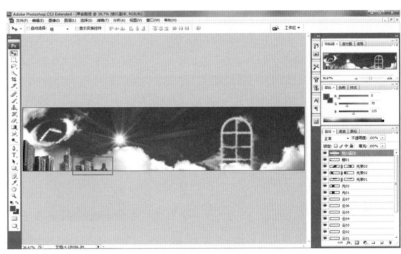

图 7-2-32

33 按快捷键<Ctrl+J>复制"楼01"图层，按快捷键<Ctrl+T>，旋转、缩放、移动摆放位置，如图7-2-33所示。

图 7-2-33

34 打开"气球.psd"文件，如图7-2-34所示。

图 7-2-34

99

35 按快捷键<Ctrl+T>，旋转、缩放、移动摆放位置，如图7-2-35所示。

图 7-2-35

36 在工具箱中选择"前景色"，设置RGB颜色为R：215、G：235、B：255，如图7-2-36所示。

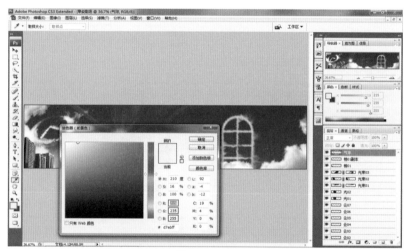

图 7-2-36

37 在工具箱中选择"渐变工具"，渐变颜色为透明到蓝白渐变，渐变方式选择"线性渐变"，在状态栏中勾选"反向"，在背景层上进行拖曳，设置图层混合模式为"滤色"，不透明度为42%，如图7-2-37所示。

图 7-2-37

第 7 章　北京卫视整体包装栏目篇之早安剧场

38 打开"楼02.psd"文件，如图 7-2-38 所示。

图　7-2-38

39 按快捷键 <Ctrl+T>，缩放、移动摆放位置，如图 7-2-39 所示。

图　7-2-39

40 打开"Logo.tga"文件，按 <Ctrl>+鼠标左键单击"Alpha"图层提取 Alpha 通道，如图 7-2-40 所示。

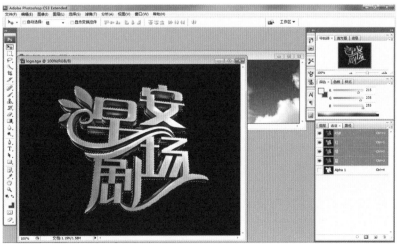

图　7-2-40

101

41 按快捷键<Ctrl+T>，旋转、缩放、移动摆放位置，如图 7-2-41 所示。

图 7-2-41

42 按快捷键<Ctrl+J>，复制"Logo"图层，制作 Logo 投影，按快捷键<Ctrl+T>，旋转、缩放、移动摆放位置，设置图层混合模式为"正片叠底"，如图 7-2-42 所示。

图 7-2-42

43 按<Ctrl>+鼠标左键单击"图层3"楼房图层提取 Alpha 通道，给"Logo 投影"图层添加"图层蒙板"，如图 7-2-43 所示。

图 7-2-43

第7章 北京卫视整体包装栏目篇之早安剧场

44 打开"楼音符.jpg"文件,如图7-2-44所示。

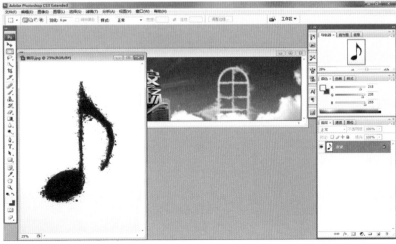

图 7-2-44

45 执行"图像"→"调整"→"反相"命令,将音符颜色反相,如图7-2-45所示。

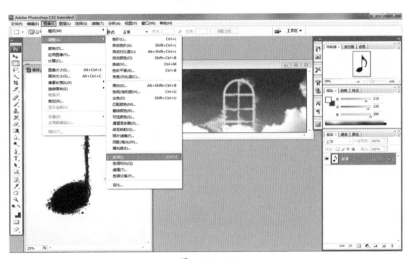

图 7-2-45

46 执行"图像"→"调整"→"色阶"命令,调节黑白对比,使其暗部更暗,亮部更亮,如图7-2-46所示。

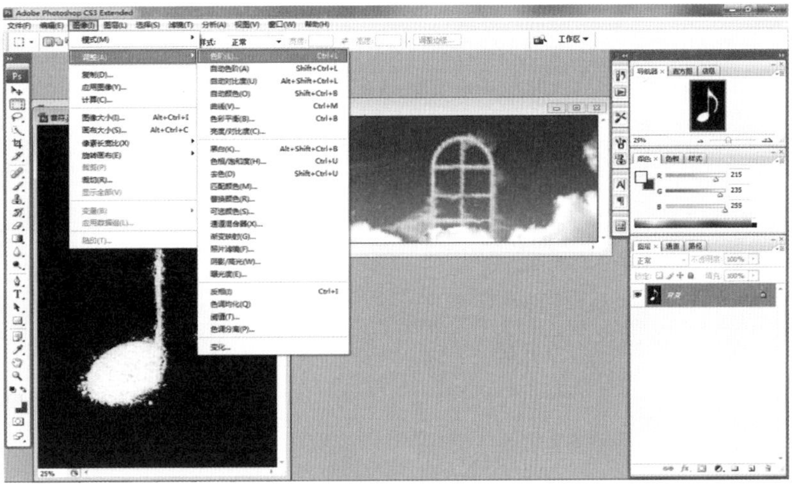

图 7-2-46

47 调节"色阶"设置暗部：35、亮部：235，按快捷键 <Ctrl+T>，旋转、缩放、移动摆放位置，设置图层混合模式为"滤色"，如图 7-2-47 所示。

图 7-2-47

48 按快捷键 <Ctrl+J>，复制"音符"图层，执行"滤镜"→"模糊"→"高斯模糊"命令，制作出云边缘模糊效果，如图 7-2-48 所示。

图 7-2-48

49 调节"高斯模糊"半径：4.8 像素，如图 7-2-49 所示。

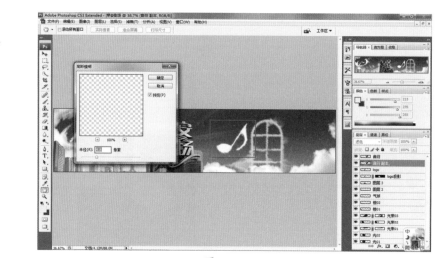

图 7-2-49

第 7 章　北京卫视整体包装栏目篇之早安剧场

50 打开"辉光 .tga"文件，如图 7-2-50 所示。

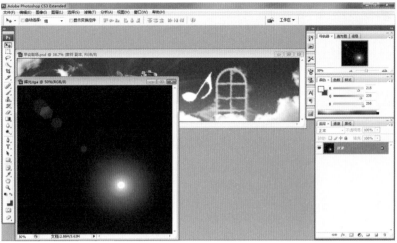

图 7-2-50

51 按快捷键 <Ctrl+T>，旋转、缩放、移动摆放位置，设置图层混合模式为"滤色"，如图 7-2-51 所示。

图 7-2-51

52 添加"图层蒙板"，用"画笔工具"涂抹多余的地方做遮挡，如图 7-2-52 所示。

图 7-2-52

53 打开"光点.tga"文件，如图7-2-53所示。

图 7-2-53

54 按快捷键<Ctrl+T>，旋转、缩放、移动摆放位置，设置图层混合模式为"滤色"，如图7-2-54所示。

图 7-2-54

55 按快捷键<Ctrl+J>，复制两个"光点"图层，按快捷键<Ctrl+T>，旋转、缩放、移动摆放位置，如图7-2-55所示。

图 7-2-55

第7章　北京卫视整体包装栏目篇之早安剧场

56　按快捷键 <Ctrl+J>，复制两个"光点"图层，按快捷键 <Ctrl+T>，旋转、缩放、移动摆放位置，执行"编辑"→"变换"→"变形"命令，使光点围绕窗户云的轮廓，将"窗户云"、"窗户光 1"、"窗户光 2"素材选中，拖曳到"创建新组"按钮上，进行打组，如图 7-2-56 所示。

图　7-2-56

57　按快捷键 <Ctrl+J>，复制两个"光点"图层，按快捷键 <Ctrl+T>，旋转、缩放、移动摆放位置，执行"编辑"→"变换"→"变形"命令，使光点围绕时钟云的轮廓，如图 7-2-57 所示。

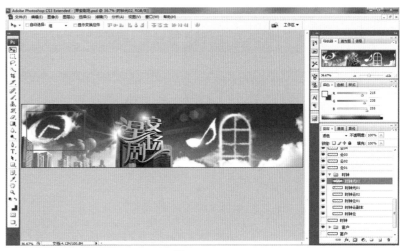

图　7-2-57

58　按快捷键 <Ctrl+J>，复制多个"光点"图层，按快捷键 <Ctrl+T>，旋转、缩放、移动摆放位置，选择所有光点图层，执行"图层"→"合并图层"命令，完成粒子光的搭建，如图 7-2-58 所示。

图　7-2-58

107

大像无形——5DS⁺ 影视包装卫视典藏版（下）

59 按快捷键 <Ctrl+J>，复制多个"粒子光"图层，按快捷键 <Ctrl+T>，旋转、缩放、移动摆放位置，完成创意效果图，如图 7-2-59 所示。

图 7-2-59

7.3 在 Maya 中完成模型的制作

7.3.1 镜头一中窗户模型的制作

01 在 Maya 菜单中执行 Create → Polygon Primitives → Cylinder 命令，创建圆柱体。单击后面按钮设置轴方向分段数，如图 7-3-1 所示。

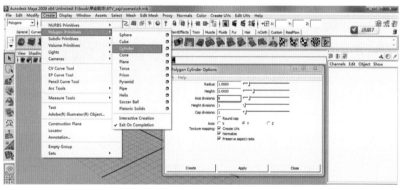

图 7-3-1

02 选择模型，单击鼠标右键选择 Face 面选项，如图 7-3-2 所示。

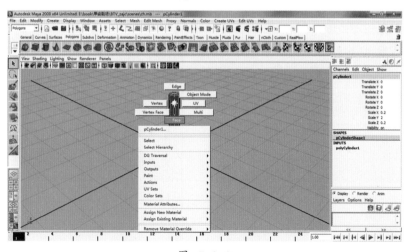

图 7-3-2

108

第7章 北京卫视整体包装栏目篇之早安剧场

03 选择顶部面，执行 Edit Mesh → Extrude 拉伸工具挤压，如图 7-3-3 所示。

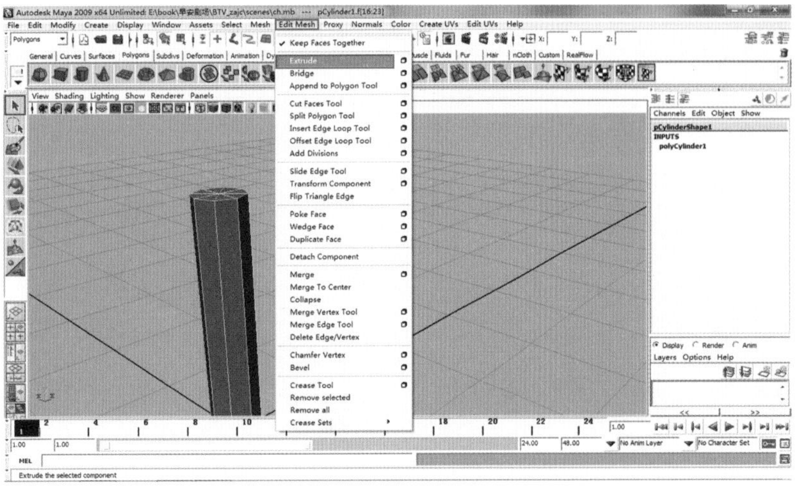

图 7-3-3

04 单击圆环切换手柄，由物体坐标切换到世界坐标，如图 7-3-4 所示。

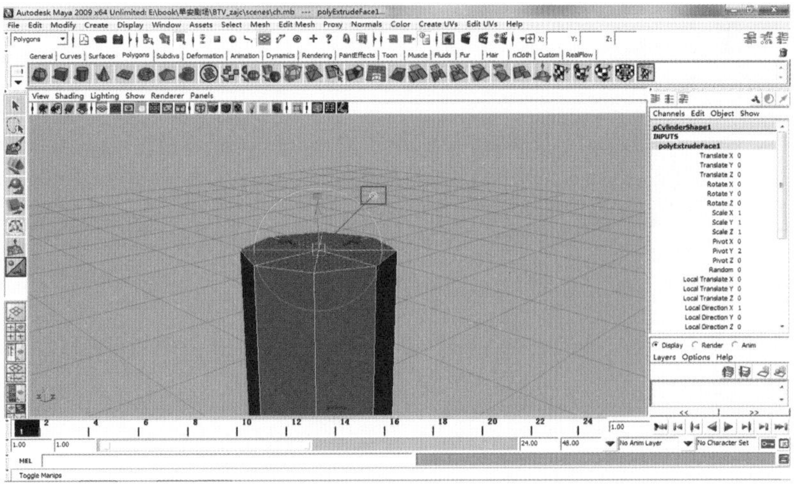

图 7-3-4

05 连续执行 Edit Mesh → Extrude 拉伸工具，挤压几次后，完成窗户左侧边框模型制作，如图 7-3-5 所示。

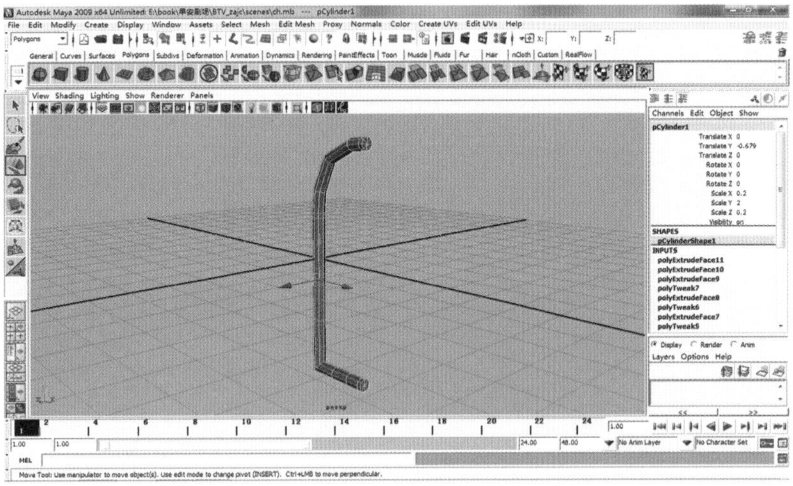

图 7-3-5

06 选择模型，单击鼠标右键选择Face面级别，选择模型顶部两个面，执行Edit Mesh→Extrude拉伸工具挤压，如图7-3-6所示。

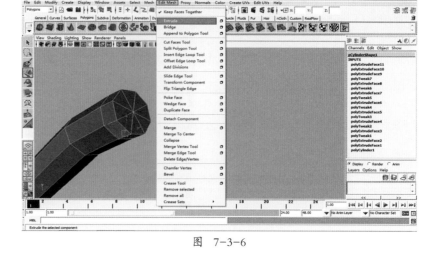

图 7-3-6

07 挤压后删除面，选择底部相对应的面同样删除，如图7-3-7所示。

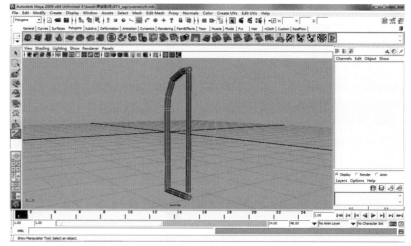

图 7-3-7

08 选择模型，单击鼠标右键选择Vertex点选项，如图7-3-8所示。

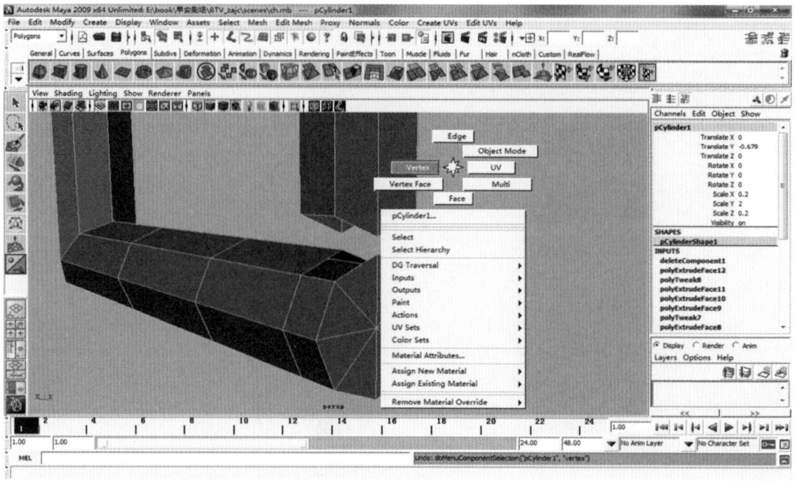

图 7-3-8

第 7 章　北京卫视整体包装栏目篇之早安剧场

09 选择模型上部的点，吸附到模型下部相对应的点上。

提示

按 <X> 键可以吸附到网格，按 <C> 键可以吸附到线，按 <V> 键可以吸附到点，如图 7-3-9 所示。

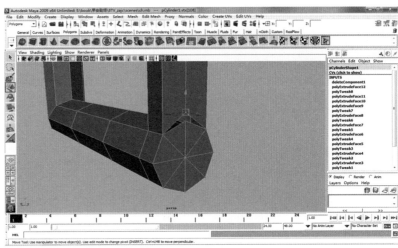

图 7-3-9

10 选择所有吸附好的点，执行 Edit Mesh → Merge 合并工具。完成窗户外边框模型制作，如图 7-3-10 所示。

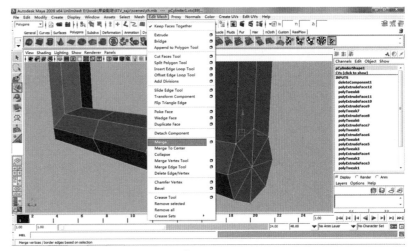

图 7-3-10

11 执行 Edit Mesh → Insert Edge Loop Tool 插入循环边工具，如图 7-3-11 所示。

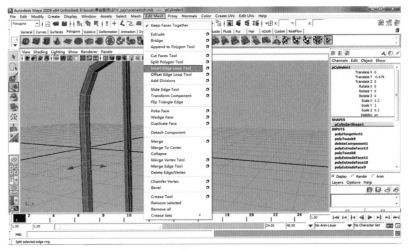

图 7-3-11

111

12 连续执行 Edit Mesh → Insert Edge Loop Tool 插入循环边工具，添加几次后，如图 7-3-12 所示。

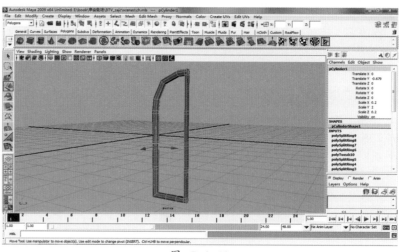

图 7-3-12

13 选择模型，单击鼠标右键选择 Face 面级别，选择模型侧部几个面，执行 Edit Mesh → Extrude 拉伸工具挤压，如图 7-3-13 所示。

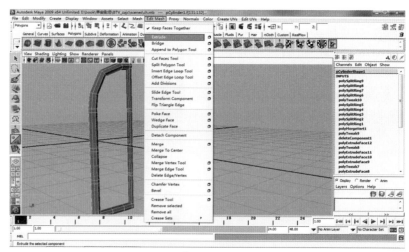

图 7-3-13

14 挤压后删除面，选择另一侧部相对应的面同样删除，如图 7-3-14 所示。

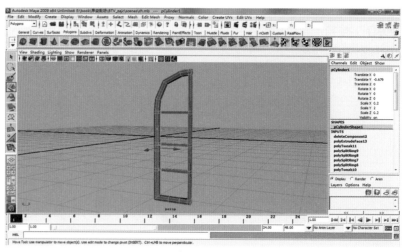

图 7-3-14

第 7 章　北京卫视整体包装栏目篇之早安剧场

15 选择模型，单击鼠标右键选择 Vertex 点选项，选择相对应的点吸附，执行 Edit Mesh → Merge 合并工具。完成一半窗户模型制作，如图 7-3-15 所示。

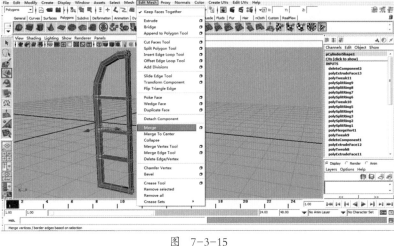

图 7-3-15

16 选择模型，按 <D> 键加 V 把模型的中心点吸附到模型下部的点上，如图 7-3-16 所示。

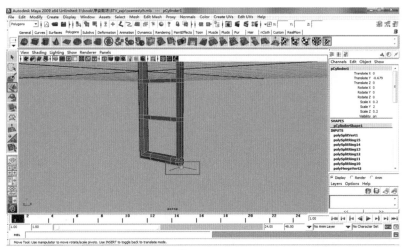

图 7-3-16

17 选择模型再按 <X> 键吸附到世界坐标网格中心上，如图 7-3-17 所示。

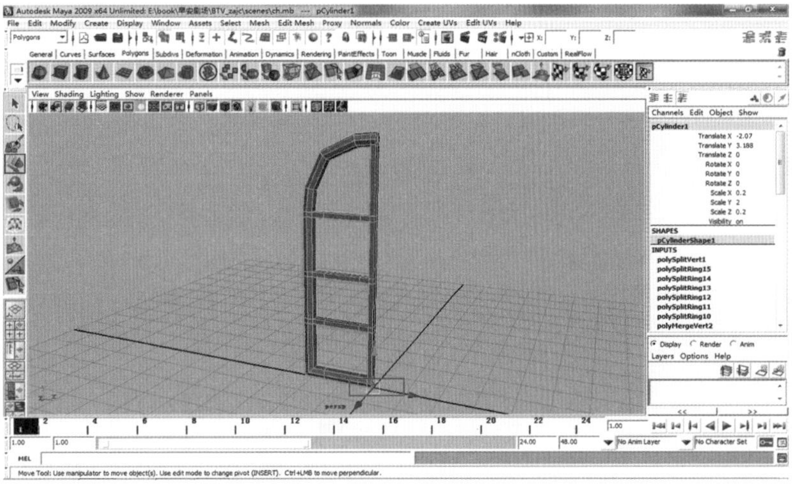

图 7-3-17

113

18 执行 Edit → Duplicate Special 复制特定项，单击后面按钮设置，如图 7-3-18 所示。

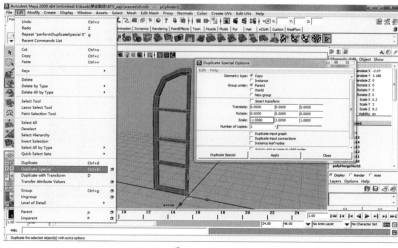

图 7-3-18

19 完成窗户模型制作，如图 7-3-19 所示。

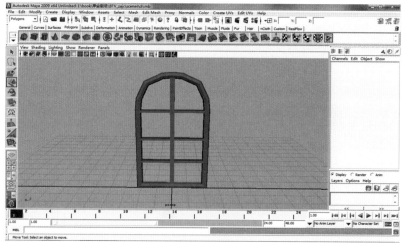

图 7-3-19

7.3.2 镜头一中音符模型的制作

01 在 Maya 菜单中执行 Create → Polygon Primitives → Sphere 命令，创建球体。单击后面按钮设置轴方向分段数，顶点方向分段数，如图 7-3-20 所示。

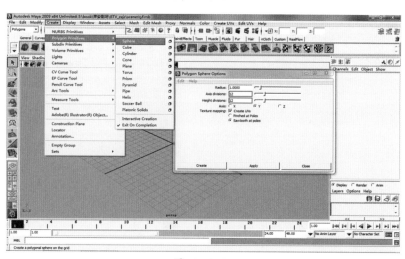

图 7-3-20

第 7 章　北京卫视整体包装栏目篇之早安剧场

02　选择球体进行旋转缩放，如图 7-3-21 所示。

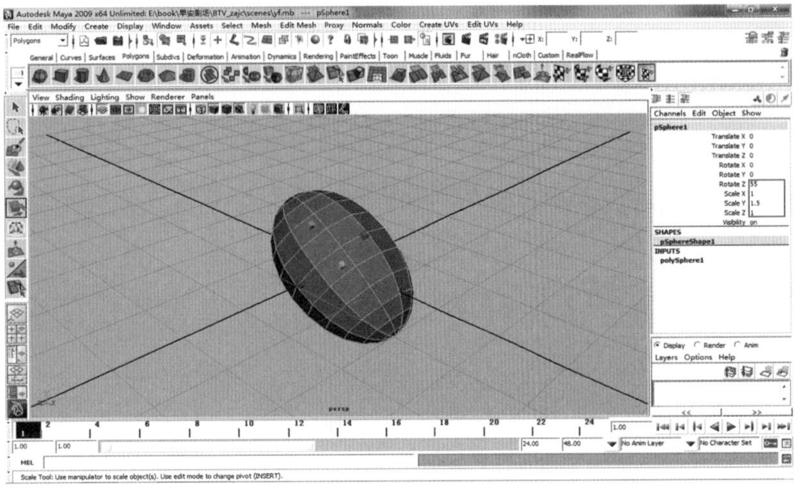

图　7-3-21

03　选择模型，单击鼠标右键选择 Face 面选项，如图 7-3-22 所示。

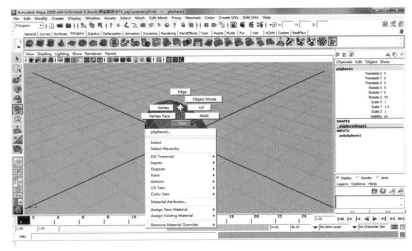

图　7-3-22

04　选择顶部的几个面，执行 Edit Mesh → Extrude 拉伸工具挤压，如图 7-3-23 所示。

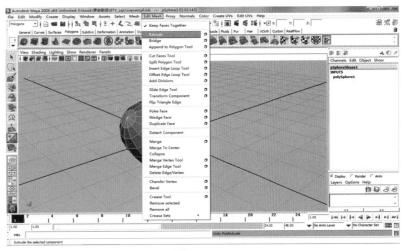

图　7-3-23

115

05 单击圆环切换手柄，由物体坐标切换到世界坐标，如图 7-3-24 所示。

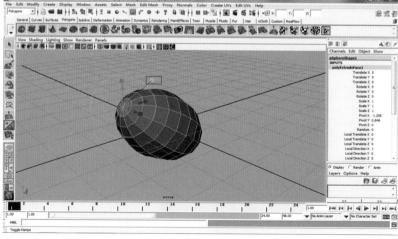

图 7-3-24

06 切换到前视图，挤压后旋转调整角度，如图 7-3-25 所示。

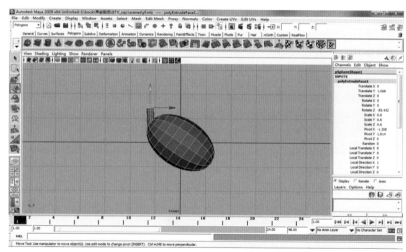

图 7-3-25

07 执行 Edit Mesh → Insert Edge Loop Tool 插入循环边工具，如图 7-3-26 所示。

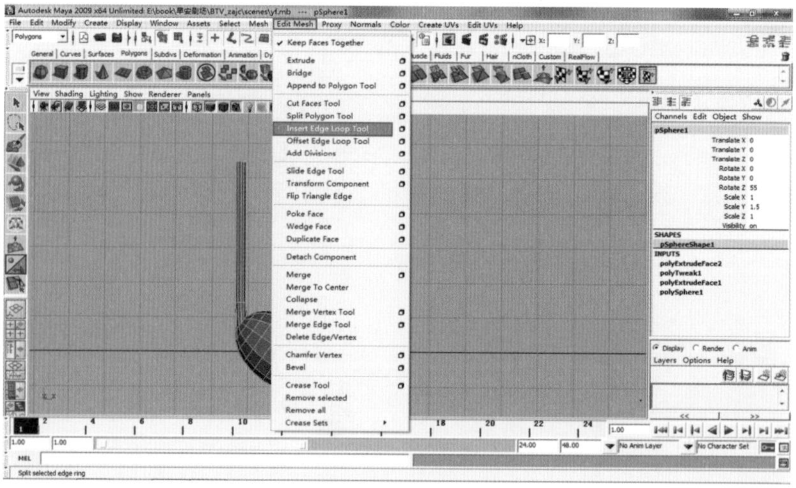

图 7-3-26

第 7 章　北京卫视整体包装栏目篇之早安剧场

08 添加几条环边，如图 7-3-27 所示。

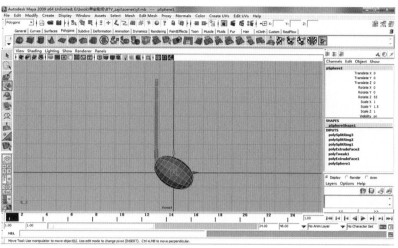

图　7-3-27

09 选择模型，单击鼠标右键选择 Vertex 点选项，如图 7-3-28 所示。

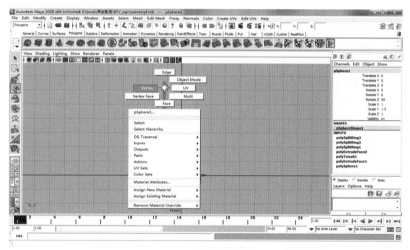

图　7-3-28

10 调整点的位置，选择模型鼠标右键选择 Face 面级别，选择模型侧部几个面，执行 Edit Mesh → Extrude 拉伸工具挤压，如图 7-3-29 所示。

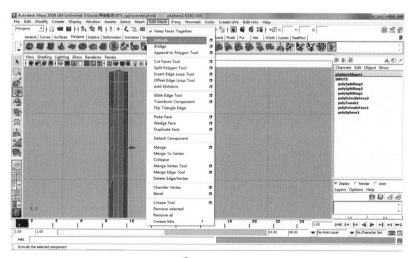

图　7-3-29

117

11 连续挤压几次后，完成音符模型制作，如图7-3-30所示。

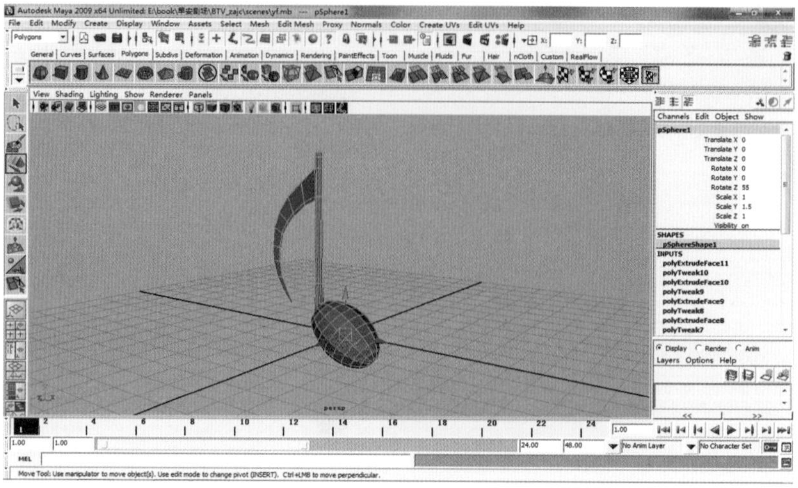

图 7-3-30

7.3.3 镜头四中楼房模型的制作

01 在 Maya 中执行菜单 Create → Polygon Primitives → Cube 命令，创建立方体，如图 7-3-31 所示。

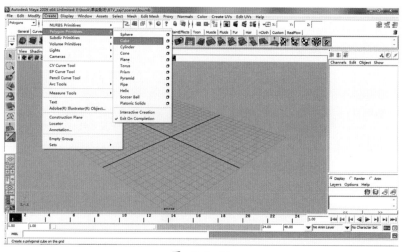

图 7-3-31

02 选择立方体进行缩放，如图 7-3-32 所示。

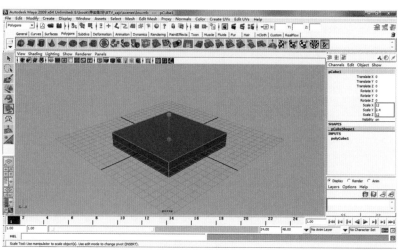

图 7-3-32

第 7 章 北京卫视整体包装栏目篇之早安剧场

03 选择模型，单击鼠标右键选择 Face 面选项，如图 7-3-33 所示。

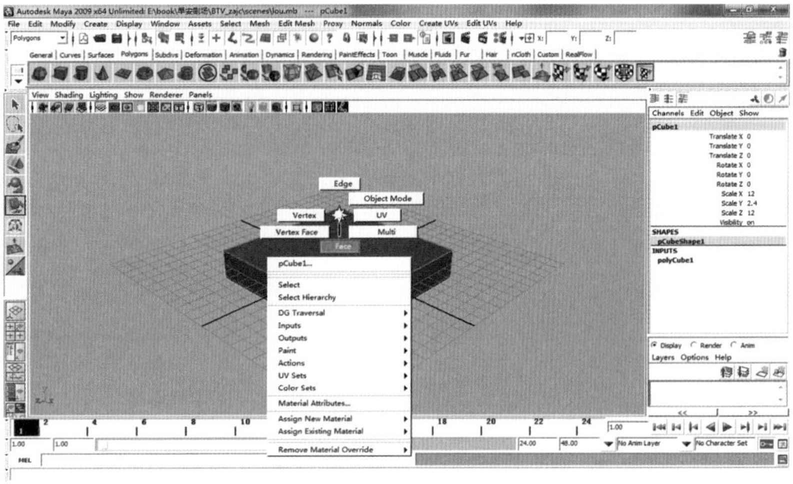

图 7-3-33

04 选择侧面的几个面，执行 Edit Mesh → Keep Faces Together 保持面与面合并，去掉前面的 √，再执行 Edit Mesh → Extrude 拉伸工具挤压，如图 7-3-34 所示。

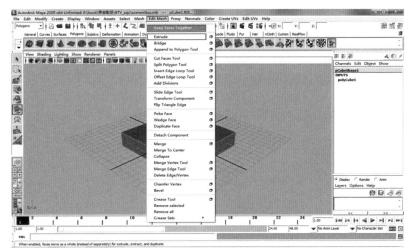

图 7-3-34

05 挤压后效果如图 7-3-35 所示。

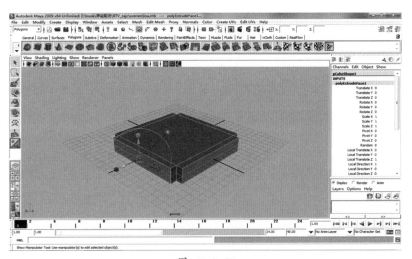

图 7-3-35

06 执行 Edit Mesh → Insert Edge Loop Tool 插入循环边工具，如图 7-3-36 所示。

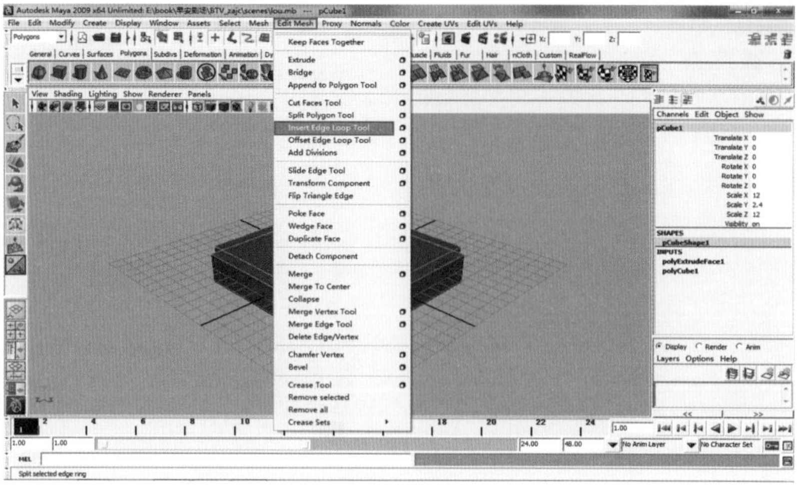

图 7-3-36

07 插入两条环边，如图 7-3-37 所示。

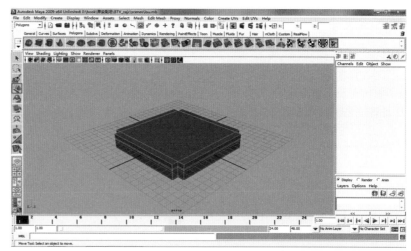

图 7-3-37

08 选择模型，单击鼠标右键选择 Face 面选项，选择新创建的面，执行 Edit Mesh → Keep Faces Together 保持面与面合并，勾选前面的 √，再执行 Edit Mesh → Extrude 拉伸工具挤压，如图 7-3-38 所示。

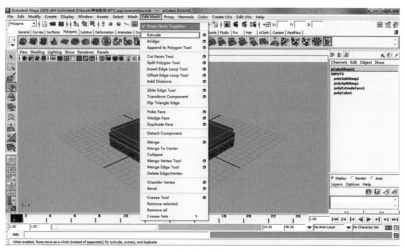

图 7-3-38

第 7 章　北京卫视整体包装栏目篇之早安剧场

09 挤压后，完成楼房外形模型制作，如图 7-3-39 所示。

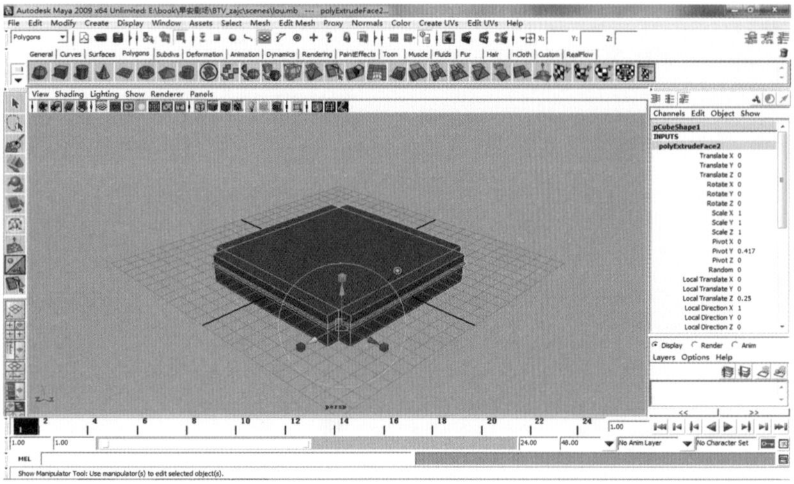

图 7-3-39

10 选择模型，单击鼠标右键选择 Edge 边选项，如图 7-3-40 所示。

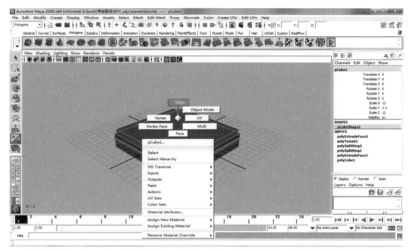

图 7-3-40

11 添加中线，选择一条边，按住 <Ctrl> 键 + 鼠标右键选择 Edge Ring Utilities，如图 7-3-41 所示。

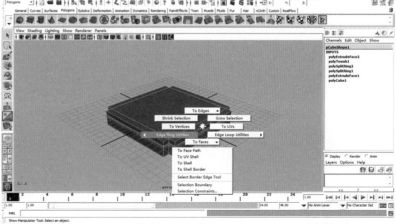

图 7-3-41

12 选择 To Edge Ring and Split, 如图 7-3-42 所示。

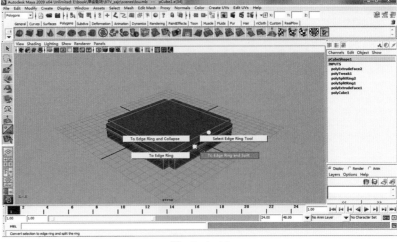

图 7-3-42

13 执行同样命令添加中线, 如图 7-3-43 所示。

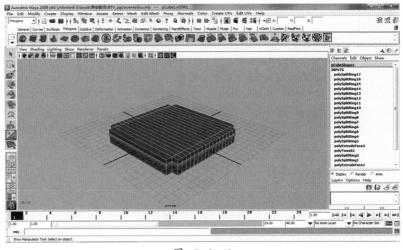

图 7-3-43

14 切换侧视图, 执行 Edit Mesh → Insert Edge Loop Tool 插入循环边工具, 如图 7-3-44 所示。

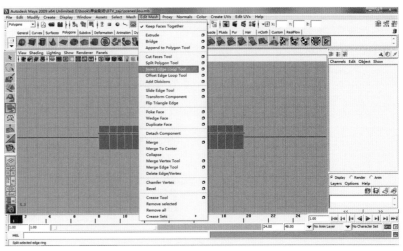

图 7-3-44

第 7 章 北京卫视整体包装栏目篇之早安剧场

15 插入两条环边,确定窗户位置,如图 7-3-45 所示。

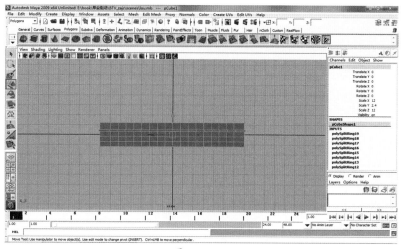

图 7-3-45

16 选择模型,单击鼠标右键选择 Face 面选项,选择好面,执行 Edit Mesh>Keep Faces Together 保持面与面合并,去掉前面的√,再执行 Edit Mesh→Extrude 拉伸工具挤压,如图 7-3-46 所示。

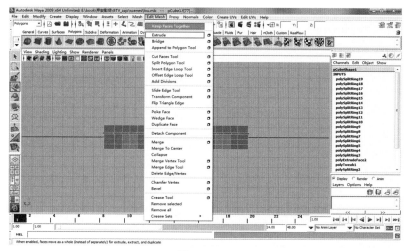

图 7-3-46

17 挤压两次,挤压出厚度。完成窗户制作,如图 7-3-47 所示。

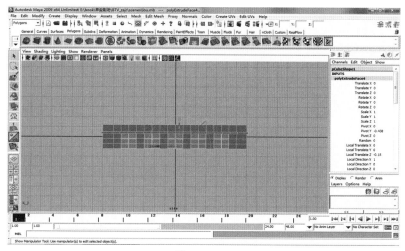

图 7-3-47

18 选择模型，单击鼠标右键选择 Edge 边选项，执行 Edit Mesh → Delete Edge Vertex 删除线或点工具，如图 7-3-48 所示。

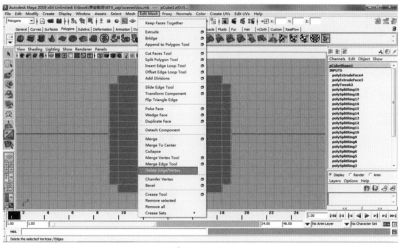

图 7-3-48

19 删除多余没用的线，完场一层楼房的制作，如图 7-3-49 所示。

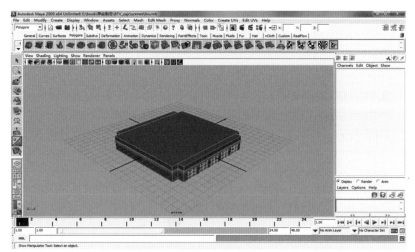

图 7-3-49

20 执行 Edit → Duplicate Special 复制特定，单击后面按钮设置，如图 7-3-50 所示。

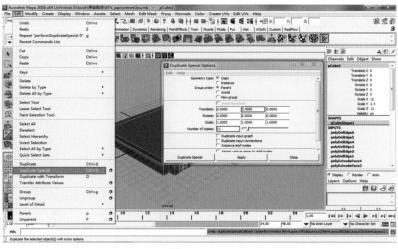

图 7-3-50

第 7 章　北京卫视整体包装栏目篇之早安剧场

21　完成楼房模型制作，如图 7-3-51 所示。

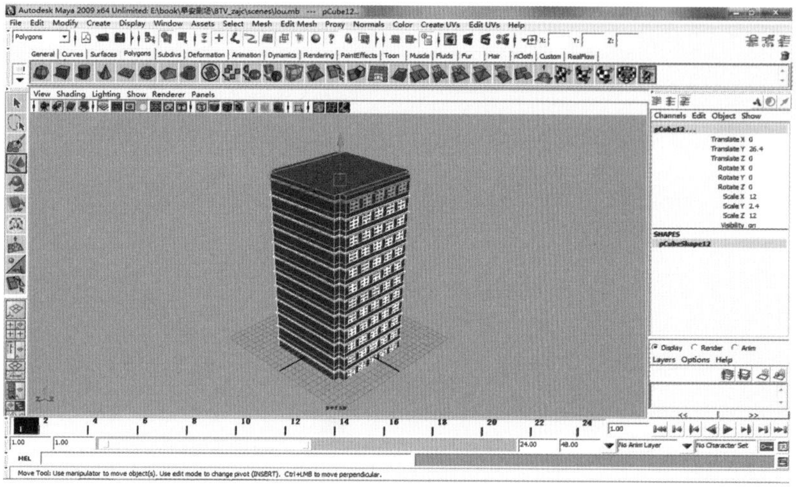

图 7-3-51

7.3.4　镜头四中 Logo 模型的制作

01　在 Maya 菜单中执行 File → Import 命令，将 Illustrator 8 的 Logo 文件导入。系统提示 Illustrator 中导出的 Logo 文件保存成 Illustrator 8 版本，如图 7-3-52 所示。

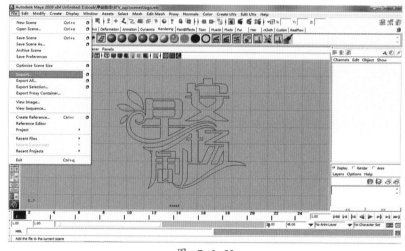

图 7-3-52

02　切换到 Surfaces 面板，执行 Surfaces → Bevel Plus 倒角，单击后面按钮设置，如图 7-3-53 和图 7-3-54 所示。

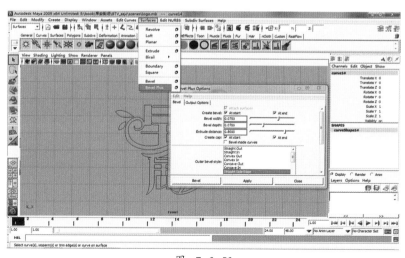

图 7-3-53

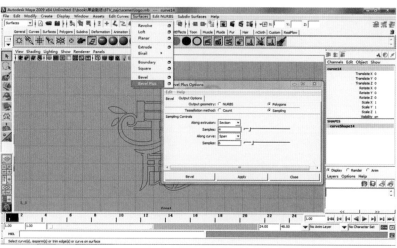

图 7-3-54

03 若倒角方向有误，选择曲线执行 Edit Curve → Reverse Curve Direction 反转曲线方向工具，如图 7-3-55 所示。

单独物体，单独倒角。镂空物体先选择外框，再选择镂空部分。

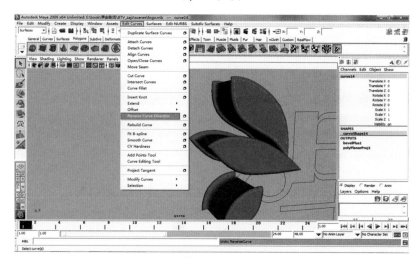

图 7-3-55

04 完成 Logo 模型制作，如图 7-3-56 所示。

图 7-3-56

7.4 在 Maya 中完成粒子动画的制作

7.4.1 镜头一中粒子动画的制作

01 执行 Create → CV Curve Tool 创建一条曲线，如图 7-4-1 所示。

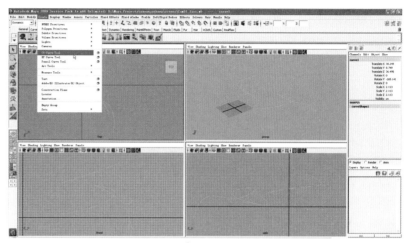

图 7-4-1

02 切换到动力学模版，执行 Particles → Create Emitter 创建一个粒子发射器，如图 7-4-2 所示。

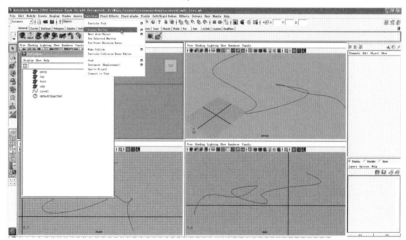

图 7-4-2

03 为了便于识别物体，对粒子发射器和粒子重命名，如图 7-4-3 所示。

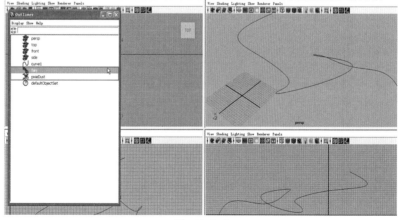

图 7-4-3

04 切换到动画模版，在 Outliner 视图中选择粒子发射器，按住 <Shift> 键再选择曲线，执行 Animate → MotionPaths → Attch to Motion Path 给粒子发射器创建路径动画，如图 7-4-4 所示。

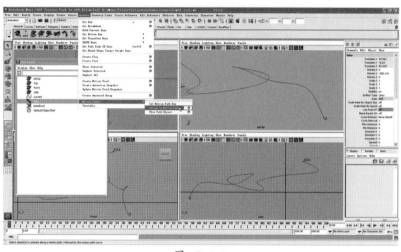

图 7-4-4

05 执行 Window → Animation Editors → Graph Editor 打开动画曲线编辑器，如图 7-4-5 所示。

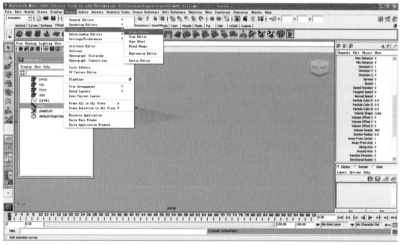

图 7-4-5

06 选中 fairy 粒子发射器，在 Graph Editor 动画曲线编辑器中编辑 motionPath1 V 值的曲线 0 帧为 0.833，104 帧为 1，如图 7-4-6 所示。

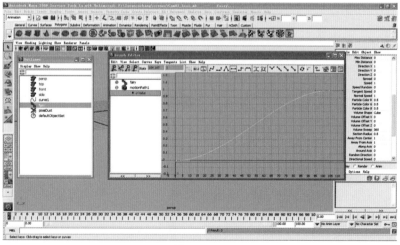

图 7-4-6

07 选中 fairy 粒子发射器，给粒子发射器的 Rate 属性设置动画，控制粒子发射器发射粒子数量动画，在时间线第 1 帧上将 Rate 设置为 200，在 175 帧时将 Rate 设置为 0，Rate 属性的动画曲线，如图 7-4-7 所示。

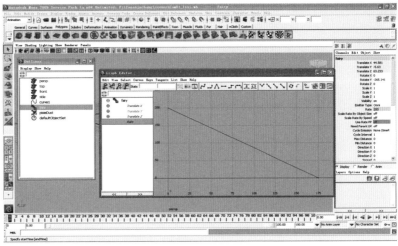

图　7-4-7

08 执行 Particles → Create Emitter 再创建 2 个粒子发射器，并将 particle1 和 particle2 选中后删除，如图 7-4-8 所示。

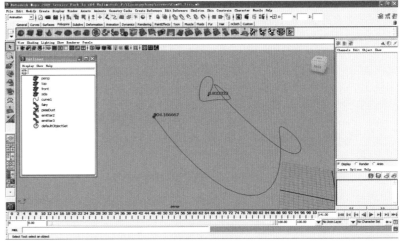

图　7-4-8

09 选中 emitter2 和 emitter3 和 curve1，执行 Animate → MotionPaths → Attch to Motion Path 给粒子发射器 emitter2 和 emitter3 也创建路径动画，如图 7-4-9 所示。

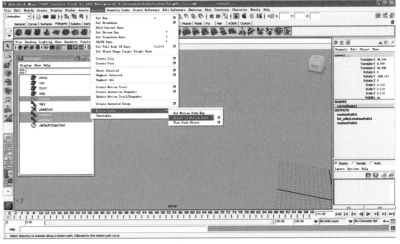

图　7-4-9

10 选中emitter2和emitter3发射器，emitter2发射器的motionPath1 V值的曲线0帧为0.833，90帧为1；Emitter3发射器的motionPath1 V值的曲线0帧为0.833，104帧为1，如图7-4-10所示。

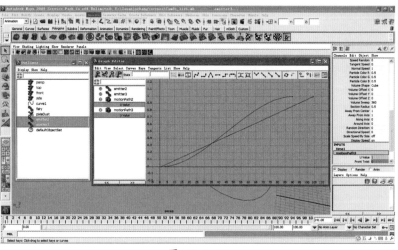

图 7-4-10

11 设置emitter2和emitter3的发射，在时间线第1帧上将emitter2的Rate属性设置为250，在175帧时将Rate设置为0，在时间线第1帧上将emitter3的Rate属性设置为50，在175帧时将Rate设置为0，如图7-4-11所示。

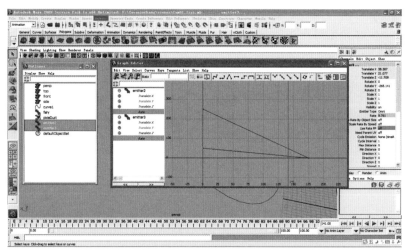

图 7-4-11

12 选择pixieDust粒子，再选中emitter2，执行Particles → Use Selected Emitter，这样pixieDust粒子可以从emitter2中发射，对emitter3也进行相同的操作，如图7-4-12所示。

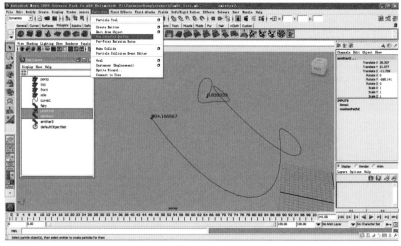

图 7-4-12

第7章 北京卫视整体包装栏目篇之早安剧场

13 选择 pixieDust 粒子，执行 Fields → Gravity，给粒子添加一个重力场，然后将 Gravity 的 Magntude 设置为 1，如图 7-4-13 所示。

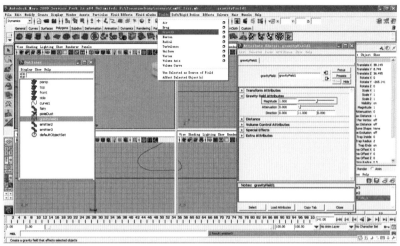

图 7-4-13

14 再给粒子添加一个扰乱场，使粒子飘动的时候形态更随机，选择 pixieDust 粒子，执行 Fields → Tubulence，然后对 Tubulence 参数做一些调整，如图 7-4-14 所示。

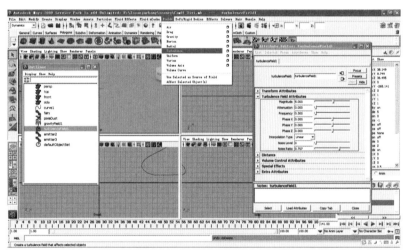

图 7-4-14

15 选择 pixieDust 粒子，打开 pixieDust 粒子属性面板对参数做以下调整，如图 7-4-15 所示。

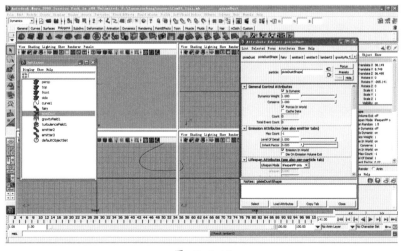

图 7-4-15

131

16 选择pixieDust粒子，打开pixieDust粒子属性面板找到Render Attributes将粒子的渲染类型改为sptites，如图7-4-16所示。

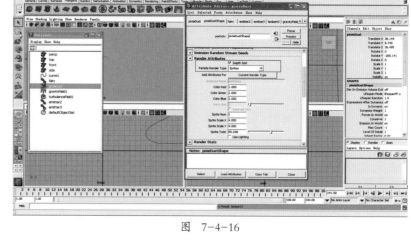

图 7-4-16

17 选择pixieDust粒子，给pixieDust粒子添加4个sptites常用属性。执行Add Dynamic Attributes → General → Particle选择需要的属性后，单击Add按键进行添加，如图7-4-17所示。

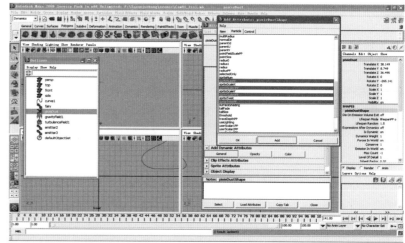

图 7-4-17

18 为了对粒子的形态进行更好的控制，需要给粒子添加3个自定义的属性。执行Add Dynamic Attributes → General → New，自定义属性分别命名为twinkleFreq、twinkleOffset和randTwist，如图7-4-18所示。

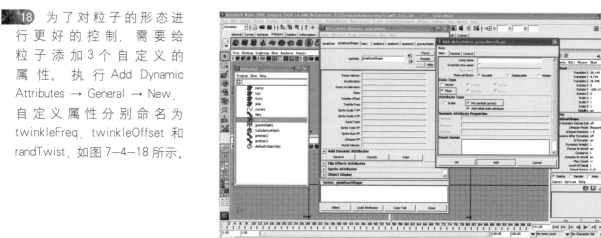

图 7-4-18

第7章 北京卫视整体包装栏目篇之早安剧场

19 在粒子的动态属性栏中单击鼠标右键，在弹出的菜单中选择 Cteation Expression（创建表达式），如图7-4-19所示。

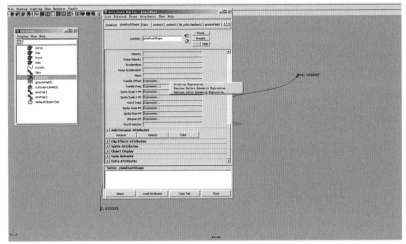

图 7-4-19

20 在 Cteation Expression（创建表达式）中添加如下表达式，如图7-4-20所示。

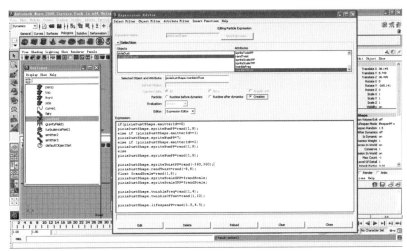

图 7-4-20

表达式如下所示：

if(pixieDustShape.emitterId==0)

\\ 如果 pixieDustShape.emitterId 为 0，注意后面不能有；（分号）

pixieDustShape.spriteNumPP=rand(1,9);

\\ 将粒子的 spriteNumPP 指定为 1～9 的随机

else if (pixieDustShape.emitterId==1)

\\ 当上面的条件不成立时运行，否则 pixieDustShape.emitterId 为 1，注意后面不能有；（分号）

pixieDustShape.spriteNumPP=7;

\\ 将粒子的 spriteNumPP 指定为 7

else if (pixieDustShape.emitterId==2)

\\ 当上面的条件不成立时运行，否则 pixieDustShape.emitterId 为 1

pixieDustShape.spriteNumPP=rand(1,9);

\\ 将粒子的 spriteNumPP 指定为 1～9 的随机

```
else
\\ 当条件不成立时运行，注意后面不能有；（分号）
pixieDustShape.spriteNumPP=rand(1,9);
\\ 将粒子的 spriteNumPP 指定为 1～9 的随机
pixieDustShape.spriteTwistPP=rand(-360,360);
\\ spriteTwistPP 控制每一颗粒子的旋转，rand 为一个随机浮点函数 rand(-360,360 让粒子在正负 360°
之间随机旋转。
pixieDustShape.randTwist=rand(-8,8);
\\ randTwist 为一个自定义的浮点属性，这里主要是用来给运行表达式中调用
float $randScale=rand(1,8);
\\ 自定义一个随机的缩放属性，给下面的属性取值调用
pixieDustShape.spriteScaleXPP=$randScale;
\\ 将 $randScale 的随机取值赋于给 spriteScaleXPP，使粒子每个粒子的 x 轴进行随机缩放
pixieDustShape.spriteScaleYPP=$randScale;
\\ 将 $randScale 的随机取值赋于给 spriteScaleXPP，使粒子每个粒子的 Y 轴进行随机缩放，这样 x 轴和 y
轴是一个等值，x 和 y 轴会等比缩放
pixieDustShape.twinkleFreq=rand(1,4);
\\ twinkleFreq 为一个自定义的浮点属性，添加一个随机变化范围 1～4，这里主要是用来给运行表达式
中调用
pixieDustShape.twinkleOffset=rand(1,10);
\\ twinkleOffset 为一个自定义的浮点属性，添加一个随机变化范围 1～10，这里主要是用来给运行表达
式中调用
pixieDustShape.lifespanPP=rand(1.5～4.5);
\\ lifespanPP 为每个粒子的生命值属性，这里定义每个粒子的生命值属性在 1.5～4.5 之间随机变化
```

提示 rand 返回选择范围内的随机浮点数或向量，如 rand(-1,1) 返回介于 -1 到 1 之间的随机浮点数，如 0.452。

21) 在 Runtime before Expression（运行之前表达式）中添加如下表达式，如图 7-4-21 所示。

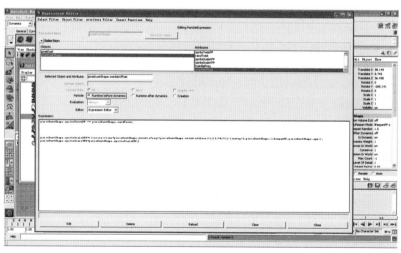

图 7-4-21

第7章 北京卫视整体包装栏目篇之早安剧场

表达式如下所示：
pixieDustShape.spriteTwistPP += pixieDustShape.randTwist;
\\+= 为递增运算，这里定义每个粒子旋转角度的随机变化
pixieDustShape.spriteScaleXPP=(((noise((time*pixieDustShape.twinkleFreq)+pixieDustShape.twinkleOffset)+1)/2)*4)*(1−linstep(0,pixieDustShape.lifespanPP,pixieDustShape.age));

\\nosie 是根据 Perlin 噪波场生成器返回一个介于 −1 到 1 之间的随机数，twinkleFreq 为自定义的浮点属性，已指定了随机。

\\ 主要控制 noise 产生数值的频率，twinkleOffset、twinkleFreq 为自定义的浮点属性，已指定了随机范围，这里主要影响数值的差值比，linstep 返回 0 到 1 之间的值，该值表示参数在最小值和最大值之间的比例值。利用该函数可以在某个时间范围内将属性（例如"每个粒子的生命值"（lifespanPP））从 0 线性增加到 1，这句表达式主要定义粒子 x 轴的缩放随着粒子生命值的衰减慢慢变小。

pixieDustShape.spriteScaleYPP=pixieDustShape.spriteScaleXPP;
\\ 这句表达式主要定义粒子 Y 轴的缩放与粒子 X 轴的缩放相等

提示

noise 根据 Perlin 噪波场生成器返回一个介于 −1 到 1 之间的随机数，如 noise(time)

在动画播放时，每次表达式执行都返回 −1 和 1 之间的值。因为时间以细微增量增加，所以返回的值会以平稳但随机的模式增大和减小。如果用户要为一段时间中返回的值绘制图表，它们可能会以下如图 7-4-22 所示的形式出现。

linstep 返回 0 到 1 之间的值，该值表示参数在最小值和最大值之间的比例值。利用该函数可以在某个时间范围内将属性从 0 线性增加到 1，如 particleShape1.opacity = 1−linstep(0,5,age)，如图 7-4-23 所示。

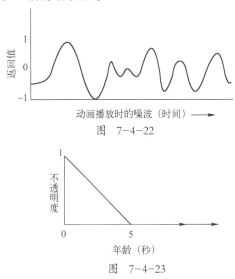

图 7-4-22

图 7-4-23

22 添加完表达式后的粒子运动形态，如图 7-4-24 所示。

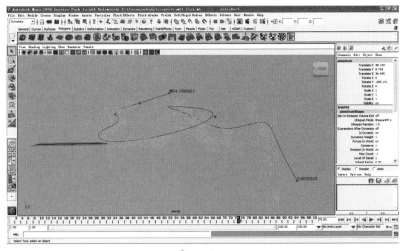

图 7-4-24

23 给 sptites 粒子添加一个 lambert 材质球，在 lambert 材质球的 color（颜色）属性上添加一个文件纹理序列，从配套光盘上找到 pixiedust_spires 序列，如图 7-4-25 所示。

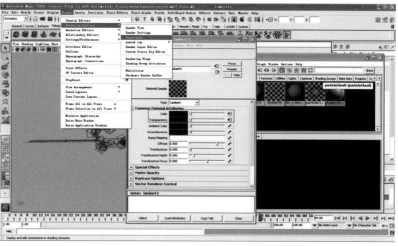

图 7-4-25

24 对 file1 文件纹理进行一些参数修改，给 file1 的 ImageNumber 属性设置动画，在第 1 帧时设置为 1，在第 8 帧时设置为 8，执行 Interacitve Sequence Caching Options → Use Interacitve Sequence Caching 开启，设置 Sequence Start（序列起始帧）为 1，Sequence End（序列结束帧）为 8，如图 7-4-26 所示。

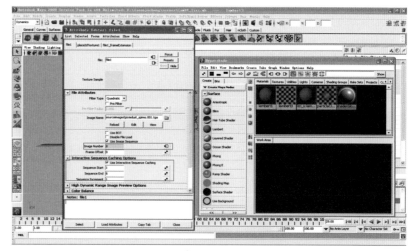

图 7-4-26

25 设置完成以后的粒子动画形态，如图 7-4-27 所示。

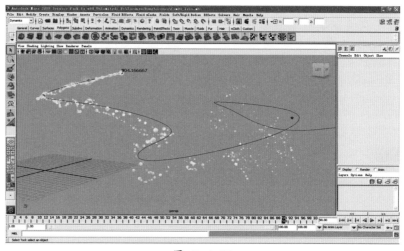

图 7-4-27

7.4.2 镜头一流体云海的制作

01 使用 Fluid 工具架上的快捷方式快速创建一个 3D 流体容器，打开流体容器属性面板进行如下修改，如图 7-4-28 所示。

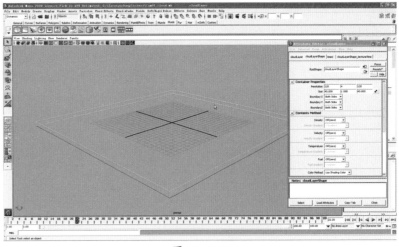

图 7-4-28

02 对 3D 容器进行缩放，如图 7-4-29 所示。

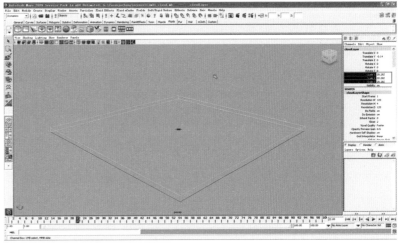

图 7-4-29

03 对 3D 容器的 Transparency（半透明）颜色进行设置，如图 7-4-30 所示。

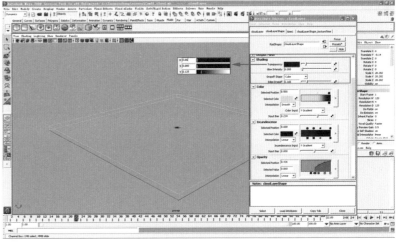

图 7-4-30

04 对3D容器的Color(颜色)进行设置,如图7-4-31所示。

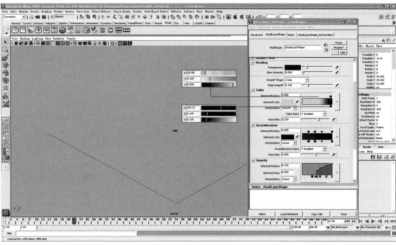

图 7-4-31

05 对3D容器的Incandescence(炽热)属性进行设置,如图7-4-32所示。

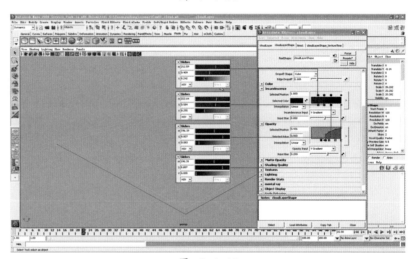

图 7-4-32

06 对3D容器的Opacity(不透明)属性进行设置,如图7-4-33所示。

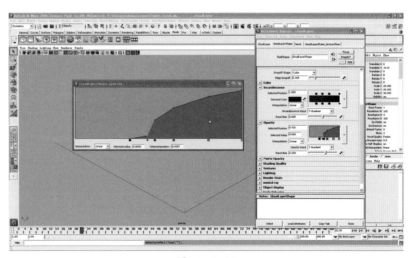

图 7-4-33

07 对 3D 容器的 Shading Quality（着色质量）属性进行设置，如图 7-4-34 所示。

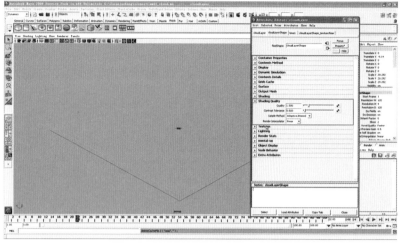

图 7-4-34

08 对 3D 容器的 Textures（纹理）属性进行设置，给 Texture Time（纹理时间）属性设置动画，如图 7-4-35 所示。

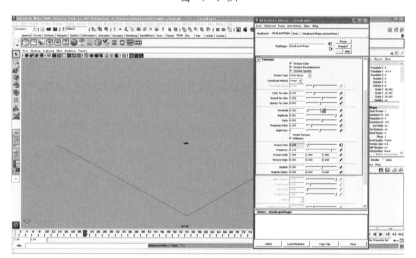

图 7-4-35

09 对 3D 容器的 Lighting（灯光）属性进行设置，如图 7-4-36 所示。

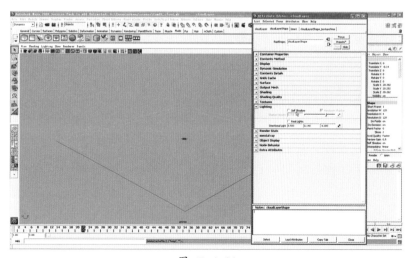

图 7-4-36

10 按<6>键将视图纹理化显示后的最终效果,如图7-4-37所示。

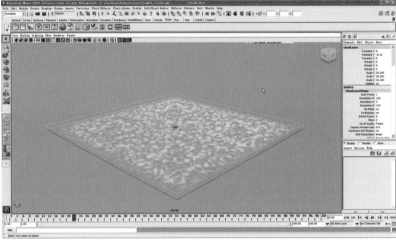

图 7-4-37

11 接下来再建立一个3D容器用来模拟蓝天的气氛,执行 Fluid Effects → Create 3D Container 命令,如图7-4-38所示。

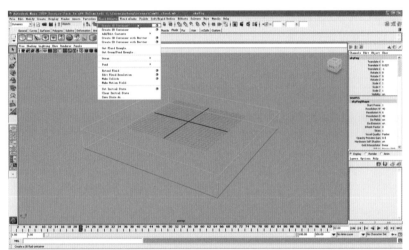

图 7-4-38

12 将第2个容器命名为skyFog,并对skyFog窗口进行缩放,如图7-4-39所示。

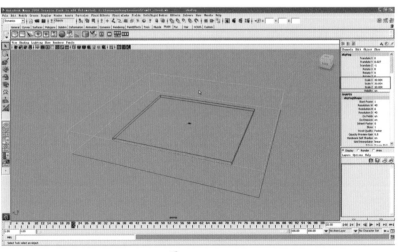

图 7-4-39

第 7 章 北京卫视整体包装栏目篇之早安剧场

13 对 skyFog 容器的属性进行设置，如图 7-4-40 所示。

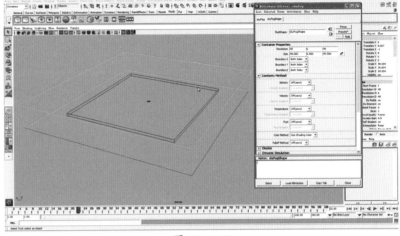

图 7-4-40

14 对 skyFog 容器的 Shading（着色）属性进行设置，修改 Transparency（半透明）属性，如图 7-4-41 所示。

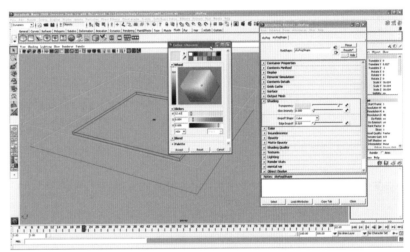

图 7-4-41

15 对 skyFog 容器的 Color（颜色）属性进行设置，如图 7-4-42 所示。

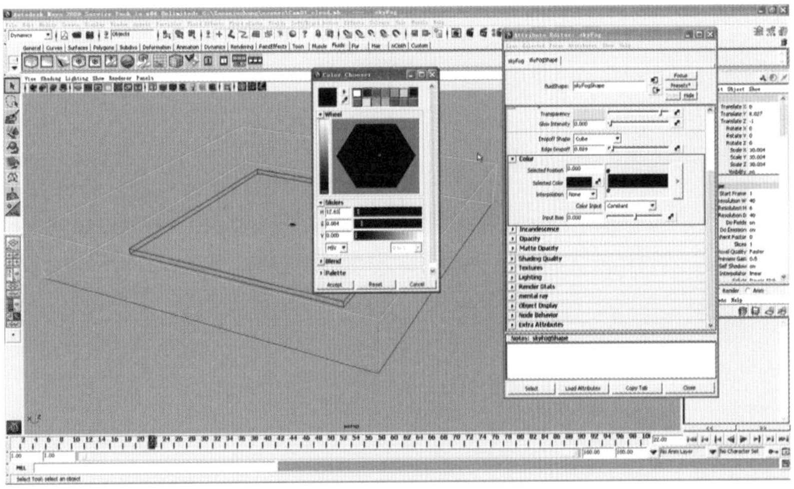

图 7-4-42

16 对 skyFog 容器的 Incandescence（炽热）属性进行设置，从左到右第 1 个点的颜色设置，如图 7-4-43 所示。

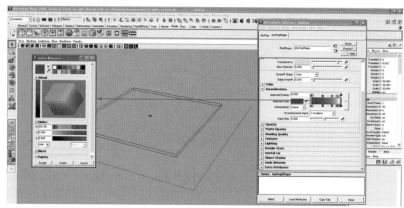

图 7-4-43

7.5 在 Maya 中完成材质灯光的制作

这部分的材质我们主要运用的是 Maya 中自带的 mental ray 材质，之所以使用 mental ray 材质很大程度上在于它能很容易地，也能很好地表现出我们所需要的质感，但是不足之处在于相比软件渲染使用 mental ray 材质在进行 mental ray 渲染上花费的时间可能稍微的长一些，但就最终的效果来看，使用 mental ray 材质还是比较理想的。

7.5.1 定版 Logo 材质及灯光的制作

01 打开名为"Logo.mb"的 Maya 文件，如图 7-5-1 所示。

图 7-5-1

02 执行 Window → Rendering Editors → Hypershade "材质编辑器"并单击打开，如图 7-5-2 所示。

图 7-5-2

第7章 北京卫视整体包装栏目篇之早安剧场

03 在点选模型的前提下单击 找到默认Lambert1材质球，如图7-5-3所示。

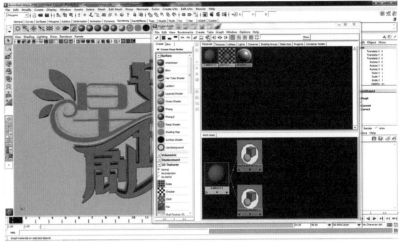

图 7-5-3

04 在使用默认材质的情况下进行渲染，如图7-5-4所示。

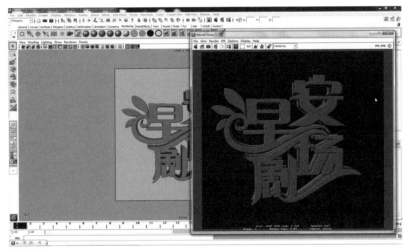

图 7-5-4

05 回到Hypershade "材质编辑器"，单击鼠标右键，在下拉菜单中选择Create mental ray Nodes，如图7-5-5所示。

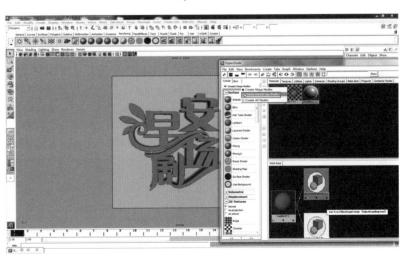

图 7-5-5

06 在左侧 Materials 中选择车漆材质 "mi_car_paint_phen 材质球"，如图 7-5-6 所示。

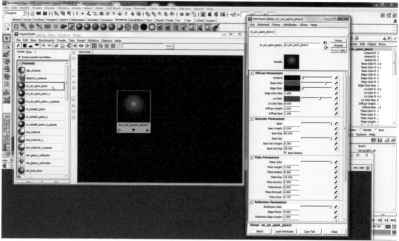

图 7-5-6

07 根据需要调节 "mi_car_paint_phen 材质球" 中的属性参数，如图 7-5-7 所示。

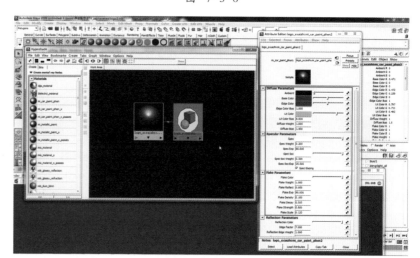

图 7-5-7

08 为丰富颜色，在 Base Color 后创建一个 Ramp "渐变" 节点，并变换一下 Ramp 颜色，如图 7-5-8 所示。

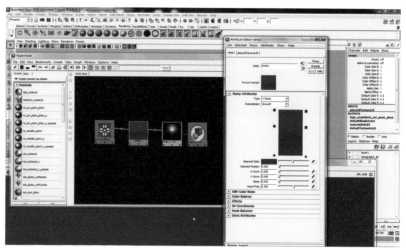

图 7-5-8

第7章 北京卫视整体包装栏目篇之早安剧场

09 在 Create mental ray Nodes 中单击鼠标右键选择 Create Maya Nodes，如图 7-5-9 所示。

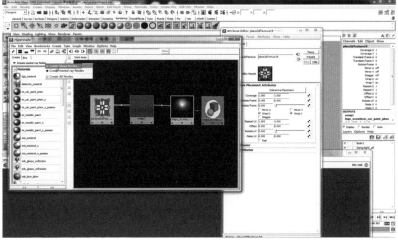

图 7-5-9

10 在左侧 2D Textures 下选择 Mountain 纹理贴图，如图 7-5-10 所示。

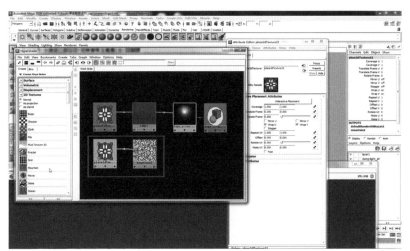

图 7-5-10

11 打开纹理属性，调节参数，如图 7-5-11 所示。

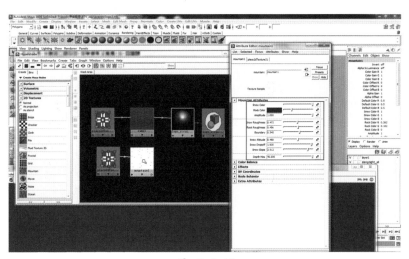

图 7-5-11

12 选择调节好的 Mountain 纹理贴图，按住鼠标中键将其拖放到 Ramp "渐变"节点中，如图 7-5-12 所示。

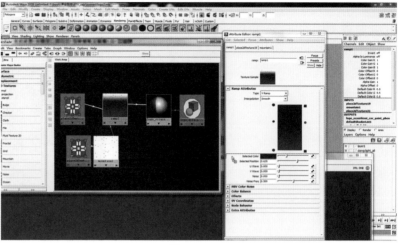

图 7-5-12

13 再创建 Noise "噪波"节点，如图 7-5-13 所示。

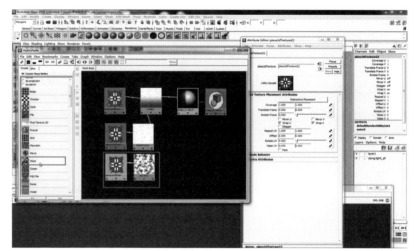

图 7-5-13

14 调节属性参数，如图 7-5-14 所示。

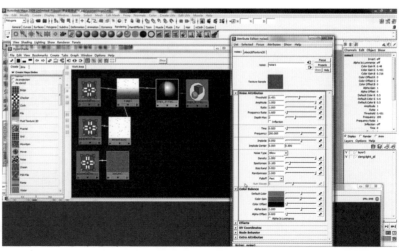

图 7-5-14

第7章 北京卫视整体包装栏目篇之早安剧场

15 按住鼠标中键将 Noise "噪波"节点分别拖放到 Mountain 节点下的 Snow Color 和 Rock Color 属性下，如图 7-5-15 所示。

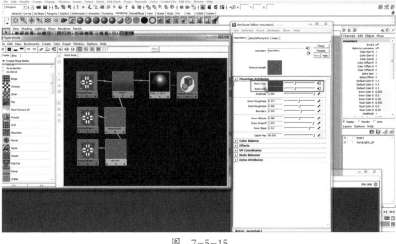

图 7-5-15

16 选择模型赋予材质，先选模型在选择材质球，按住鼠标右键向上拖曳，选择 Assign Material To Selection，如图 7-5-16 所示。

图 7-5-16

17 执行 Create → lights → Spot Light 为模型创建一盏"聚光灯"，如图 7-5-17 所示。

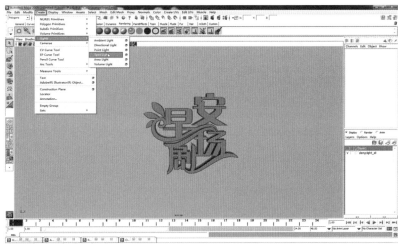

图 7-5-17

18 执行 Window → Outliner "大纲",如图 7-5-18 所示。

图 7-5-18

19 在 Outliner "大纲" 窗口中选择创建的 "聚光灯",执行 Panels>Look Through Selected 命令,进入灯光视图。

提示

选择灯光后按<F>键,灯光对模型进行自动匹配,如图 7-5-19 所示。

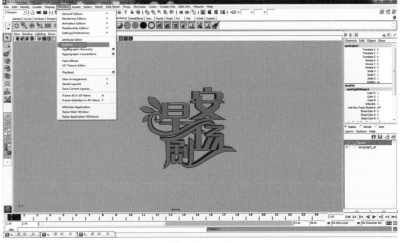

图 7-5-19

20 在灯光视图中进行灯光和模型的光照位置调节,如图 7-5-20 所示。

提示

在给模型布光时,我们尽量选择在模型 45° 的位置布置灯光,这样能呈现出比较好的光影关系。其实,不管是在现实场景布光还是在三维软件中布光,都应当尽量避免对模型垂直布光,垂直布光很大程度上衰弱了灯光作用于模型本身的光影关系。

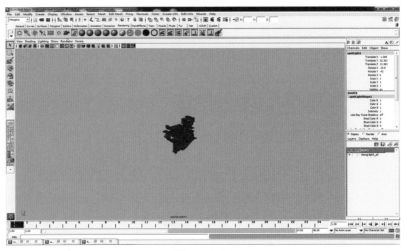

图 7-5-20

第 7 章　北京卫视整体包装栏目篇之早安剧场

21 选择场景中的聚光灯，按快捷键 <Ctrl+A> 打开灯光属性，如图 7-5-21 所示。

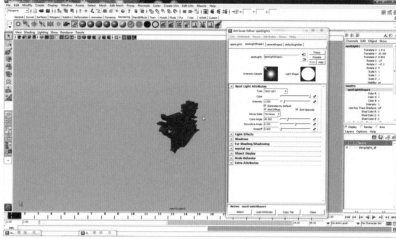

图　7-5-21

22 设置灯光参数，如图 7-5-22 所示。

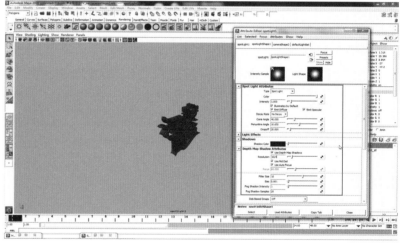

图　7-5-22

23 使用 mental ray 渲染，如图 7-5-23 所示。

提示

因为使用的是 mental ray 材质，所以必须使用 mental ray 渲染器渲染，否则可能出现渲染出错的现象。

图　7-5-23

 24 观察渲染效果，质感因为受灯光的影响，虽然有效果但是整体太暗，下面我们使用灯光阵列（图中绿色选中的灯光组就是我们打的灯光阵列，对于灯光阵列中的灯光如何创建，我们将在下一节讲解），如图7-5-24所示。

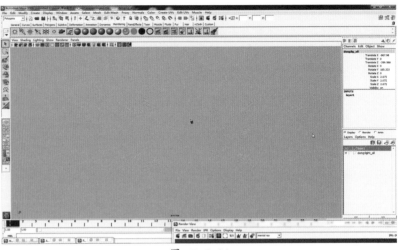

图 7-5-24

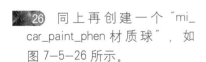 25 聚光灯配合着灯光阵列，使用mental ray渲染后的效果，如图7-5-25所示。

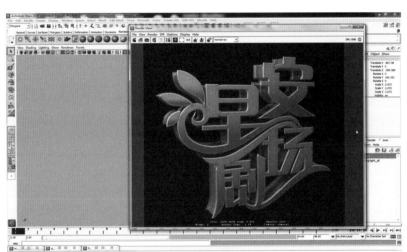

图 7-5-25

26 同上再创建一个"mi_car_paint_phen材质球"，如图7-5-26所示。

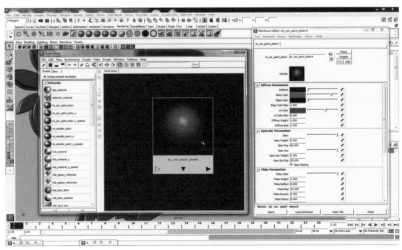

图 7-5-26

第 7 章　北京卫视整体包装栏目篇之早安剧场

27 调节材质球属性参数，如图 7-5-27 所示。

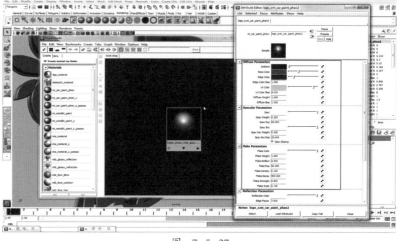

图 7-5-27

28 按住鼠标中键将之前创建的 Mountain1 纹理拖放到新建的材质球上，在弹出的菜单中选择 base _color，如图 7-5-28 所示。

图 7-5-28

29 连接节点，如图 7-5-29 所示。

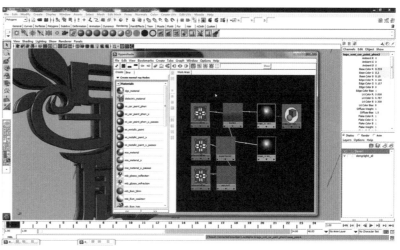

图 7-5-29

151

30 选择模型,单击鼠标右键,在弹出的菜单中选择 Face 面选项,如图 7-5-30 所示。

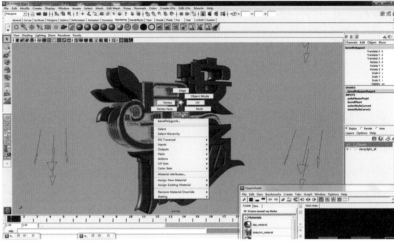

图 7-5-30

31 选择模型的面并赋予新的材质球,如图 7-5-31 所示。

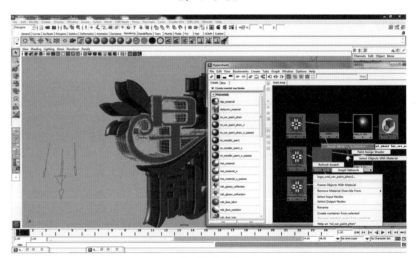

图 7-5-31

32 使用相同方法选择模型所有的正面分别赋予新的材质球,如图 7-5-32 所示。

图 7-5-32

(33) 使用 mental ray 渲染，如图 7-5-33 所示。

图 7-5-33

(34) 返回到 Create Maya Nodes 创建 Blinn 材质球，如图 7-5-34 所示。

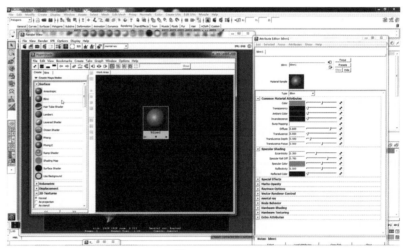

图 7-5-34

(35) 调节 Blinn 材质球属性参数，如图 7-5-35 所示。

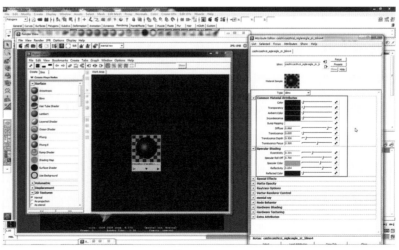

图 7-5-35

36 创建 Ramp "渐变" 节点，如图 7-5-36 所示。

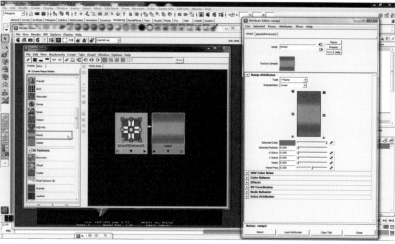

图 7-5-36

37 在 Ramp 颜色滑块下更改颜色，如图 7-5-37 所示。

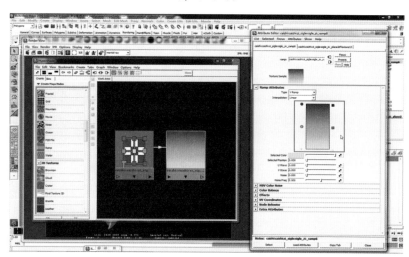

图 7-5-37

38 使用相同的方法，再创建一个 Ramp "渐变" 节点，如图 7-5-38 所示。

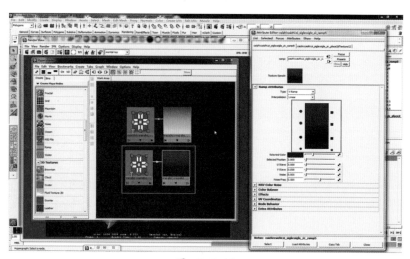

图 7-5-38

39 按住鼠标中键将创建好的红蓝色Ramp渐变拖放到Blinn材质球的Specular Roll Off"高光强度"上，如图7-5-39所示。

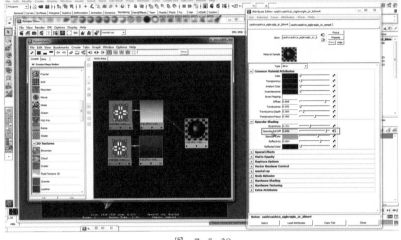

图 7-5-39

40 使用相同方法，将另外的一个Ramp渐变与Blinn材质球的Reflected Color"反射颜色"相连，如图7-5-40所示。

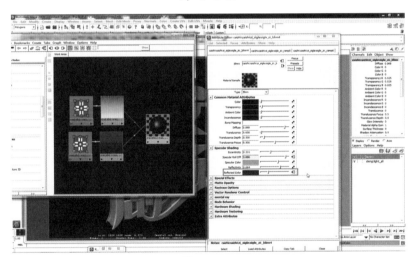

图 7-5-40

41 选择模型，单击鼠标右键选择Edge边，如图7-5-41所示。

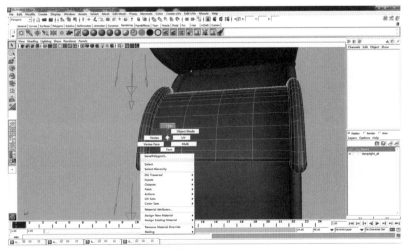

图 7-5-41

42 选择模型边缘的环线，如图 7-5-42 和图 7-5-43 所示。

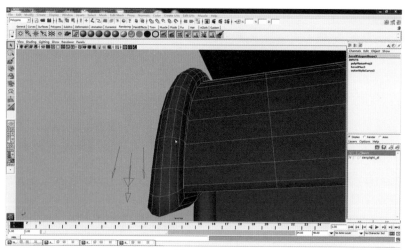

图 7-5-42

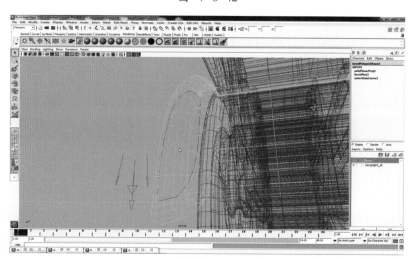

图 7-5-43

43 选择线的基础上，按 <Ctrl>+ 鼠标右键，在弹出来的菜单中选择 Edge Ring Utilities → To Edge Ring，如图 7-5-44 和图 7-5-45 所示。

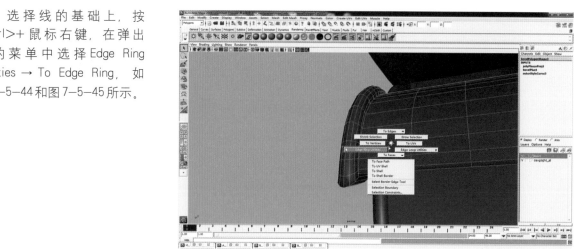

图 7-5-44

第 7 章 北京卫视整体包装栏目篇之早安剧场

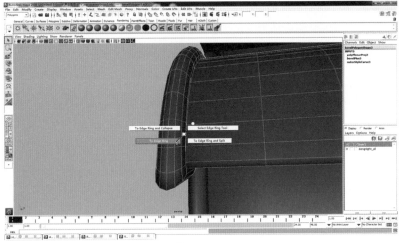

图 7-5-45

44 接着继续按 <Ctrl> 键 + 鼠标右键，选择 To Faces → To Faces，如图 7-5-46 和图 7-5-47 所示。

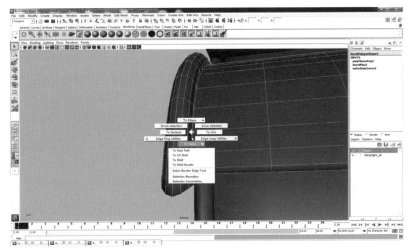

图 7-5-46

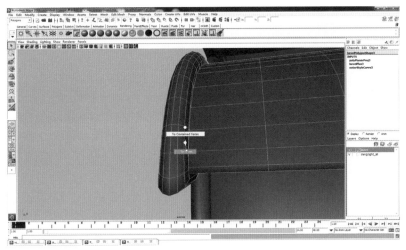

图 7-5-47

45 这样就把边缘的环形面全部选中了，如图 7-5-48 所示。

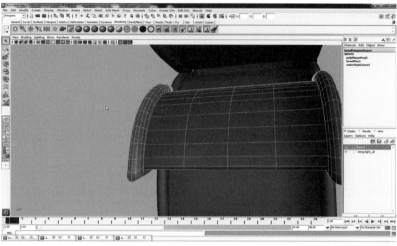

图 7-5-48

46 选面赋予新的材质球，如图 7-5-49 所示。

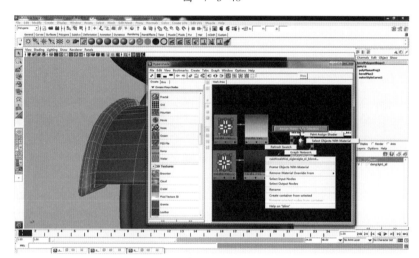

图 7-5-49

47 使用相同的方法选择所有的边缘面，并赋予材质，如图 7-5-50 所示。

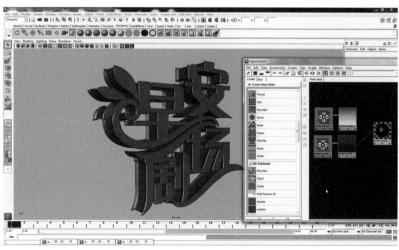

图 7-5-50

第7章 北京卫视整体包装栏目篇之早安剧场

48 使用mental ray渲染。完成Logo材质制作,如图7-5-51所示。

图 7-5-51

7.5.2 天光阵列灯光的制作

01 创建一个"球体",执行NURBS → Sphere命令,如图7-5-52所示。

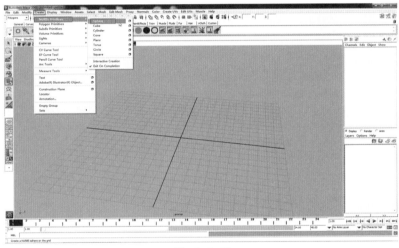

图 7-5-52

02 更改一下NURBS Sphere属性数值,如图7-5-53所示。

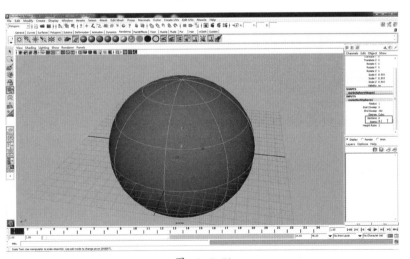

图 7-5-53

03 创建显示层,如图7-5-54所示。

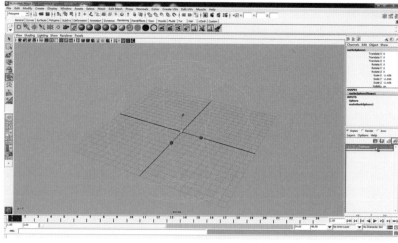

图 7-5-54

04 创建平行光,如图7-5-55所示。

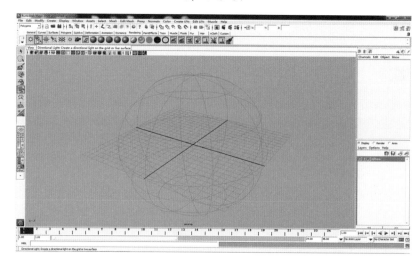

图 7-5-55

05 选择平行光,按<W>键改变灯光位置,如图7-5-56所示。

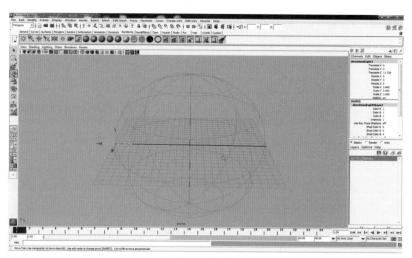

图 7-5-56

06 选择平行光，按快捷键 <Ctrl+A> 进入灯光属性，设置灯光强度为 0.2，设置颜色为暖色，如图 7-5-57 所示。

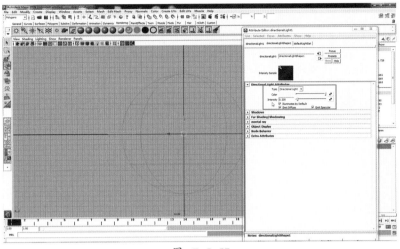

图 7-5-57

07 切换到 side "侧视图"，按住 <D> 键把灯光的中心点放到 NURBS Sphere 中心，如图 7-5-58 所示。

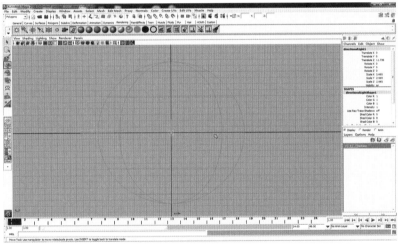

图 7-5-58

08 切回透视图，按快捷键 <Ctrl+D> 复制灯光，按 <E> 键旋转灯光 Y 轴 45°，如图 7-5-59 所示。

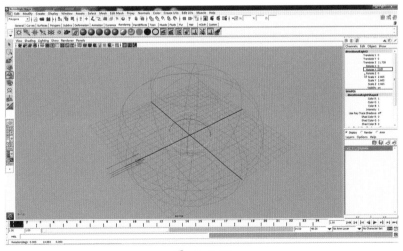

图 7-5-59

09 按快捷键 <Shift+D> 关联复制灯光。提示: 此操作与上一步中间不能间断, 如图 7-5-60 所示。

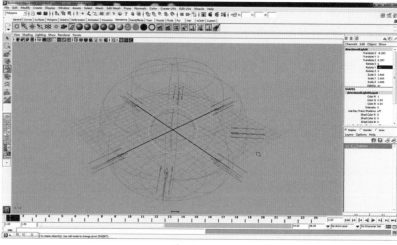

图 7-5-60

10 选择一盏平行光, 按快捷键 <Ctrl+D> 复制, 旋转灯光 X 轴为 -30°, 如图 7-5-61 所示。

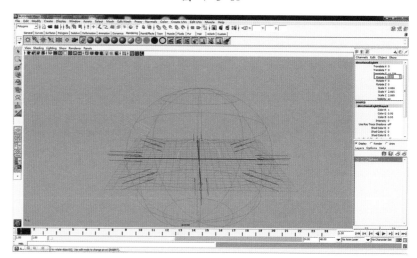

图 7-5-61

11 选择角度为 -30° 的灯光, 按快捷键 <Ctrl+D> 复制, 并旋转 Y 轴为 45°, 如图 7-5-62 所示。

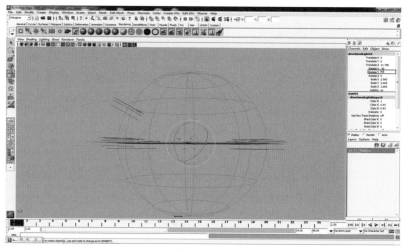

图 7-5-62

第 7 章 北京卫视整体包装栏目篇之早安剧场

12 使用相同的方法进行关联复制，如图 7-5-63 所示。

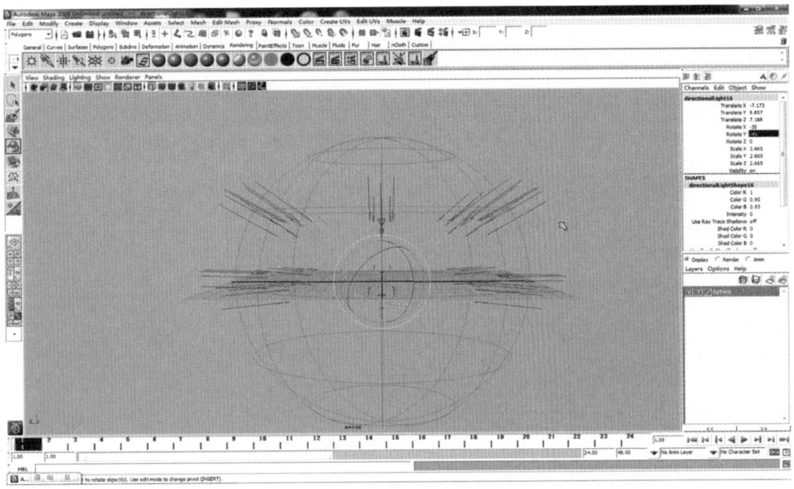

图 7-5-63

13 使用相同的方法，继续按快捷键 <Ctrl+D> 复制灯光，X 轴为 -60°，如图 7-5-64 所示。

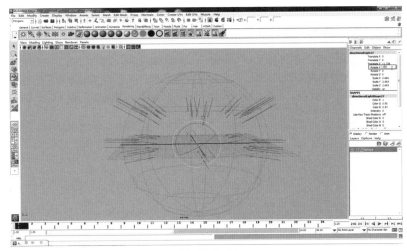

图 7-5-64

14 使用相同方法，按快捷键 <Ctrl+D> 复制灯光，Y 轴调整为 -45°，并按快捷键 <Shift+D> 关联复制，如图 7-5-65 所示。

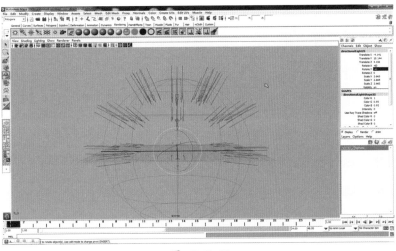

图 7-5-65

(15) 选择任意一盏灯光,按快捷键<Ctrl+D>复制,X轴旋转到–90°,如图7-5-66所示。

提示

这样灯光阵列的上半球的灯光已经制作完成,上半球的灯光全部是强度为0.2,颜色为暖色的平行光。接下来相同的方法制作下半球的灯光。

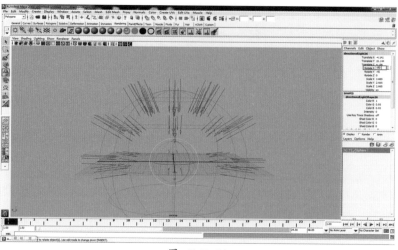

图 7-5-66

(16) 选择一盏平行光,如图7-5-67所示。

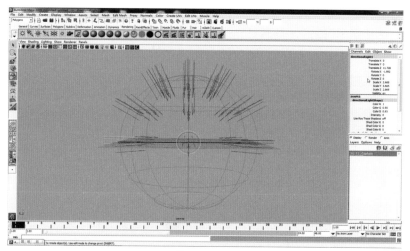

图 7-5-67

(17) 按快捷键<Ctrl+D>复制灯光,并旋转X轴为30°,如图7-5-68所示。

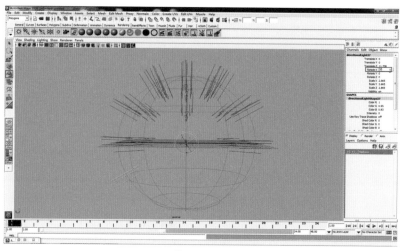

图 7-5-68

第 7 章 北京卫视整体包装栏目篇之早安剧场

18 选择平行光,按快捷键 <Ctrl+A> 进入灯光属性,灯光强度为 0.1,颜色为冷色,如图 7-5-69 所示。

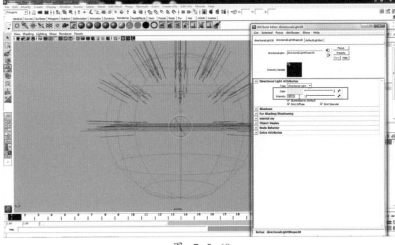

图 7-5-69

19 按快捷键 <Ctrl+D> 复制灯光,Y 轴旋转 45°,如图 7-5-70 所示。

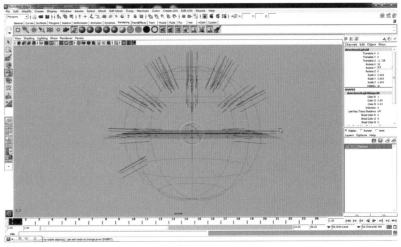

图 7-5-70

20 按快捷键 <Shift+D> 关联复制灯光,如图 7-5-71 所示。

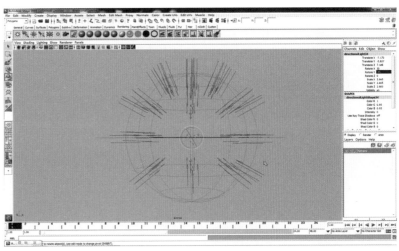

图 7-5-71

165

21 使用相同的方法完成下半球的灯光，如图 7-5-72 所示。

提示

这样下半球的灯光我们也已经完成，是强度为 0.1，颜色为冷色的平行光。这样我们的灯光阵列就基本完成，我们开始之所以拿一个 NURBS Sphere 作为位置参考，其实和 mental ray 物理天光一样，这样也符合"天圆地方"的道理。

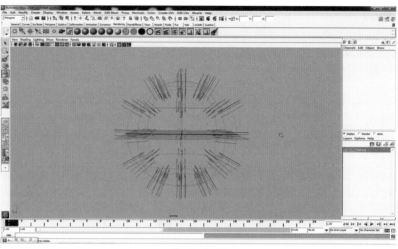

图 7-5-72

22 删除开始创建的 NURBS Sphere 和显示层，如图 7-5-73 所示。

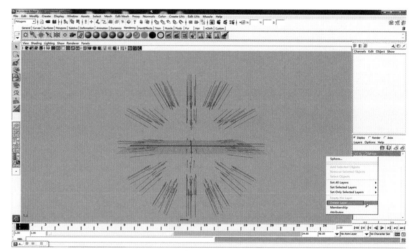

图 7-5-73

23 整理打开 Outliner "大纲"窗口。选择上半球的灯光，按快捷键 <Ctrl+G> 打组，并命名 "deng_a"，如图 7-5-74 和图 7-5-75 所示。

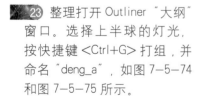

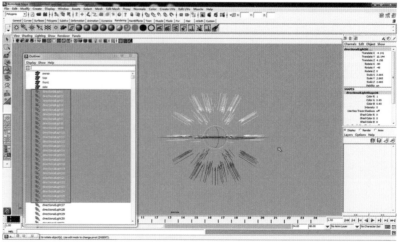

图 7-5-74

第 7 章　北京卫视整体包装栏目篇之早安剧场

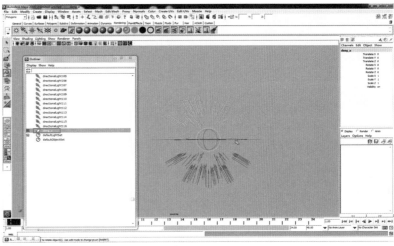

图 7-5-75

(24) 选择下半球的灯光，按快捷键 <Ctrl+G> 打组，并命名"deng_b"，如图 7-5-76 所示。

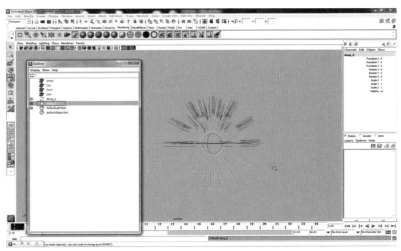

图 7-5-76

(25) 按快捷键 <Ctrl+G> 合并组，命名为"Gl"，完成天光阵列的制作，如图 7-5-77 所示。

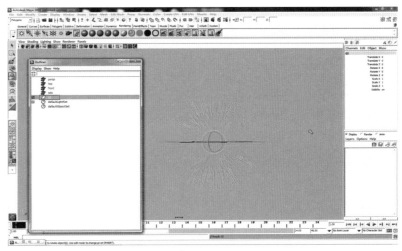

图 7-5-77

7.5.3 楼房材质的制作

01 打开名为"lou.mb"的 Maya 文件，如图 7-5-78 所示。

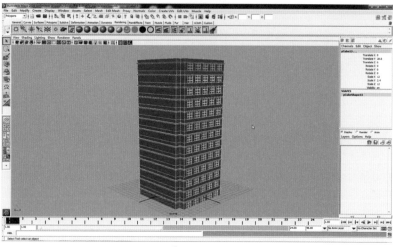

图 7-5-78

02 执行 Window → Rendering Editors → Hypershade "材质编辑器"，如图 7-5-79 所示。

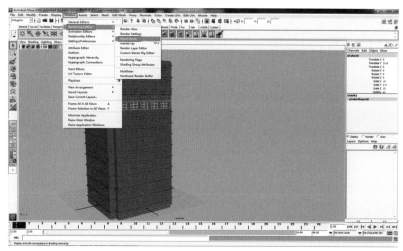

图 7-5-79

03 单击 按钮，显示材质链接，如图 7-5-80 所示。

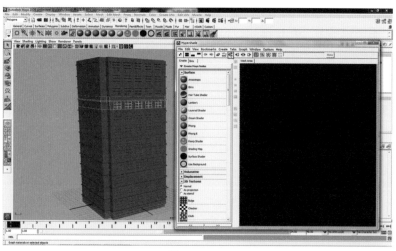

图 7-5-80

第 7 章　北京卫视整体包装栏目篇之早安剧场

04 单击鼠标右键，执行 Create Maya Nodes → Create mental ray Nodes 命令，如图 7-5-81 所示。

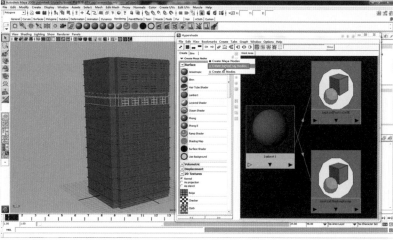

图　7-5-81

05 创建 mental 材质"mia_material_x 材质球"，如图 7-5-82 所示。

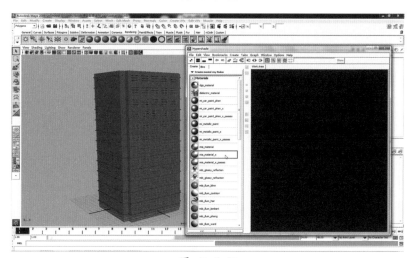

图　7-5-82

06 将材质球命名为"qiang"，并调节材质球参数，如图 7-5-83 所示。

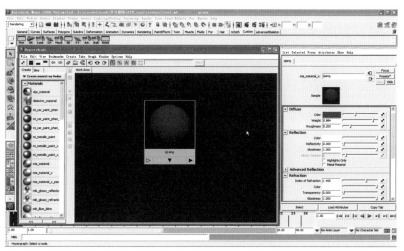

图　7-5-83

07 选择模型赋予材质。先选模型在选择材质球,按住鼠标右键向上拖曳,选择 Assign Material To Selection,如图 7-5-84 所示。

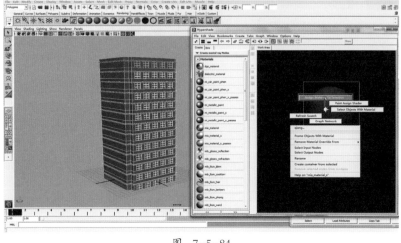

图 7-5-84

08 单击鼠标右键,执行 Create mental ray Nodes → Create Maya Nodes 命令,如图 7-5-85 所示。

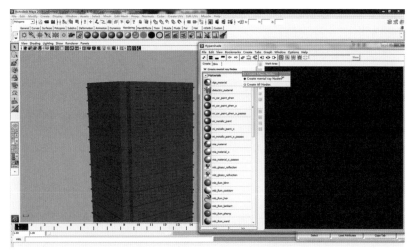

图 7-5-85

09 创建 blinn 材质球,如图 7-5-86 所示。

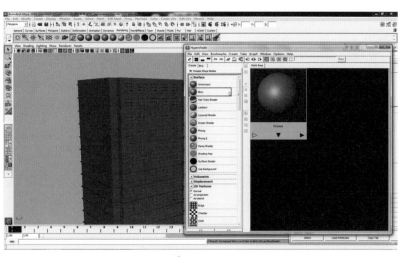

图 7-5-86

第7章 北京卫视整体包装栏目篇之早安剧场

(10) 将材质球改名为"ceng"，并调节材质球参数，如图 7-5-87 所示。

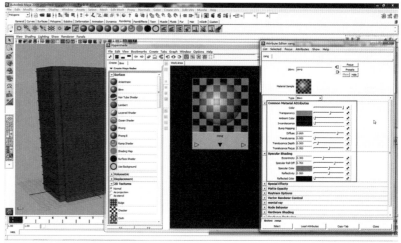

图 7-5-87

(11) 按空格键＋鼠标右键，切换到 Side View "侧视图"，如图 7-5-88 所示。

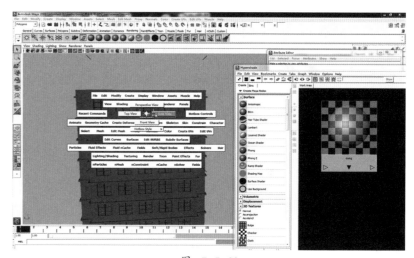

图 7-5-88

(12) 按照前面所讲的方法，选面赋材质，如图 7-5-89 所示。

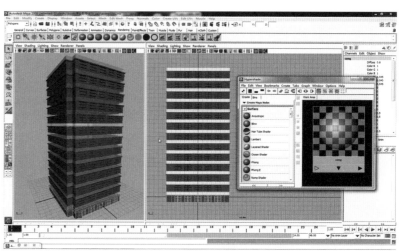

图 7-5-89

171

13 使用相同的方法创建"mia_material_x 材质球",命名为"yan"。调节参数,如图 7-5-90 所示。

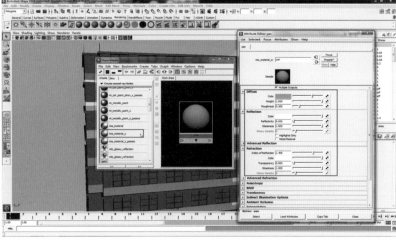

图 7-5-90

14 选择模型的面赋材质,如图 7-5-91 所示。

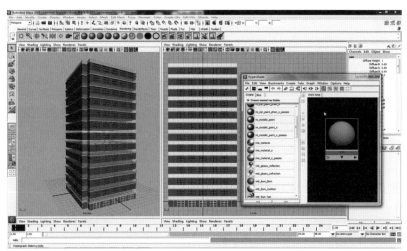

图 7-5-91

15 创建 blinn 材质球,命名为"boli",如图 7-5-92 所示。

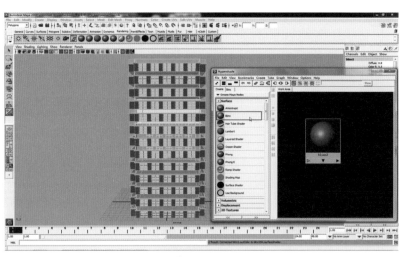

图 7-5-92

第 7 章　北京卫视整体包装栏目篇之早安剧场

16 调节材质球参数，如图 7-5-93 所示。

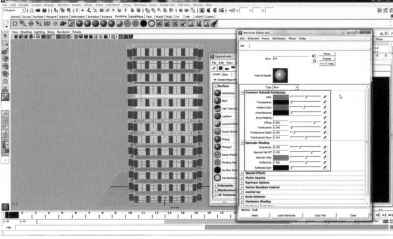

图 7-5-93

17 创建 File 贴图纹理，如图 7-5-94 所示。

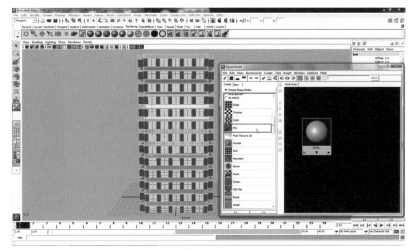

图 7-5-94

18 导入贴图文件，File 贴图与材质球 Color "颜色"属性链接，如图 7-5-95 ~ 图 7-5-97 所示。

提示

这里选择了一张天空的素材来模拟玻璃反射的天空，并且改变贴图 UV 重复率，这样贴上去会更自然一些。

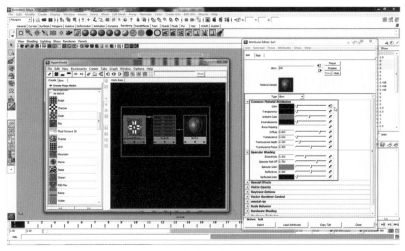

图 7-5-95

173

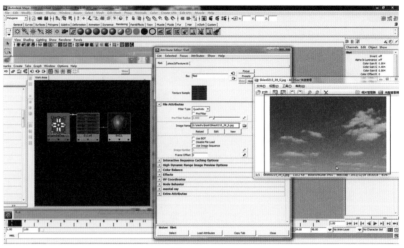

图 7-5-96

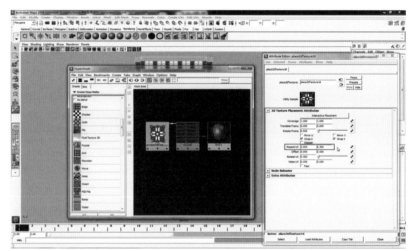

图 7-5-97

19 选择模型作为玻璃的面,如图 7-5-98 所示。

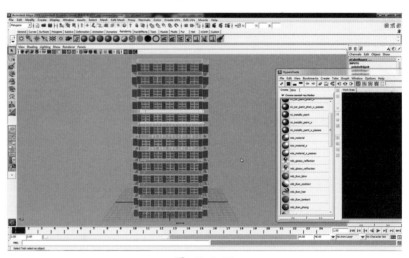

图 7-5-98

(20) 执行 Create UVs>Planar Mapping 平面映射，给选择的面做平面映射，如图 7-5-99 所示。

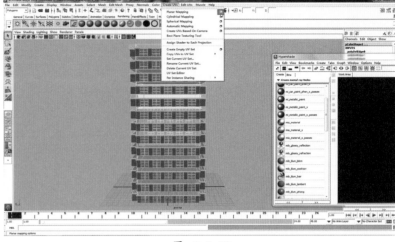

图 7-5-99

(21) 在 Planar Mapping（平面映射）窗口选择 X axis 并单击 Project 按钮，如图 7-5-100 所示。

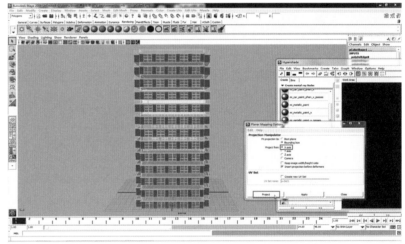

图 7-5-100

(22) 执行 Window → UV Texture Editor UV 贴图编辑器，如图 7-5-101 所示。

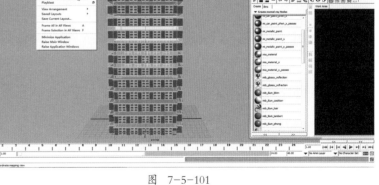

图 7-5-101

23 观察 UV 如图 7-5-102 所示。

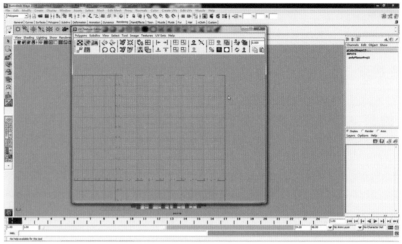

图 7-5-102

24 选择面后赋予材质球，如图 7-5-103 所示。

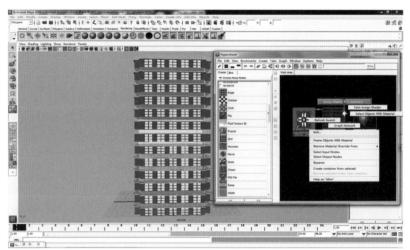

图 7-5-103

25 添加天光阵列，使用 mental ray 渲染，完成楼房材质制作，如图 7-5-104 所示。

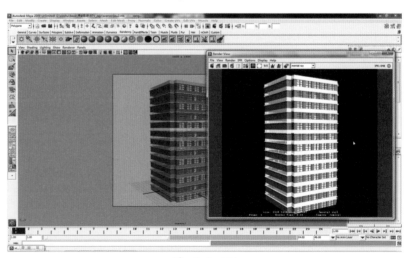

图 7-5-104

7.6 在 After Effects 中完成镜头合成

7.6.1 第一镜头合成详解

01 在 Adobe After Effects CS4 中进行参数设置，在菜单栏中执行 File → Project Settings "工程设置"命令，按快捷键 <Ctrl+Alt+Shift+K>，如图 7-6-1 所示。

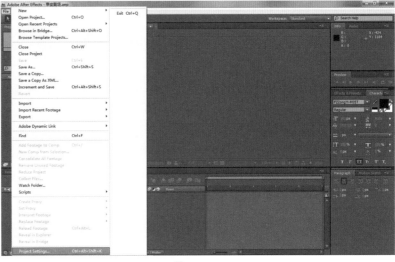

图 7-6-1

02 在弹出的 Project Settings 窗口中的 Display Style 下选择 Timecode Base：25fps，单击 "OK" 按钮，如图 7-6-2 所示。

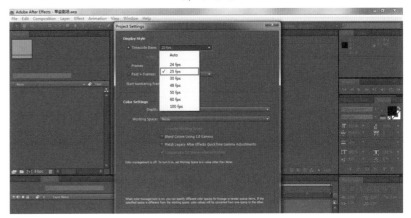

图 7-6-2

03 在菜单栏中执行 Edit → Preferences → Import 导入命令，如图 7-6-3 所示。

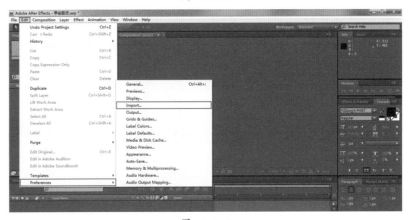

图 7-6-3

04 在弹出的 Preferences 窗口中将 Sequence Footage 下面的数值设置为 25，单击"OK"按钮，如图 7-6-4 所示。

这是 PAL 制式的数值，设定以后每次导入的序列图片会按每秒 25 帧进行播放。

图 7-6-4

05 按快捷键 <Ctrl+N> 新建一个"合成层"，Comsiption Name 命名为"镜头 01"，Preset：HDTV 1080 25，Frame Rate：25frames per second，时间为 4s，如图 7-6-5 所示。

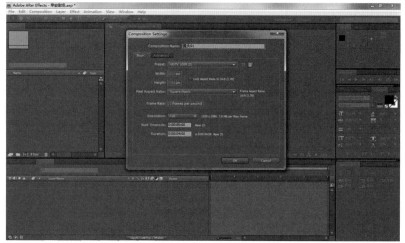

图 7-6-5

06 在菜单栏中执行 Layer → New → Solid 固态层命令（按快捷键 <Ctrl+Y>），新建一个固态层，如图 7-6-6 所示。

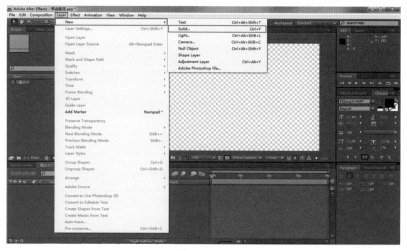

图 7-6-6

07 在弹出的Solid Settings窗口中设置Name（名称）为背景，Color（颜色）为黑色，如图7-6-7所示。

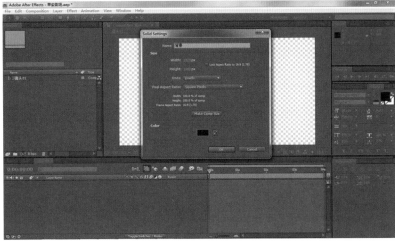

图 7-6-7

08 在菜单栏中执行File→Import→File导入命令，（按快捷键<Ctrl+I>），或者可以在Project项目窗口空白处双击，导入素材，如图7-6-8所示。

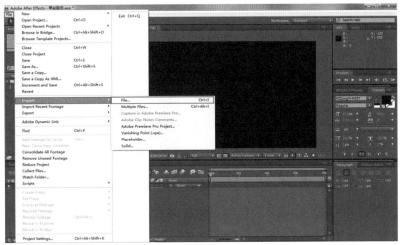

图 7-6-8

09 在弹出的Import File窗口中选择云海素材，勾选TIFF Sequencs以序列的形式导入Cam01_cloud.tif序列素材，如图7-6-9所示。

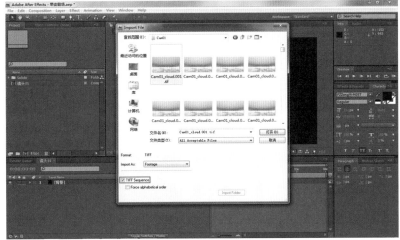

图 7-6-9

10 在弹出的 Interpret Footage 窗口中选择 Alpha 下面的 Premultiplied-Matted With Color 使用选择的颜色蒙板，如图 7-6-10 所示。

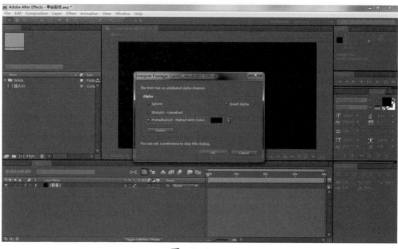

图 7-6-10

11 在 Project 项目窗口下单击新建文件夹按钮，命名为"镜头 01 素材"，把导入的素材放到文件夹内，并且将素材拖曳到时间线上，如图 7-6-11 所示。

图 7-6-11

12 选择素材，执行 Edit → Duplicate 复制命令，（按快捷键<Ctrl+D>），复制六层，调节 Mode（叠加方式）前五层为 Normal（正常），最上层为 Soft Light（柔光），如图 7-6-12 所示。

图 7-6-12

第 7 章　北京卫视整体包装栏目篇之早安剧场

(13) 按快捷键 <Ctrl+Y> 新建一个固态成，设置 Color（颜色）为蓝色，在菜单栏中执行 Effect → Generate → Ramp 渐变命令，如图 7-6-13 所示。

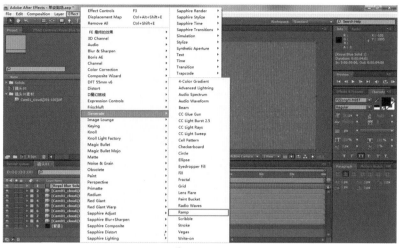

图 7-6-13

(14) 在特效窗口设置 Ramp 渐变，Start of Ramp：960、0，Start color 为深蓝色，End of Ramp：960、1080，End color 为蓝色，调节 Mode "叠加方式"为 Screen "屏幕"，如图 7-6-14 所示。

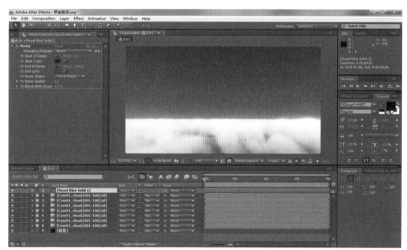

图 7-6-14

(15) 在菜单栏中执行 Layer → New → Camera 摄像机命令（按快捷键 <Ctrl+Alt+Shift+C>），新建一个摄像机，如图 7-6-15 所示。

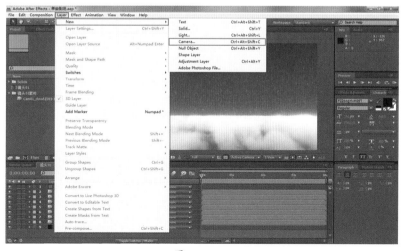

图 7-6-15

181

16 在弹出的 Camera Settings 窗口中，设置 Preset：15mm，如图 7-6-16 所示。

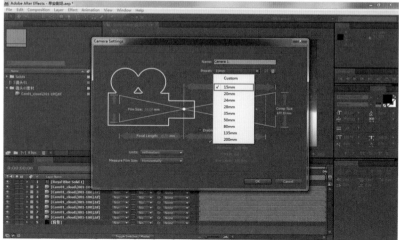

图 7-6-16

17 按快捷键 <Ctrl+I> 导入素材，在弹出的 Import File 窗口中选择云素材，取消勾选 TIFF Sequencs，以单针的形式导入素材，分别导入 cloud s01.tif、cloud s02.tif、cloud s03.tif 素材，如图 7-6-17 所示。

图 7-6-17

18 将素材拖曳到时间线上，按 <F4> 键切换 Mode 模式，单击立方体打开"三维图层"，如图 7-6-18 所示。

图 7-6-18

第7章 北京卫视整体包装栏目篇之早安剧场

19 在合成层窗口将视图显示改为 2Views—Horizontal 左右两个窗口显示，左边改为 Top 顶视图，在顶视图调整位置，按位移快捷键<P>，如图 7-6-19 所示。

图 7-6-19

20 选择云图层画 Mask，调整 Mask Feather 羽化，羽化值 200，如图 7-6-20 所示。

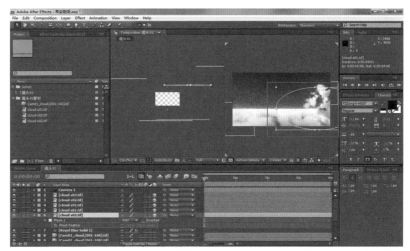

图 7-6-20

21 选择云图层，在菜单栏中执行 Effect → Color Correction → Hue/Saturation 色相/饱和度命令，如图 7-6-21 所示。

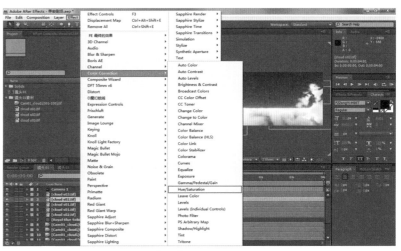

图 7-6-21

22 在特效窗口设置 Hue/Saturation（色相/饱和度），调整饱和度和明度，调整颜色偏白偏亮，可调节 Mode（叠加方式）为 Screen（屏幕），如图 7-6-22 所示。

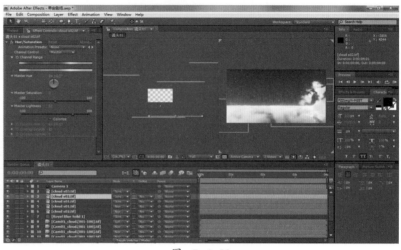

图 7-6-22

23 按快捷键 <Ctrl+I> 导入素材，以序列的形式导入 cloud lou.tif 楼云序列素材，将素材拖曳到时间线上，打开"三维图层"，在顶视图调整位置，调节 Mode"叠加方式"为 Screen"屏幕"，在 21 帧时开始播放，如图 7-6-23 所示。

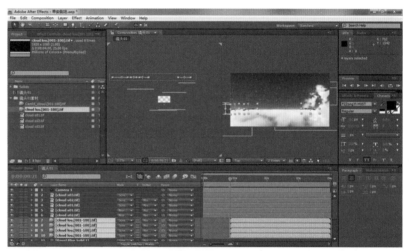

图 7-6-23

24 按快捷键 <Ctrl+I> 导入素材，以序列的形式导入 Cam01yuefu.tif 音符云序列素材，将素材拖曳到时间线上，打开"三维图层"，在顶视图调整位置，旋转角度（旋转快捷键为 <R>），调整播放时间，如图 7-6-24 所示。

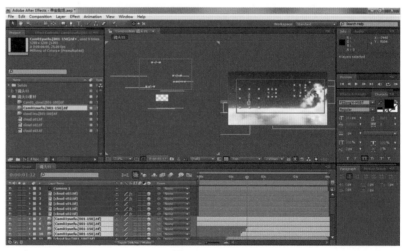

图 7-6-24

第7章 北京卫视整体包装栏目篇之早安剧场

25 按快捷键<Ctrl+I>导入素材，以序列的形式导入Cam02.tif海豚云序列素材，将素材拖曳到时间线上，打开"三维图层"，在顶视图调整位置，给位移做动画，调节Mode"叠加方式"为Screen"屏幕"，如图7-6-25所示。

图 7-6-25

26 按快捷键<Ctrl+I>导入素材，以序列的形式导入window01.Tif、open window left.tif窗户云序列素材，将素材拖曳到时间线上，打开"三维图层"，在顶视图调整位置，调整播放时间，选择素材画Mask，调整Mask Feather羽化，可调节Mode"叠加方式"为Screen"屏幕"，如图7-6-26所示。

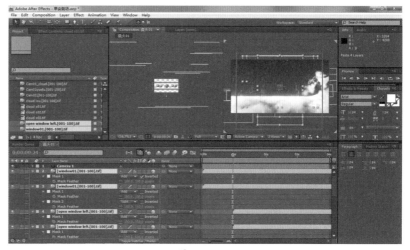

图 7-6-26

27 在工具箱选择文字，按快捷键<Ctrl+T>制作文字，调整字体为Arial，打开"三维图层"，在顶视图调整位置，调节Mode"叠加方式"为Add"加"，如图7-6-27所示。

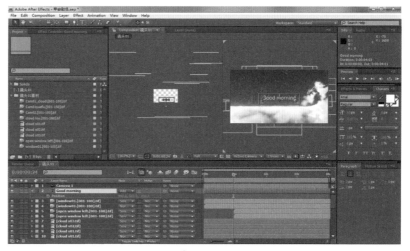

图 7-6-27

28 选择文字图层，在菜单栏中执行 Effect → Stylize → Glow 辉光命令，如图7-6-28所示。

图 7-6-28

29 在特效窗口设置 Glow 辉光，Glow Threshold：10%、Glow Radius：40、Glow Intensity0.6，制作文字动画 Scale "比例"做放大动画，Opacity "不透明度"做由透明到半透明，再从半透明到透明动画，Tracking "间隔"做间隔变大动画，Blue "模糊"做由模糊到不模糊，再从不模糊到模糊动画，如图7-6-29所示。

图 7-6-29

30 按快捷键<Ctrl+I>导入素材，以序列的形式导入 Cam01lizi.tif 粒子序列素材，将素材拖曳到时间线上，选择粒子素材，执行 Glow（辉光）命令，设置 Glow Threshold：9%、Glow Radius：95、Glow Intensity：0.1、Glow Colors：A&B Colors、Color B 白色，如图7-6-30所示。

图 7-6-30

第 7 章　北京卫视整体包装栏目篇之早安剧场

(31) 选择粒子素材，在菜单栏中执行 Effect → Video Copilot → Twitch 混乱命令，在特效窗口设置 Twitch 混乱，在开关下打开"光亮"，如图 7-6-31 所示。

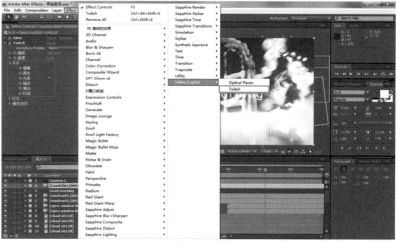

图 7-6-31

(32) 选择粒子素材，再执行 Hue/Saturation 色相/饱和度命令，Master Saturation: -30，选择素材画 Mask，根据动画给 Mask Path 做关键帧动画。模拟穿越窗户的空间感觉，调节 Mode "叠加方式"为 Screen "屏幕"，如图 7-6-32 所示。

图 7-6-32

(33) 按快捷键 <Ctrl+I> 导入素材，导入视频素材 MVI_9331.MOV，将素材拖曳到时间线上，打开"三维图层"，在顶视图调整位置，调整播放时间，调节 Mode "叠加方式"为 Screen "屏幕"，如图 7-6-33 所示。

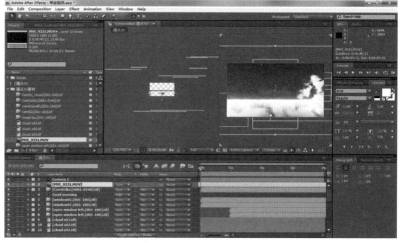

图 7-6-33

187

34 按快捷键<Ctrl+I>导入素材，以序列的形式导入Light.tga光序列素材，将素材拖曳到时间线上，打开"三维图层"，在顶视图调整位置，选择素材画Mask，调整Mask形状和Mask Feather羽化，调节Mode"叠加方式"为Add"加"，如图7-6-34所示。

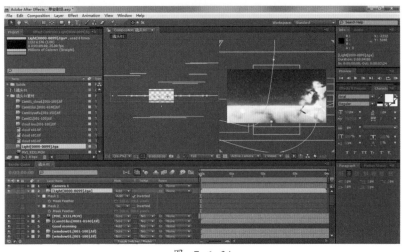

图 7-6-34

35 选择Camera 1摄像机给Point of Interest、Position做关键帧位移动画，模拟三维空间镜头推拉效果，如图7-6-35所示。

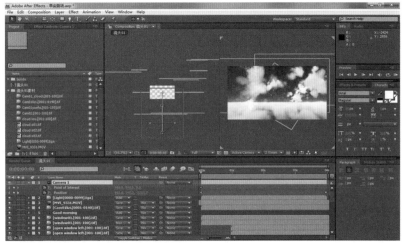

图 7-6-35

36 调节粒子素材图层Mask形状的动画，完成第一镜头的制作，如图7-6-36所示。

图 7-6-36

第 7 章 北京卫视整体包装栏目篇之早安剧场

7.6.2 第四镜头合成详解

01 按快捷键<Ctrl+N>新建一个合成层，将Comsiption Name 命名为"镜头01"，Preset：HDTV 1080 25，Frame Rate：25frames per second，时间为7s，如图7-6-37所示。

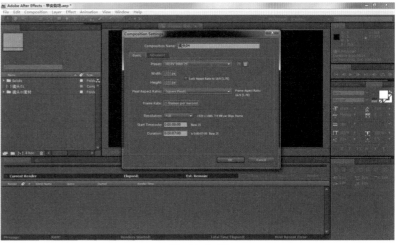

图 7-6-37

02 按快捷键<Ctrl+Y>新建一个固态层，在弹出的Solid Settings 窗口中设置Name（名称）背景，Color（颜色）为黑色，如图7-6-38所示。

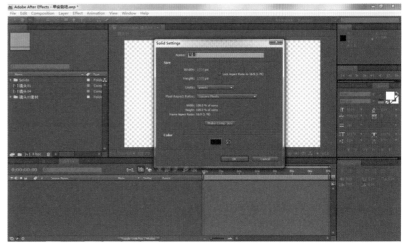

图 7-6-38

03 按快捷键<Ctrl+I>导入素材，以序列的形式导入luoban.tif 云海序列素材，将素材拖曳到时间线上，在菜单栏中执行 Layer → Time → Enable Time Remapping 时间映射命令，按快捷键<Ctrl+Alt+T>将最后一帧时间延长，如图7-6-39所示。

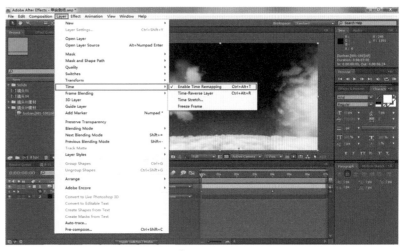

图 7-6-39

189

04 选择素材，执行 Edit → Duplicate 复制命令，按快捷键 <Ctrl+D>，复制九层，调节 Mode "叠加方式" 最上层为 Screen "屏幕"，调整不透明度 Opacity：77%，画 Mask 给 Mask Path 做关键帧动画，调节 Mask Feather 羽化，下一层为 Multiply "正片叠底"，调整不透明度 Opacity：27%，再下一层为 Overlay "叠加"，调整不透明度 Opacity：46%，给云海添加细节，其余为 Normal "正常"，如图 7-6-40 所示。

图 7-6-40

05 按快捷键 <Ctrl+Y> 新建一个固态层，在菜单栏中执行 Effect → Generate → Ramp 渐变命令，在特效窗口设置 Ramp 渐变，Start of Ramp：40、0，Start color 为深蓝色，End of Ramp：864、484，End color 为蓝色，Ramp Shape：Radial Ramp 径向渐变，调节 Mode "叠加方式" 为 Screen "屏幕"，如图 7-6-41 所示。

图 7-6-41

06 按快捷键 <Ctrl+Y> 新建一个固态层，执行 Ramp "渐变" 命令，设置 Ramp 渐变，Start of Ramp：960、0，Start color 为蓝色，End of Ramp：960、1080，End color 为白色，画 Mask 调节 Mask 形状，调节 Mask Feather 羽化，给天空颜色添加细节，调节 Mode "叠加方式" 为 Screen "屏幕"，如图 7-6-42 所示。

图 7-6-42

第7章 北京卫视整体包装栏目篇之早安剧场

07 按快捷键<Ctrl+Y>新建一个固态层，Color颜色为蓝色，画Mask给Mask Path做关键帧动画，完成背景云海制作，如图7-6-43所示。

图 7-6-43

08 按快捷键<Ctrl+I>导入素材，以序列的形式导入luobanB gailou.tif、luobanB.tif楼序列素材，将素材拖曳到时间线上，在菜单栏中执行Effect → Color Correction → Hue/Saturation色相/饱和度命令，调整颜色做关键帧动画，画Mask给Mask Path做关键帧动画，调节上一层Mode叠加方式为Add（加），如图7-6-44所示。

图 7-6-44

09 按快捷键<Ctrl+I>导入素材，以序列的形式导入luobanB BTVzi.tif字序列素材，将素材拖曳到时间线上，调节Mode叠加方式，如图7-6-45所示。

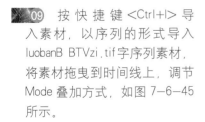

图 7-6-45

191

10　按快捷键<Ctrl+D>复制素材制作倒影，垂直反正方向，执行Hue/Saturation色相/饱和度命令，设置Master Saturation：-100，在菜单栏中执行Effect→Blur&Sharpen→Directional Blur动感模糊命令，设置Blur Length：55，调节Mode叠加方式为Overlay（叠加），如图7-6-46所示。

图 7-6-46

11　按快捷键<Ctrl+I>导入素材，以序列的形式导入luoban.tif Logo序列素材，将素材拖曳到时间线上，执行Hue/Saturation色相/饱和度命令，调整颜色，如图7-6-47所示。

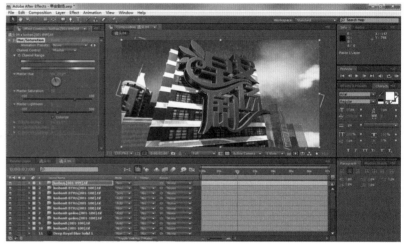

图 7-6-47

12　按快捷键<Ctrl+D>复制素材，在菜单栏中执行Effect→Color Correction→Levels色阶命令，设置Levels（色阶）Input Black：15、Input White：228、Gamma：1.2，再执行Hue/Saturation色相/饱和度命令，调整颜色，如图7-6-48所示。

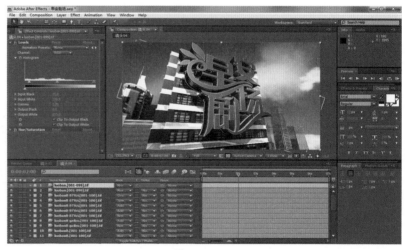

图 7-6-48

第 7 章　北京卫视整体包装栏目篇之早安剧场

13 选择素材，在菜单栏中执行 Effect → Stylize → Glow 辉光命令，设置 Glow（辉光）Glow Threshold：69.4%、Glow Radius：38、Glow Intensity：3.6、Glow Colors：A&B Colors、Color A：白色、Color B：橘黄色，画 Mask 给 Mask Path 做关键帧动画，调整不透明度 Opacity：70%，调节 Mask Feather 羽化，调节 Mode"叠加方式"为 Screen"屏幕"，如图 7-6-49 所示。

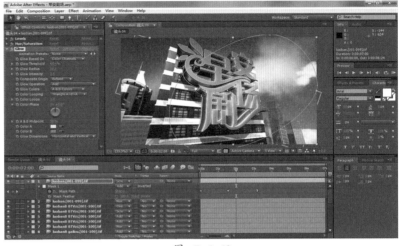

图　7-6-49

14 按快捷键 <Ctrl+D> 复制云海素材，画 Mask 调节 Mask Feather 羽化，调整不透明度 Opacity：30%，调节 Mode 叠加方式为 Add（加），如图 7-6-50 所示。

图　7-6-50

15 按快捷键 <Ctrl+Y> 新建一个固态层，在菜单栏中执行 Effect → Knoll Light Factory → Light Factory EZ 光工厂 EZ 命令，设置 Flare Type：Sunset、Light Source Loca 光源位子做位移动画，如图 7-6-51 所示。

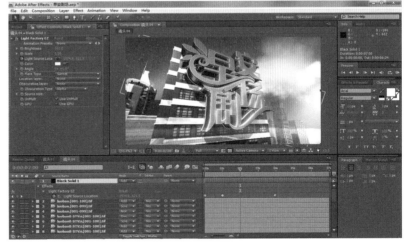

图　7-6-51

193

16 按快捷键<Ctrl+I>导入素材，以单针的形式导入cloud s03.tif 云素材，给位移，不透明度做动画，如图7-6-52所示。

图 7-6-52

17 按快捷键<Ctrl+I>导入素材，以序列的形式导入Aurora.tga 光序列素材，将素材拖曳到时间线上，执行Hue/Saturation 色相／饱和度命令，调整颜色，画 Mask 给Mask Path 做关键帧动画，不透明度做动画，调整播放时间，调节 Mode"叠加方式"为 Add"加"，如图7-6-53所示。

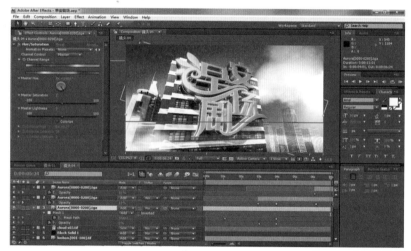

图 7-6-53

18 按快捷键<Ctrl+I>导入素材，导入视频素材MVI_9331.MOV，将素材拖曳到时间线上，不透明度做动画，调整播放时间，调节 Mode（叠加方式），如图7-6-54所示。

图 7-6-54

19 按快捷键<Ctrl+I>导入素材，以序列的形式导入Light.tga光序列素材，将素材拖曳到时间线上，画Mask给Mask Path做关键帧动画，给位移、旋转、不透明度做动画，调节Mode（叠加方式），如图7-6-55所示。

图 7-6-55

20 按快捷键<Ctrl+D>复制素材，调整位置、播放时间，给不透明度做动画，调节Mode"叠加方式"，完成第四镜头的制作，如图7-6-56所示。

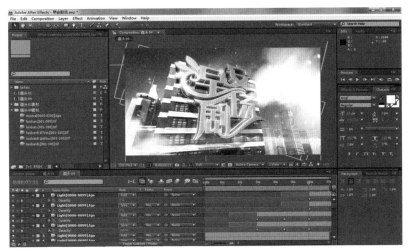

图 7-6-56

第 8 章　北京卫视整体包装栏目篇之好人故事

本案例的重点和特点

- 分析演绎主题，提取关键词，用元素演绎关键词，用关键词演绎主题
- 创意的绘制方法
- 使用 After Effects 搭建三维空间技巧
- After Effects 粒子特效的使用

制作内容

- 使用 Photoshop 绘制创意图
- 落版字的制作方法
- 落版字材质的制作

8.1 创意思路

(1) 演绎主题分析：制作片头其实和写论文一样，其目的是吸引观众的眼球，并让观众从片头中得到与主题相关的内容，使观众对接下来的节目或内容有一定了解。片头是对主题中心思想的概括和升华。本章的主题是好人故事。如何去演绎好人故事呢？首先我们要去寻找"论点"。对"论点"的提取办法很简单，围绕主题去寻找关键词，即围绕好人寻找关键词。寻找关键词的方向有很多，比如以什么样的叫好人为切入点，得到的关键词可能是：勤劳、善良、孝顺、真诚、专一、有担当、见义勇为、助人为乐等。或者是以现在确定下来的创意思路，从好人的在我们心目中形象入手，得到的关键词可能是：无私、伟大、大智若愚等。这两个思路其实都可以没有好与坏。前者能更具体更细微地体现好人的形象，而后者则以概括为主，朦胧却有极强的指向性。

(2) 演绎形式：任何片子无论多短暂，它都具有自己的思维和故事性。每种思维或故事的存在都需要形态。形态，即形和态，态便是它的内在故事，这个在第一步我们已经产生了。只有态，没有形是无法存在或传播的。现在我们要为它设定形，设定它独有的形。要想表现我们心中好人那种伟大、大智若愚的形象，其实有很多种方法，而这些方法又大致分为：实拍、CG 虚拟、实拍和 CG 虚拟交互使用等。选定哪种方案不仅要看创意本身，还要考虑到成本、实现难度、整体包装风格等因素。综合考虑以上因素之后，最终敲定了以 CG 虚拟粒子的形式来体现，这样既能省去大笔的实拍费用，也能和整套包装风格有很好的呼应。

8.2 创意分镜头的制作

01 单击"文件"→"新建"命令，新建一个文件，如图 8-2-1 所示。

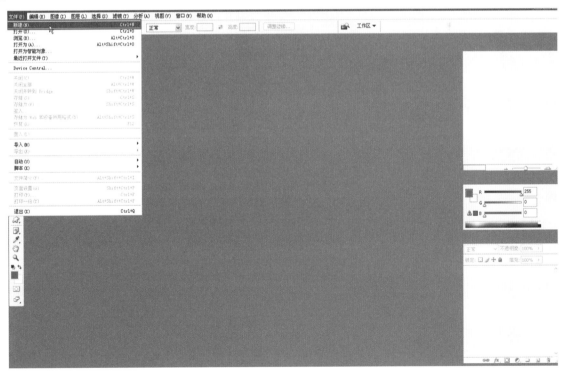

图 8-2-1

02 更改名称为 cut-1，宽度为 2000，高度为 576，像素长宽比为方形像素，然后按"确定"按钮，如图 8-2-2 所示。

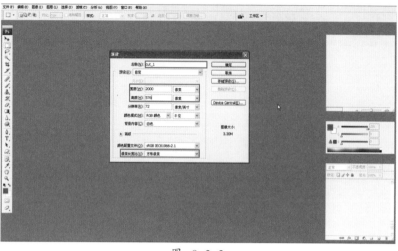

图 8-2-2

03 单击左侧的属性栏，创建前景色为黑色，如图 8-2-3 所示。

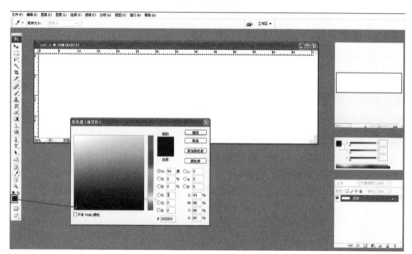

图 8-2-3

04 选择 cut-1，按快捷键 <Alt+Delete>，填充前景色为黑色，如图 8-2-4 所示。

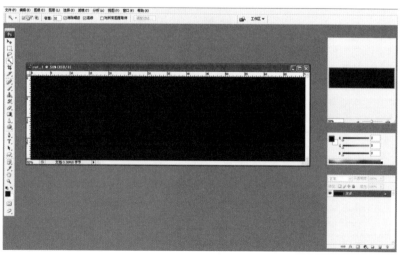

图 8-2-4

05 按快捷键<Shift>+鼠标左键直接把金沙的素材拽入到cut-1中,如图8-2-5所示。

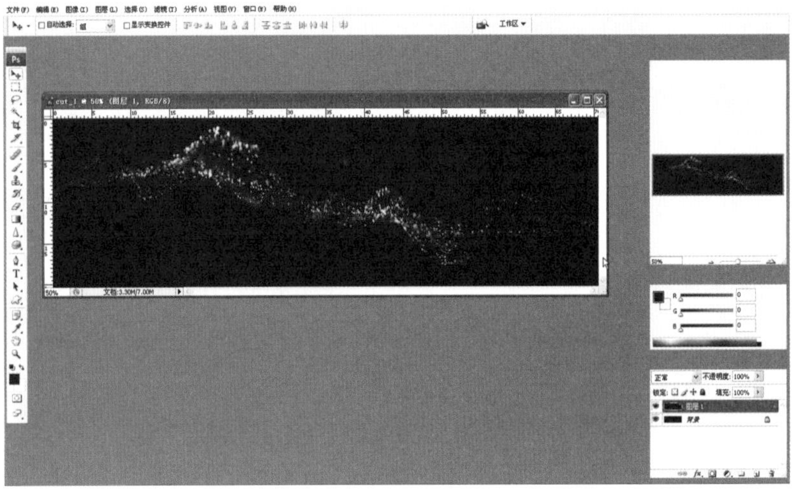

图 8-2-5

06 同上步骤,把另一个金沙的素材导入到cut-1中。更改右侧图层下的混合模式为滤色。增加金沙的特写,如图8-2-6所示。

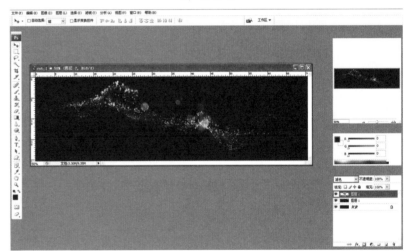

图 8-2-6

07 同上步骤,再把金沙特写的素材导入到cut-1中。移动到适当位置,更改右侧图层下的混合模式为滤色。本步骤是为了连接上一个金沙特写的动势,如图8-2-7所示。

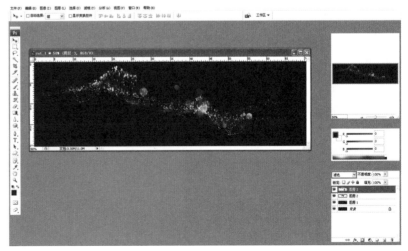

图 8-2-7

08 同上步骤，导入金沙特写素材到 cut-1 中。更改右侧图层下的混合模式为滤色。移动到左侧山脉上，如图 8-2-8 所示。

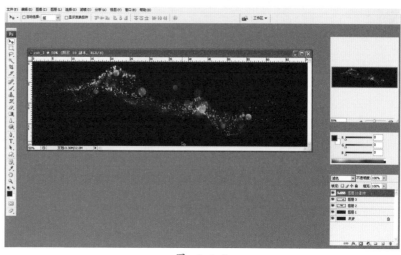

图 8-2-8

09 同上步骤，导入金沙特写素材到 cut-1 中。更改右侧图层下的混合模式为滤色。移动到左下角处，充当前景物，如图 8-2-9 所示。

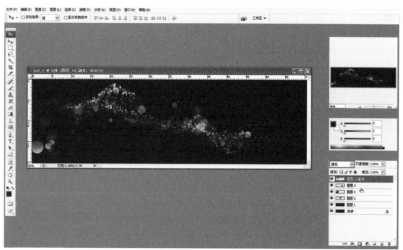

图 8-2-9

10 同上步骤，导入金沙特写素材到 cut-1 中。更改右侧图层下的混合模式为滤色。放到下方，充当前景物，如图 8-2-10 所示。

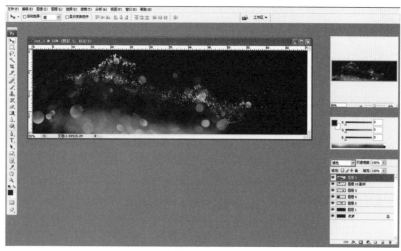

图 8-2-10

11 同上步骤，导入金沙特写素材到cut-1中。更改右侧图层下的混合模式为滤色。放到左侧，制造山峰重峦叠嶂的效果，如图8-2-11所示。

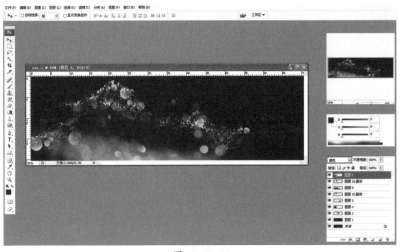

图 8-2-11

12 同上步骤，导入金沙特写素材到cut-1中。更改右侧图层下的混合模式为滤色。放到右下角，充当前景物，如图8-2-12所示。

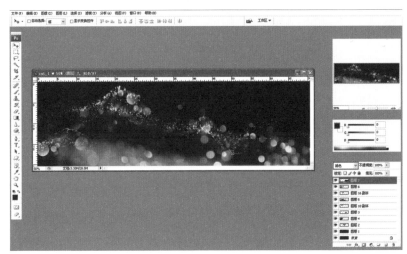

图 8-2-12

13 单击左侧的"T"创建文字，选择"横排文字工具"，如图8-2-13所示。

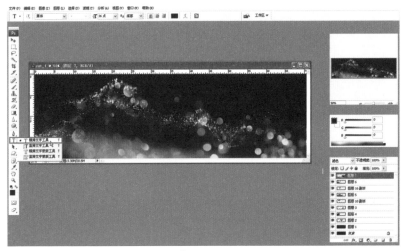

图 8-2-13

14 在 cut-1 中添加文字"志者如山",如图 8-2-14 所示。

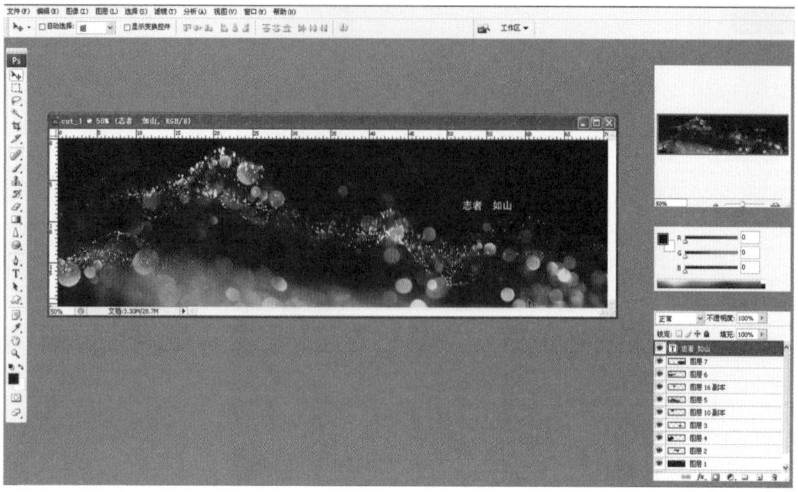

图 8-2-14

15 选择右侧的文字层,按快捷键 <Ctrl+T> 调出调节框,然后按快捷键 <Shift+Alt>+鼠标左键拽调节框,等比例放大或缩小文字。然后放到右侧适当位置,按下 <Enter> 键确认,如图 8-2-15 所示。

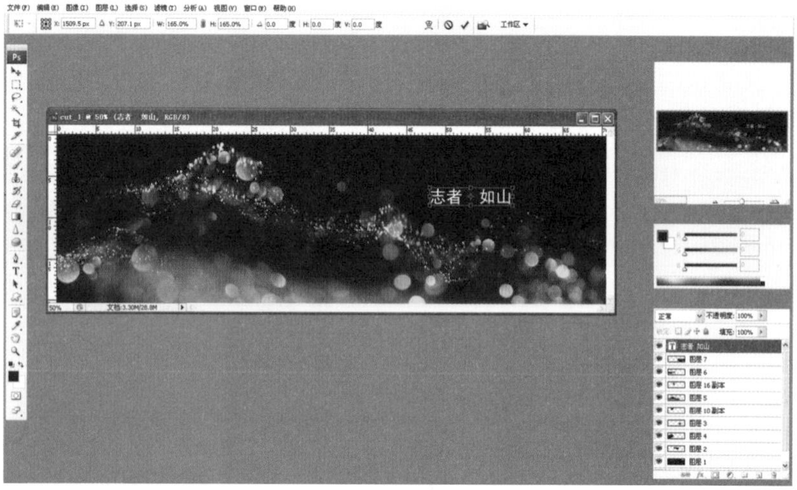

图 8-2-15

16 选择文字图层,单击右侧下方的 fx,选择外发光,如图 8-2-16 所示。

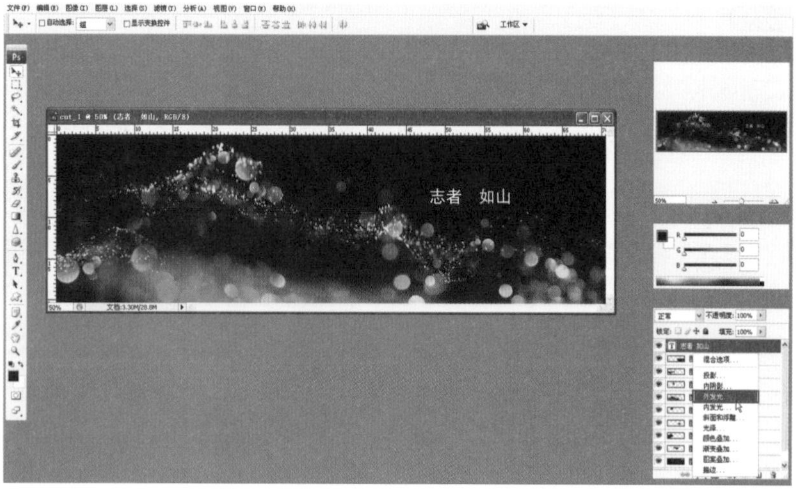

图 8-2-16

17 调节外发光属性面板中的扩展为3,大小为6.然后按"确认"按钮,如图8-2-17所示。

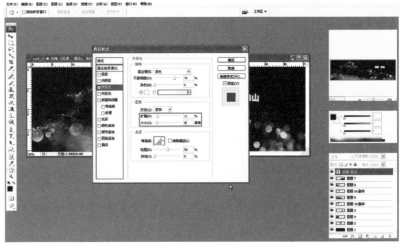

图 8-2-17

18 选择文字图层,单击右侧下方的 ，选择渐变叠加,如图8-2-18所示。

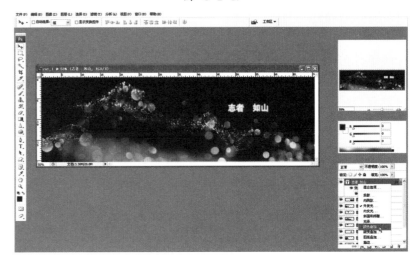

图 8-2-18

19 调节渐变叠加属性面板的渐变,下面的颜色为橘黄色,上面的颜色为柠檬黄色。然后按"确认"按钮,如图8-2-19所示。

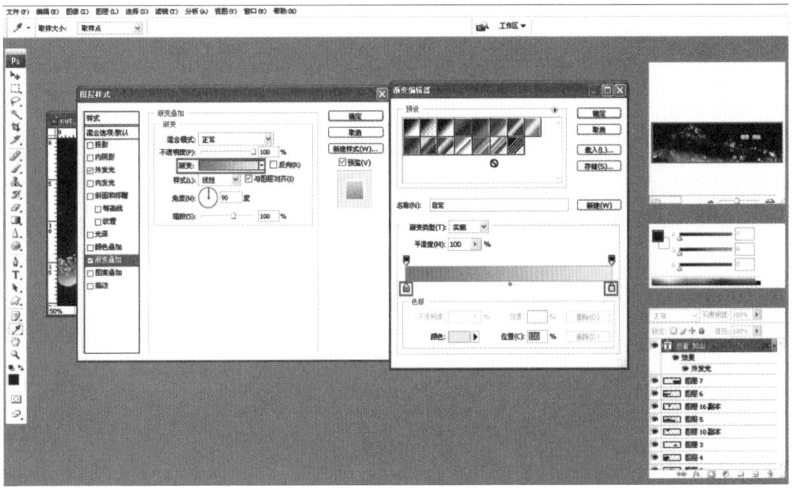

图 8-2-19

大像无形——5DS⁺影视包装卫视典藏版（下）

(20) 单击右侧下方的小方块，新建一个图层，如图 8-2-20 所示。

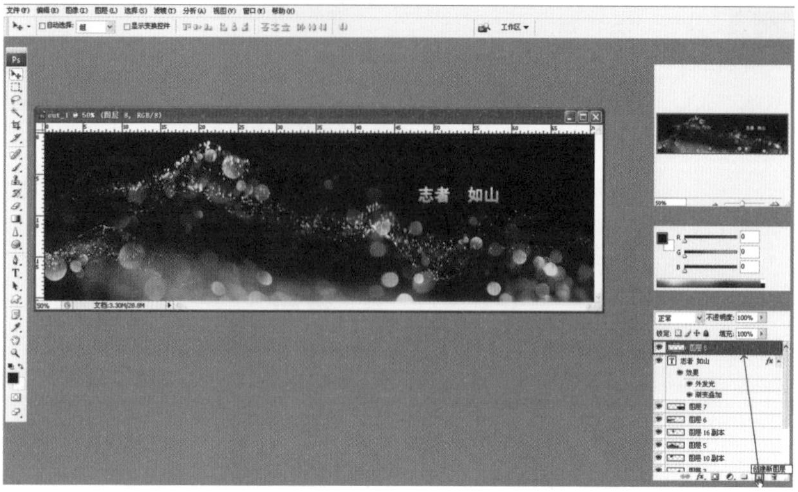

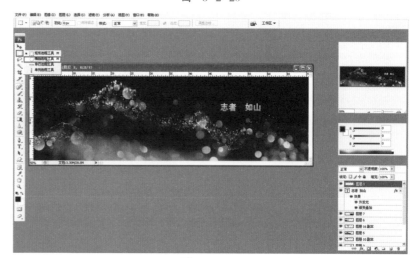

图 8-2-20

(21) 单击左侧属性栏中的"选区"，选择圆形选区，如图 8-2-21 所示。

图 8-2-21

(22) 按快捷键 <Shift>+ 鼠标左键拖曳，画出一个正圆选区，如图 8-2-22 所示。

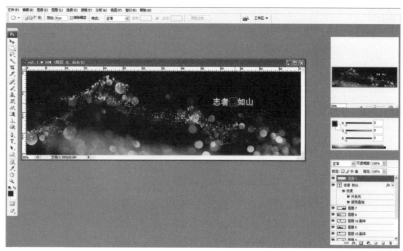

图 8-2-22

23 按快捷键<Ctrl+Delete>填充背景色，这样圆形选区就添加上了白色，然后按快捷键<Ctrl+D>取消选区，如图8-2-23所示。

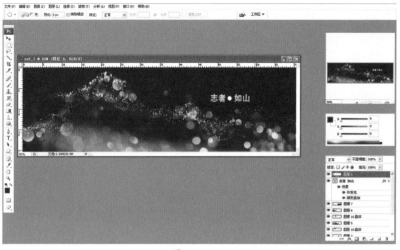

图 8-2-23

24 选择新建圆点图层，单击右侧下方的 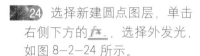，选择外发光，如图8-2-24所示。

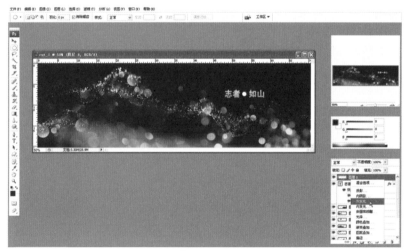

图 8-2-24

25 调节外发光属性面板中的扩展为1，大小为6。然后按"确认"按钮，如图8-2-25所示。

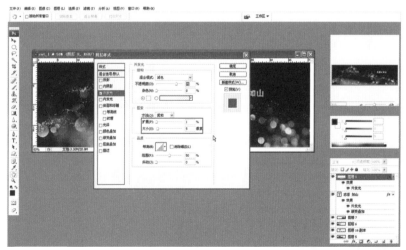

图 8-2-25

26 选择新建圆点图层，单击右侧下方的 ██，选择渐变叠加，如图 8-2-26 所示。

图 8-2-26

27 调节渐变叠加属性面板的渐变，下面的颜色为橘黄色，上面的颜色为柠檬黄色。然后按"确认"按钮，如图 8-2-27 所示。

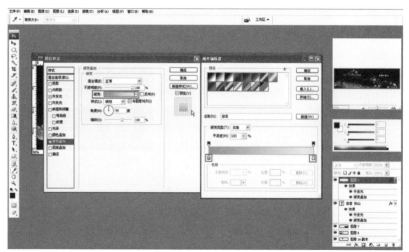

图 8-2-27

28 选择右侧的圆点层，按快捷键<Ctrl+T>调出调节框，然后按快捷键<Shift+Alt>+鼠标左键拽调节框，等比例放大或缩小圆点。然后放到右侧适当位置按<Enter>键确认，如图 8-2-28 所示。

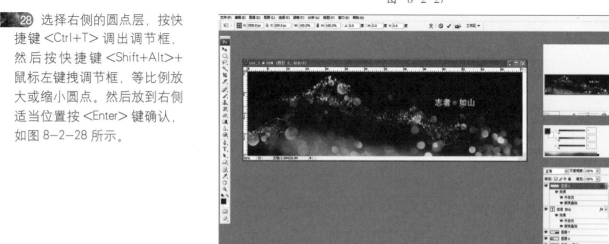

图 8-2-28

第8章 北京卫视整体包装栏目篇之好人故事

29 新建一个图层，在左侧选择渐变属性，如图8-2-29所示。

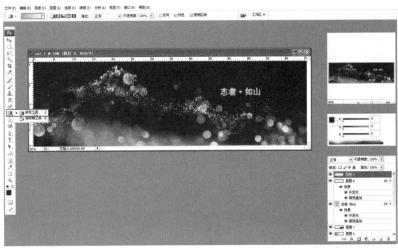

图 8-2-29

30 选择渐变的类型为径向渐变，如图8-2-30所示。

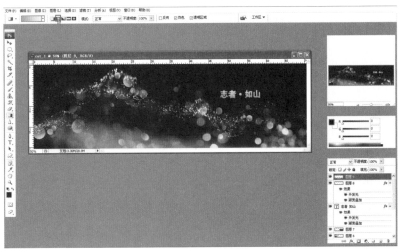

图 8-2-30

31 单击渐变条，调出面板。如图8-2-31所示。

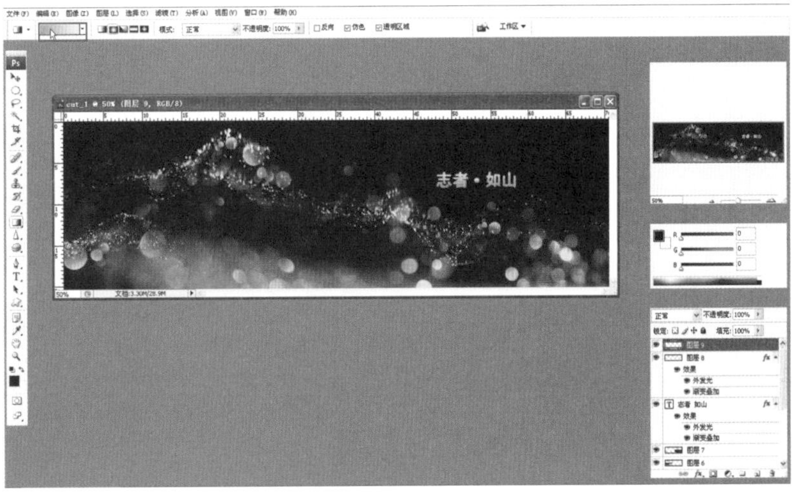

图 8-2-31

大像无形——5DS+ 影视包装卫视典藏版（下）

32 调节渐变的颜色，左侧为淡灰色，右侧为黑色，如图 8-2-32 所示。

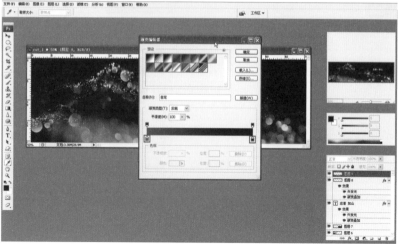

图 8-2-32

33 按住鼠标左键，在画面的中心向左上角拖曳，如图 8-2-33 所示。

图 8-2-33

34 选择新建的渐变图层，更改混合模式为柔光，如图 8-2-34 所示。

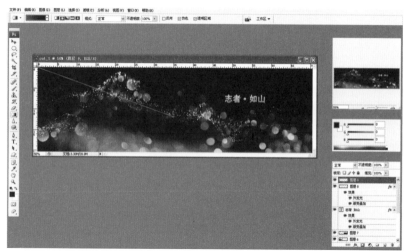

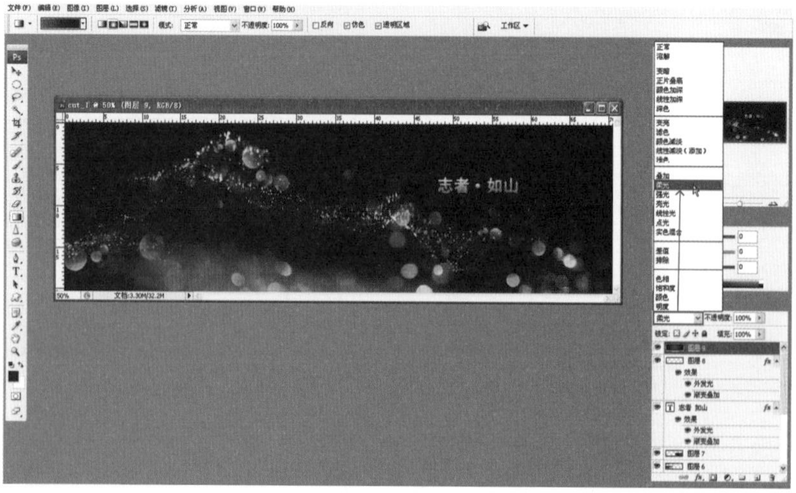

图 8-2-34

第8章 北京卫视整体包装栏目篇之好人故事

35 最后的效果图如图8-3-35所示,其他分镜头创意制作方法同上。

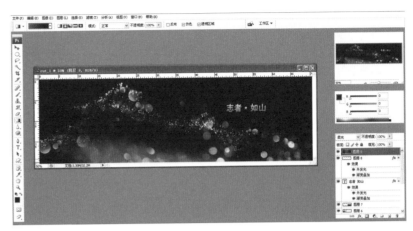

图 8-2-35

8.3 在 Maya 中完成模型,材质的制作

8.3.1 落班字模型的制作

01 首先导入在 AI 中做好的文字路径。导入方法有两种:一种是直接把 AI 文件拖入 Maya 窗口,另一种是从 Maya 菜单 Create 中选择 Adobe Illustrator Object 然后选取 AI 文件,导入后如图8-3-1所示。

02 按 <F4> 键切换到曲面菜单,选择 Surfaces 中的 Bevel Plus 倒角工具后面的方块,如图8-3-2所示。

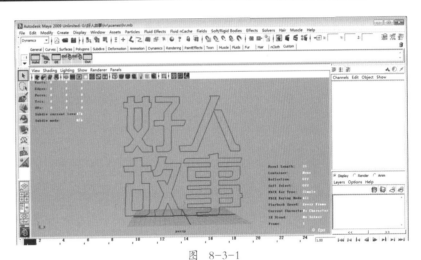

图 8-3-2

03 首先单击 Edit 中 Reset Settings 重置设置，如图 8-3-3 所示。

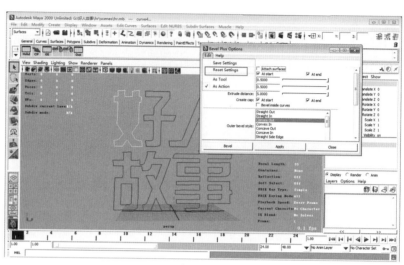

图 8-3-3

04 在 Outerbevel Style 外倒角类型中选择 Convex Out 外凸模式，如图 8-3-4 所示。

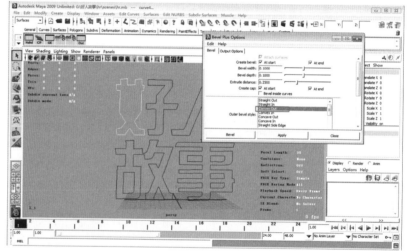

图 8-3-4

05 切换到 Output Options 选项卡，选择 Polygons 模式下的 Sampling 模式，如图 8-3-5 所示。

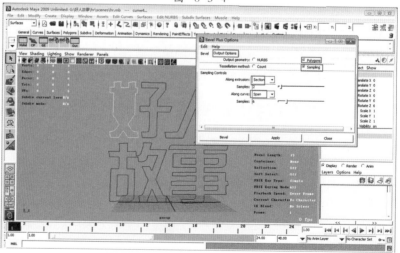

图 8-3-5

06 单击 Bevel 按钮，生成的模型通道栏里会保留 Bevel 的创建历史，如图 8-3-6 所示。

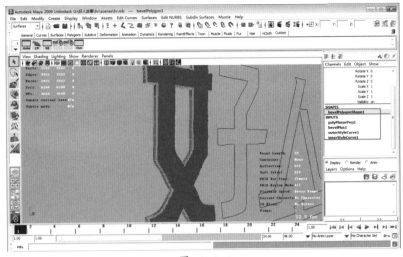

图 8-3-6

07 单击 Bevelplus1 属性，分别修改 Width（倒角宽度）、Depth（倒角深度）、extrude depth（挤出深度）的数值，如图 8-3-7 所示。

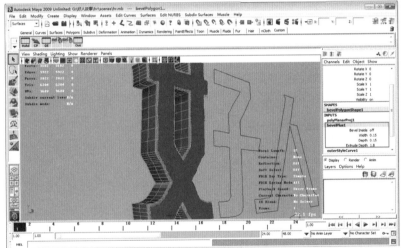

图 8-3-7

08 调整到合适大小后，记住这些参数，继续选择其他曲线，执行 Bevel Plus 命令，修改刚才调整好的参数。将调整好的参数作为默认的创建参数，如图 8-3-8 所示。

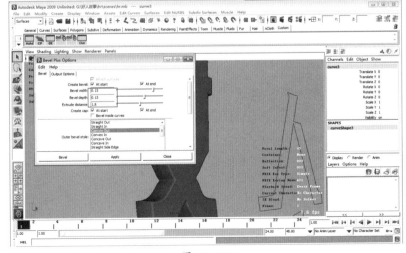

图 8-3-8

09 对于其他的曲线，可以选中后按快捷键 <G> 重复上一次命令，即可最终所有曲线创建完成，如图 8-3-9 所示。

图 8-3-9

10 如果创建完成后发现模型的厚度和倒角深度比例不是很协调或想再次修改，可以选中所有字到通道栏里修改 Bevel Plus 参数，这样所有的模型都会发生改变，无需单个修改，如图 8-3-10 所示。

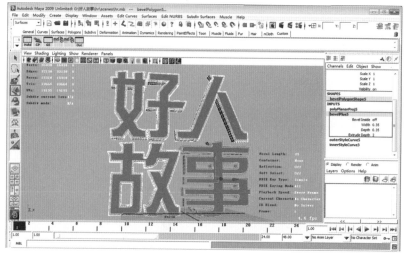

图 8-3-10

8.3.2  落版字材质制作

01 执行 Window → Setting → Plug-in Manager 插件管理器命令，如图 8-3-11 所示。

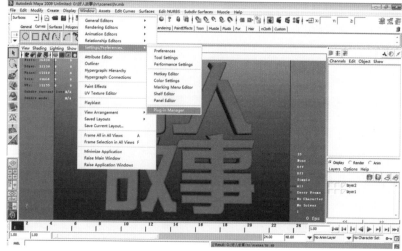

图 8-3-11

第 8 章　北京卫视整体包装栏目篇之好人故事

02 找到 Mayatomr 插件，确保出于勾选状态，即 Mental Ray 渲染器，如果 Mental Ray 渲染器已经打开，则可省去以上两步，如图 8-3-12 所示。

03 选择渲染设置，如图 8-3-13 所示。

04 使用 Mental Ray 渲染器，如图 8-3-14 所示。

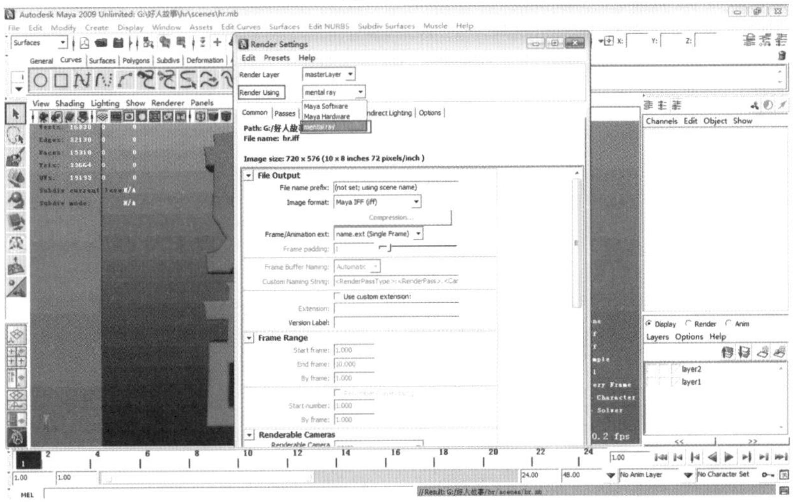

图 8-3-12

图 8-3-13

图 8-3-14

05 选择 Common 选项卡，将其拉到最下方打开 Render Options，取消勾选 Enable Defaultlight 选项，不使用默认灯光，虽然当创建灯光时默认灯光会自动屏蔽，但为保险起见还是将其手动关上，如图 8-3-15 所示。

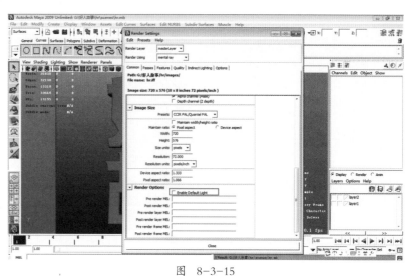

图 8-3-15

06 切换到 Indrect Lighting 选项卡，单击 Image Based Lighting 后面的 Create，即创建 Mental Ray 的贴图照明，如图 8-3-16 所示。

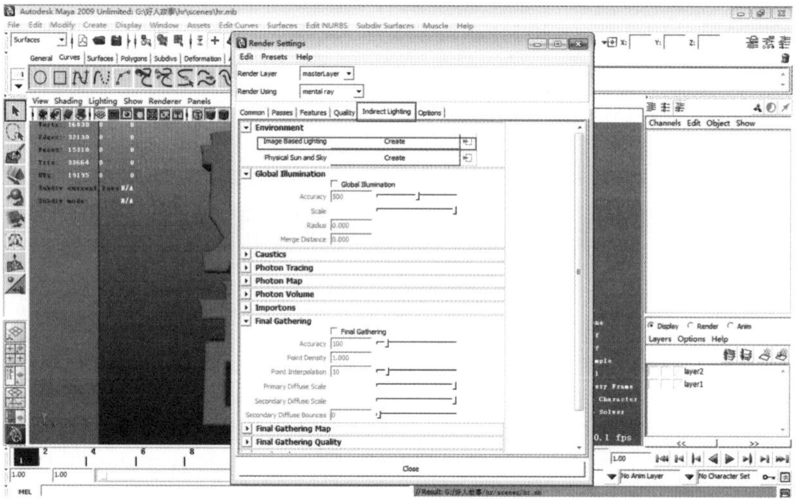

图 8-3-16

07 单击 Done 按钮，系统后会弹出属性栏，单击 Type 类型，选择 Texture，即使用 Maya 自带的程序纹理如图 8-3-17 所示。

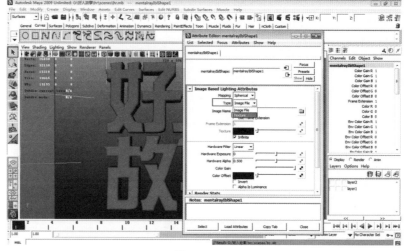

图 8-3-17

第8章 北京卫视整体包装栏目篇之好人故事

08 选择 Texture 模式之后，下面的 Texture 选项便可以修改了。这里我们单击后面的棋盘格，如图 8-3-18 所示。

09 单击棋盘格后，系统会弹出节点菜单，找到 Environment Texture 环境纹理选项，选择 Env Sky，即天空环境。这里选择哪种环境纹理并不固定，选择其他环境纹理或使用 hdr 贴图均可以达到很好的效果，如图 8-3-19 所示。

10 选择天空纹理后，系统会弹出其属性菜单，把 Total Brightness 总亮度适当调高一些。同时把 Sun Attribute 太阳属性里的 Blur 模糊属性提高，如图 8-3-20 所示。

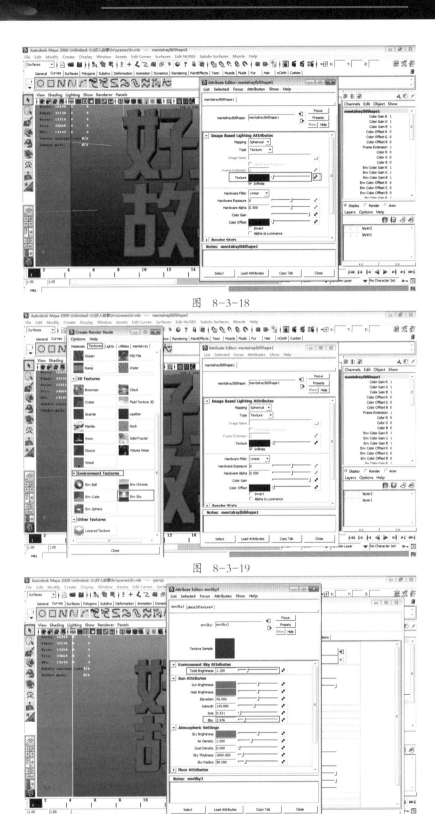

图 8-3-18

图 8-3-19

图 8-3-20

11 创建一盏平行光垂直于字的正面，以提高正面的亮度。因为我们使用的是 Mental Ray 的贴图照明，所以场景已经有了一定的灯光环境，所以这里把这盏等的强度降低一些，已避免爆掉或者与侧面差异过大，如图 8-3-21 所示。

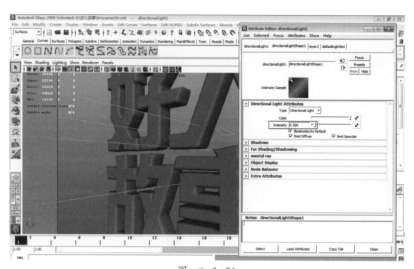

图 8-3-21

12 继续创建一盏聚光灯，贴图照明和之前的平行光都不易产生较为突出的高光区域。所以我们使用这盏灯的目的是制作出比较突出的高光区域。灯光强度也适当调低，并把 Penumbra Angle 半影角度 Dropoff 衰减提高以便产生比较柔和的边缘，如图8-3-22 所示。

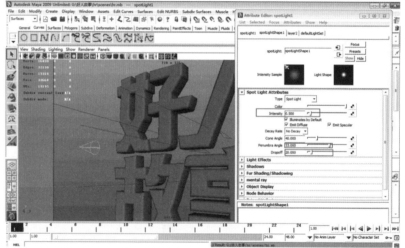

图 8-3-22

13 这样我们的灯光环境就确定好了，接下来就是材质部分了，为了下面好上材质，这里把文字全部选中使用Polygons 菜单下的 Mesh 里 Combine 合并命令。把所有字合并成一个物体，当然此步骤可根据个人习惯操作，如图 8-3-23 所示。

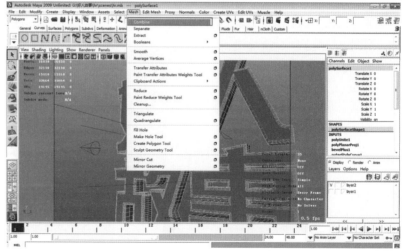

图 8-3-23

第8章 北京卫视整体包装栏目篇之好人故事

14 选择 Window 下的 Rendering Editors 下的 Hypershade 材质编辑器，然后单击 Create 按钮，如图 8-3-24 所示。

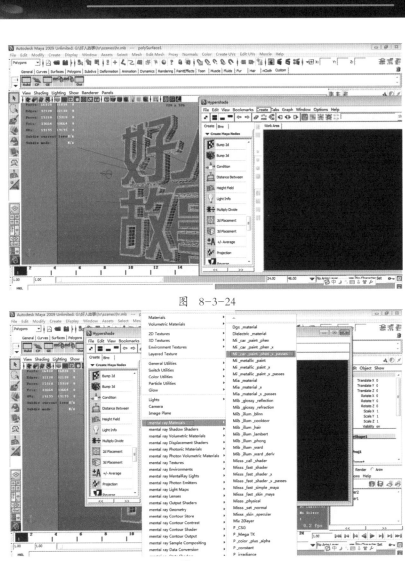

图 8-3-24

15 选择 mental ray material → mi_car_paint_x_passes 车漆材质，如图 8-3-25 所示。

图 8-3-25

16 把材质赋予给模型，如图 8-3-26 所示。

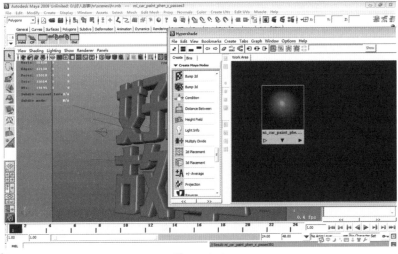

图 8-3-26

217

17 双击材质球，系统弹出属性栏，分别调整Base Color基底色、Edge Color边缘颜色、Lit Color灯光颜色以及Edge Color Bias边缘颜色偏移，如图8-3-27所示。

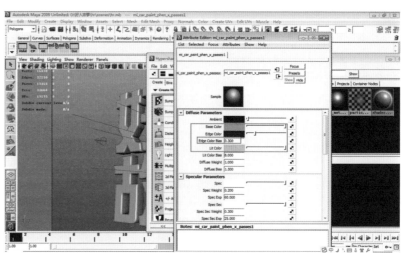

图 8-3-27

18 为了更好地体现质感，这里我们为正面再单独上材质以突出正面，如图8-3-28所示。

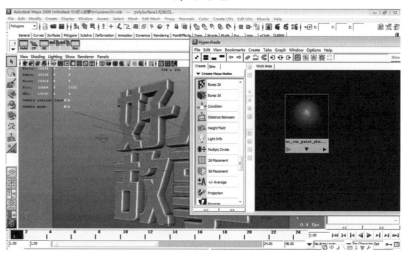

图 8-3-28

19 本步骤依然是调整基底色、边缘色、灯光色以及边缘偏移灯光色偏移。还有就是调整高光，这里车漆材质给我们分出了两层高光，为了调高高光，我们把第一层高光强度适当调高范围扩大了，如图8-3-29所示。

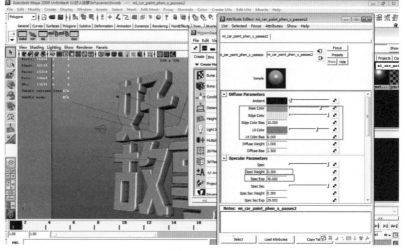

图 8-3-29

第8章 北京卫视整体包装栏目篇之好人故事

20 这里车漆有一个特殊的属性，即 Flake Parameter 亮片或者荧光片用来模拟车漆上的颗粒感。但不需要它或者说现在的参数太强，所以需要将其削弱，把 Flake Strength 浓度值调大，如图 8-3-30 所示。

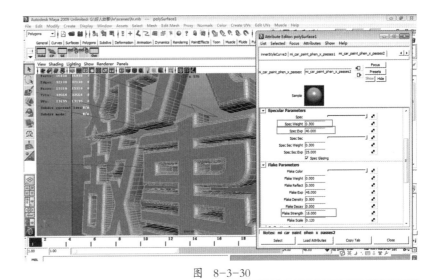

图 8-3-30

21 调整后的效果如图 8-3-31 所示。

图 8-3-31

22 整体有些偏暗环境贴图的效果不是特别明显，所以可以回到渲染设置里找到 Final Gethering，最终汇集勾选上，如图 8-3-32 所示。

图 8-3-32

23 效果如图 8-3-33 所示。

图 8-3-33

24 为了添加一些反射信息，我们可以添加一块反光板。这里我们创建一块圆形的面，把它压扁调整到合适位置，如图 8-3-34 所示。

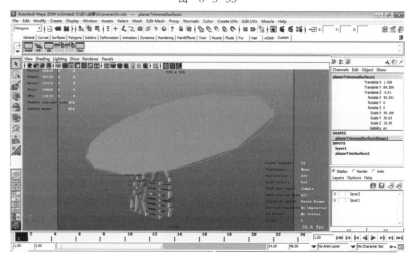

图 8-3-34

25 选择反光板，按快捷键 <Ctrl+A> 弹出属性栏找到 Render Stats，取消勾选产生阴影，接受阴影和主渲染，如图 8-3-35 所示。

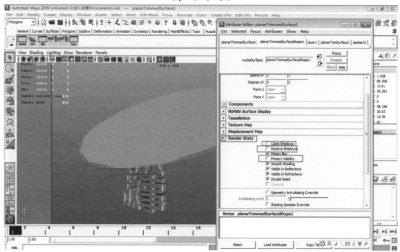

图 8-3-35

26 为反光板赋予 Lambert 材质并对 Color（颜色）和 Ambient Color（环境色）进行调整，如图 8-3-36 所示。

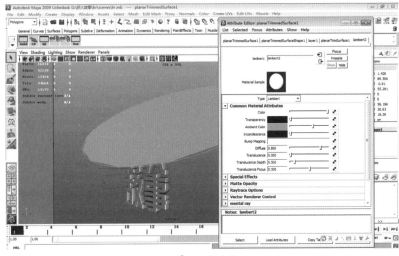

图 8-3-36

27 调整后的效果如图 8-3-37 所示，主材质就制作完成了。

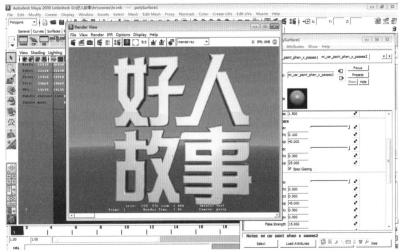

图 8-3-37

28 接下来制作玻璃材质，使用的是 mental ray 材质中的 dielectric_material 电介材质（或者叫它玻璃材质），它是常用的玻璃材质。如图 8-3-38 所示。

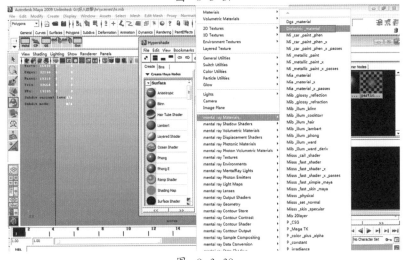

图 8-3-38

29 调整 Color 略微带一点橘红色，如图 8-3-39 所示。

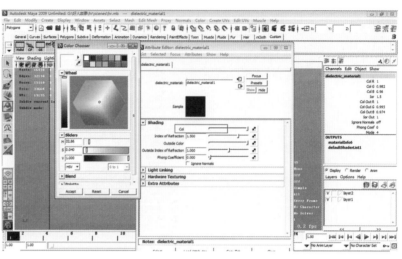

图 8-3-39

30 因为更换了材质，所以现在整体亮度会不足，所以可以把 Envsky 的总亮度提高，如图 8-3-40 所示。

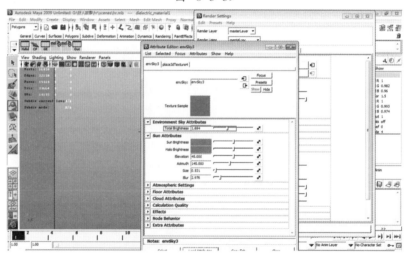

图 8-3-40

31 在侧面添加平行光，如图 8-3-41 所示。

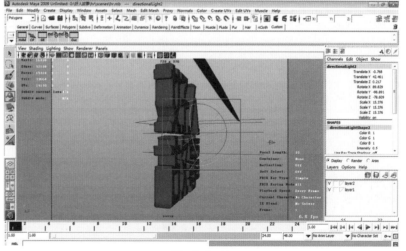

图 8-3-41

第 8 章　北京卫视整体包装栏目篇之好人故事

32 把反光板亮度也提高，如图 8-3-42 所示。

33 效果如图 8-3-43 所示。

34 为字添加 Y 轴的旋转动画，如图 8-3-44 所示。

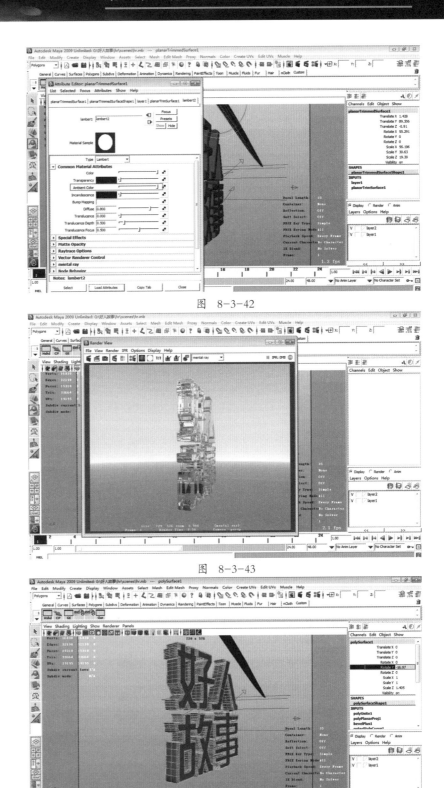

图 8-3-42

图 8-3-43

图 8-3-44

35 选择字新建渲染层，如图 8-3-45 所示。

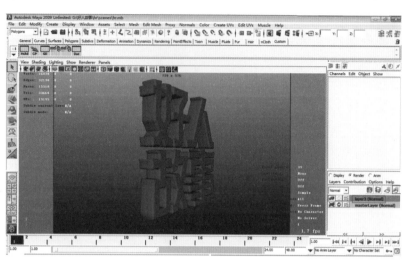

图 8-3-45

36 为了后期合成处理，需要把正面和倒角部分提取出来。切换到侧视图选择面，如图 8-3-46 所示。

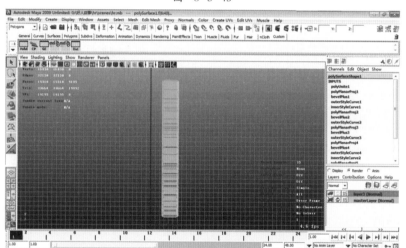

图 8-3-46

37 为选择的面赋予 Surface Shade 面材质并把 Out Matte opacity 输出蒙板透明属性调成黑色，如图 8-3-47 所示。

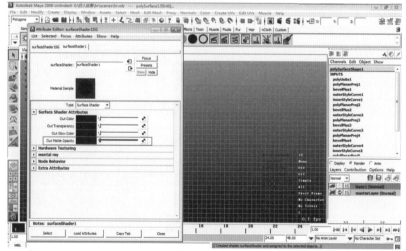

图 8-3-47

第 8 章　北京卫视整体包装栏目篇之好人故事

38　分别为正面添加 Surface Shader 面材质，把 Outcolor 调成白色，为倒角部分添加 Surface Shader 面材质，把 Outcolor 调成黑色，渲染效果如图 8-3-48 所示。

图　8-3-48

39　当切换到 Alpha 通道模式时，会发现侧面和背面并没有通道信息此时正面和倒角就被提取出来了，如图 8-3-49 所示。

图　8-3-49

8.4　运用 After Effects 合成

8.4.1　镜头 1 合成

01　创建合成 Comp 如图 8-4-1 所示。

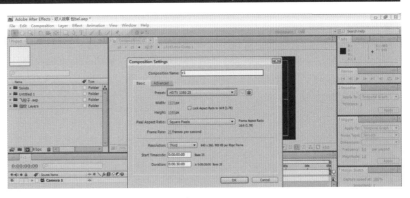

图　8-4-1

02 创建摄像机，如图 8-4-2 所示。

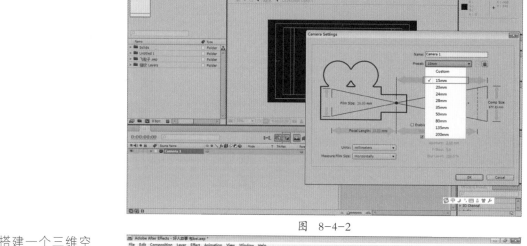

图 8-4-2

03 在 AE 中搭建一个三维空间。AE 的合成其实和画画是一样，要想达到好的效果，必须从基底开始一步步添加细节，先搭建大的框架，导入事先准备好的素材，为了避免边缘有硬边，这里为素材添加了一个方形 Mask，如图 8-4-3 所示。

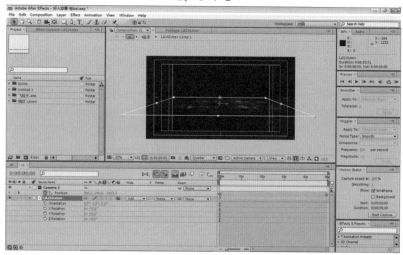

图 8-4-3

04 为其添加色相饱和度特效，如图 8-4-4 所示。

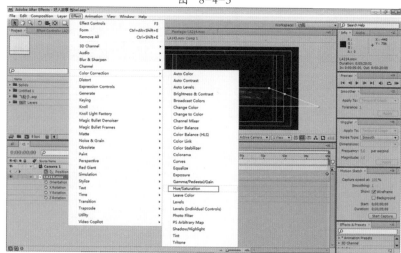

图 8-4-4

05 旋转 Hue 色相轮，让素材的颜色偏内的主色调金黄色，如图 8-4-5 所示。

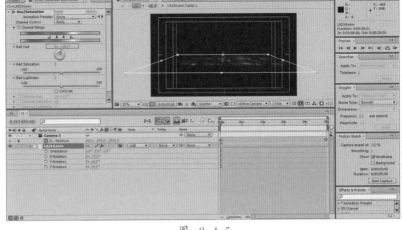

图 8-4-5

06 为其添加 Fast Blur 快速模糊特效，如图 8-4-6 所示。

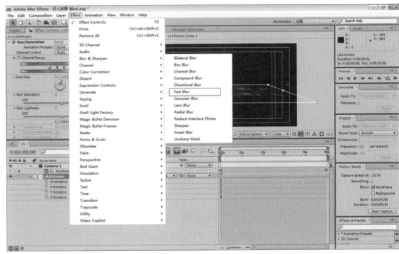

图 8-4-6

07 调整模糊强度，如图 8-4-7 所示。

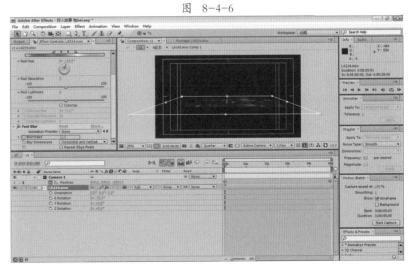

图 8-4-7

08 按快捷键 <F> 调出 Mask Feather 羽化值将其适当提高，这样边缘更加柔和，如图 8-4-8 所示。

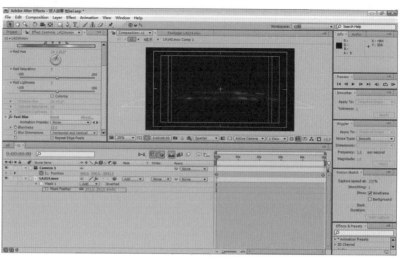

图 8-4-8

09 复制一层上移作为远景，同时把方向 Mask 删掉，换成椭圆形并提高羽化值，如图 8-4-9 所示。

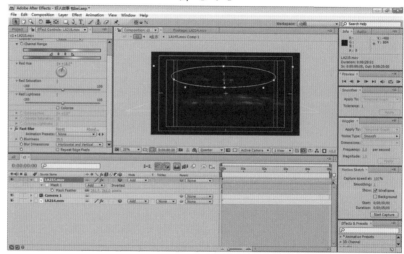

图 8-4-9

10 将基本的"天和地"搭建好后，开始为摄像机制作简单的唯一旋转动画，如图 8-4-10 所示。

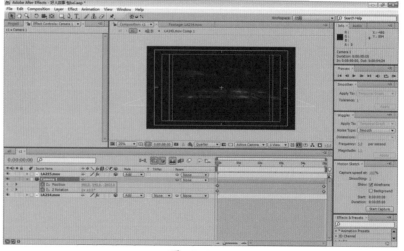

图 8-4-10

第 8 章　北京卫视整体包装栏目篇之好人故事

11 动画尾针效果如图 8-4-11 所示。

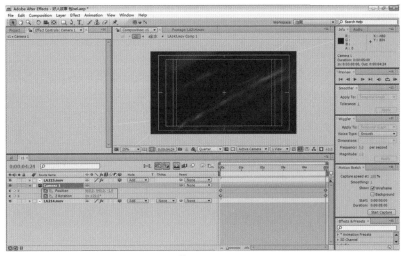

图 8-4-11

12 为了和下面的镜头衔接，我们把之前做好的"天和地"在动画末尾做淡出动画，即 k 透明度从 100-0 的动画，如图 8-4-12 所示。

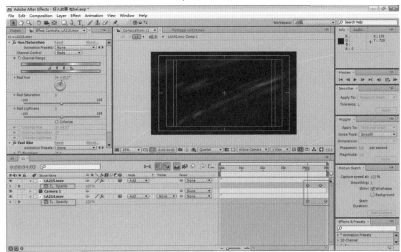

图 8-4-12

13 按快捷键 <Ctrl+Y> 新建固态层，如图 8-4-13 所示。

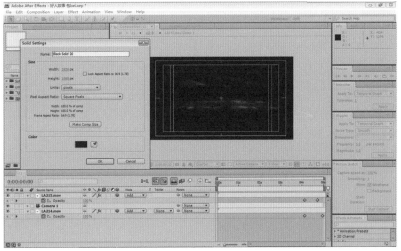

图 8-4-13

14 为固态层添加 Form 特效，如图 8-4-14 所示。

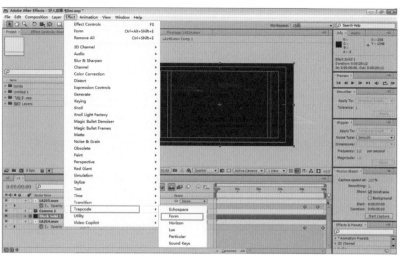

图 8-4-14

15 调整 Form 的 Base Form 基础参数和 Particle 粒子参数部分，如图 8-4-15 所示。

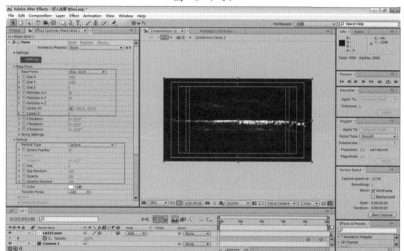

图 8-4-15

16 此时的粒子是白色，要为其制作纹理，使用 La215 动态素材，新建 Comp 并添加色相饱和度特效，如图 8-4-16 所示。

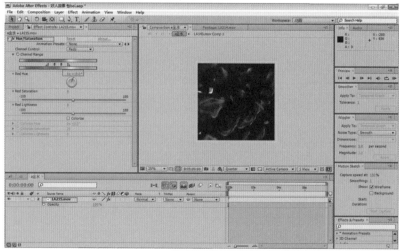

图 8-4-16

17 复制一层调整叠加方式，如图 8-4-17 所示。

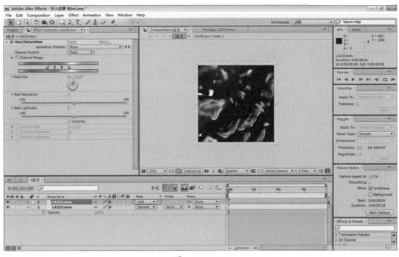

图 8-4-17

18 把刚才调整好的 A 金水 Comp 拖到 C1 合成里，如图 8-4-18 所示。

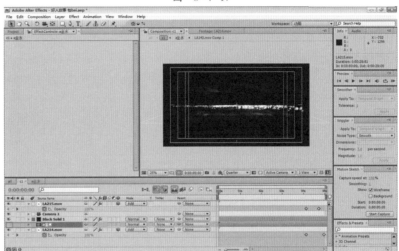

图 8-4-18

19 选择刚才添加 Form 的固态层，找到 Layer Maps 层贴图属性，如图 8-4-19 所示。

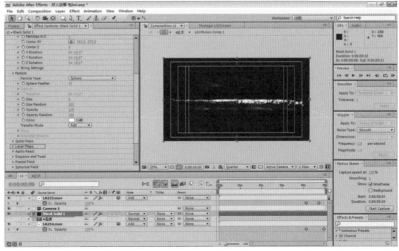

图 8-4-19

20 为其添加纹理,如图8-4-20所示。

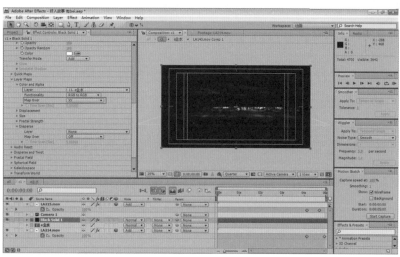

图 8-4-20

21 添加完成后,会发现粒子颜色发生了变化,接下来继续调整粒子的形态,提高粒子Disperse分散值,如图8-4-21所示。

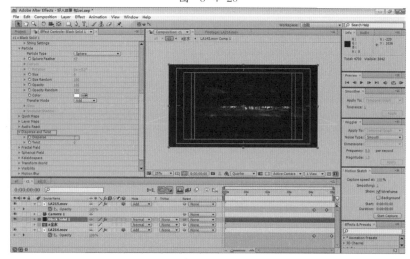

图 8-4-21

22 调整分形场和分形额度,如图8-4-22所示。

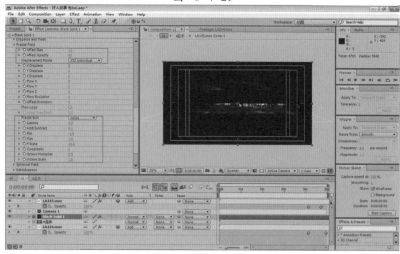

图 8-4-22

第 8 章　北京卫视整体包装栏目篇之好人故事

23 调整粒子的位移、缩放、旋转、偏移属性，以及运动模糊属性，如图 8-4-23 所示。

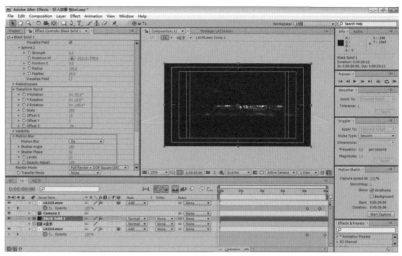

图 8-4-23

24 基本形态调整好后，需要设定尺寸动画（SizeX、Y）和粒子大小动画（Particle 中 Size），如图 8-4-24 所示。

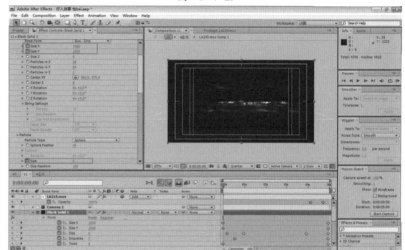

图 8-4-24

25 接下来需要设定分散动画、扭曲动画、分形场动画以及 Z 轴旋转动画。这些动画值在其原有参数上做一下偏移即可，需要根据我们的镜头动画去调整，参数并不固定。如图 8-4-25 所示。

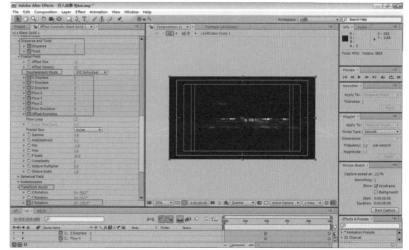

图 8-4-25

233

26 下面开始制作我们的主角之一指纹，调入指纹素材，如图 8-4-26 所示。

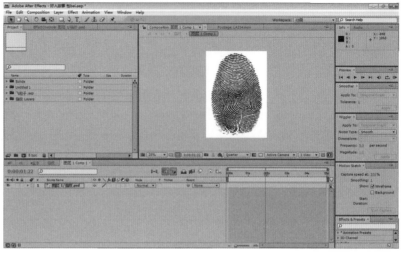

图 8-4-26

27 添加 Simple Choker 简易蒙板特效，如图 8-4-27 所示。

图 8-4-27

28 把 Choke Matte 阻塞蒙板参数调低以达到模糊纹理效果，如图 8-4-28 所示。

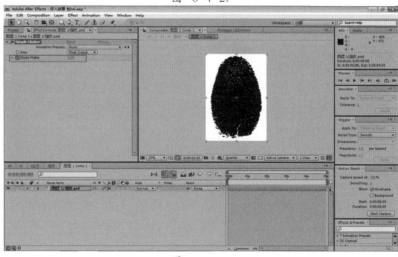

图 8-4-28

第 8 章 北京卫视整体包装栏目篇之好人故事

29 为其添加动画,以达到指纹由模糊到清晰的效果,如图 8-4-29 所示。

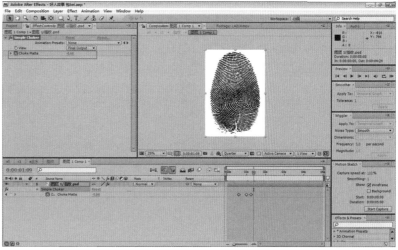

图 8-4-29

30 调入纹理素材如图 8-4-30 所示。

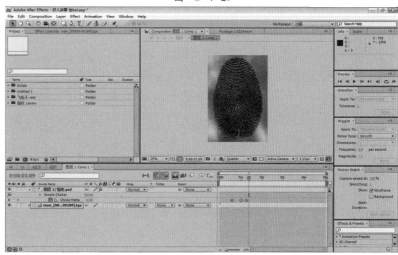

图 8-4-30

31 把指纹的叠加模式调整成 Stencil Alpha 通道蒙板模式,如图 8-4-31 所示。

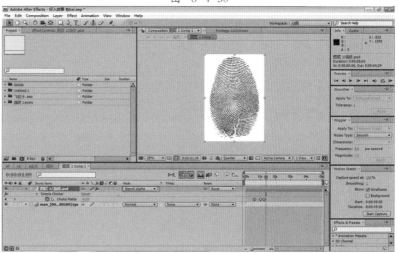

图 8-4-31

32 现在的 Comp 背景是白色，而最终合成的是暗调效果，所以不便于对比效果，所以需要把 comp 背景颜色调成黑色。在平时合成时也要多注意问题不同的背景带来感官效果是完全不同的。这也是为什么有时候在 Maya 里渲染效果感觉不错，但一调到 AE 里合成却发现完全不是一个感觉的原因。Maya 里基本都是黑色背景，和最终合成背景是完全不同的。在这也提醒大家在调材质时，多调到 AE 里预合成一下，如图 8-4-32 和图 8-4-33 所示。

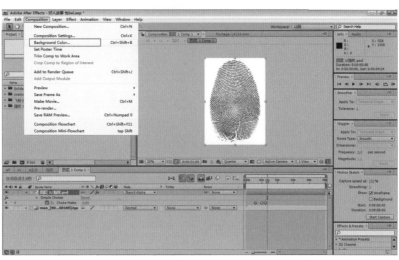

图 8-4-32

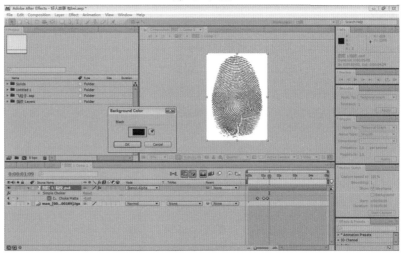

图 8-4-33

33 调成黑色背景效果如图 8-4-34 所示。

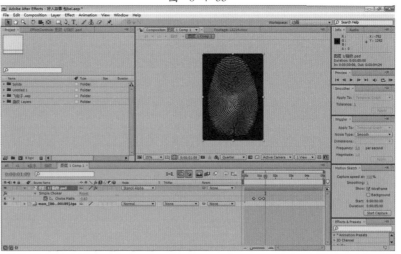

图 8-4-34

34 调入之前的 La215 粒子背景素材，并添加色相饱和度，特效更改叠加模式为 add，如图 8-4-35 所示。

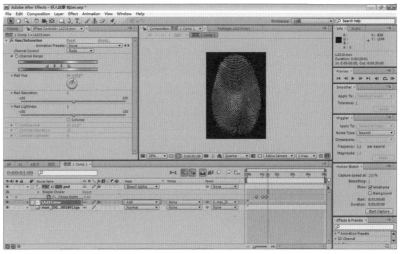

图 8-4-35

35 复制一层如图 8-4-36 所示。

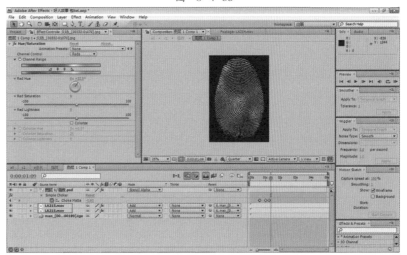

图 8-4-36

36 调入火动素材如图 8-4-37 所示。

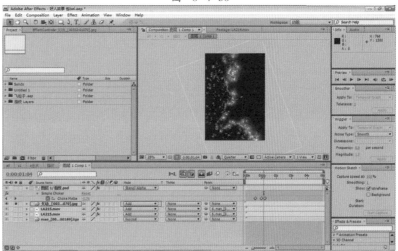

图 8-4-37

37 添加色相饱和度特效，如图 8-4-38 所示。

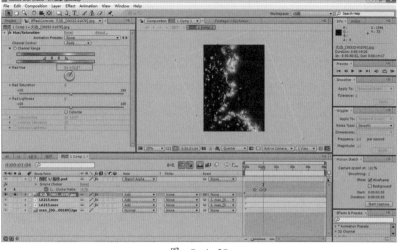

图 8-4-38

38 根据素材形态适当旋转一下，如图 8-4-39 所示。

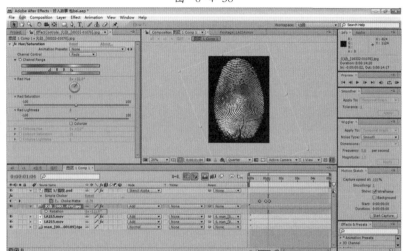

图 8-4-39

39 新建固态层并调整叠加模式为 Stencil Matte，如图 8-4-40 所示。

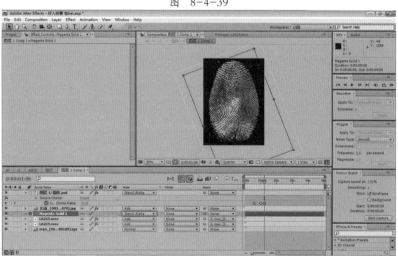

图 8-4-40

40 为了制作出指纹燃烧消失的效果，我们需要根据之前调入的火动的素材效果画Mask并制作Mask动画，如图8-4-41所示。

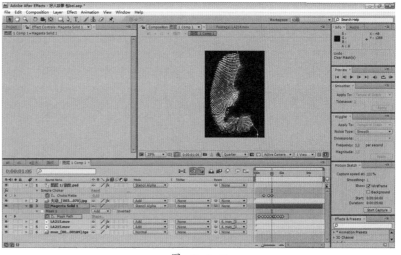

图 8-4-41

41 按快捷键<F>调出Mask Feather 羽化参数，适当提高羽化值，如图8-4-42所示。

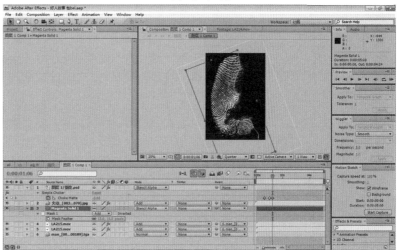

图 8-4-42

42 调入点素材为指纹添加光效。调整叠加模式为add，如图8-4-43所示。

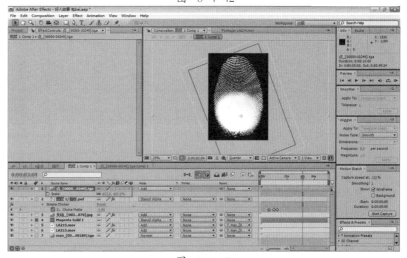

图 8-4-43

43 这里我们不需要一直有光效，所以在动画末尾为光效素材 k 渐隐出现的动画并根据素材效果 k 缩放动画，如图 8-4-44 所示。

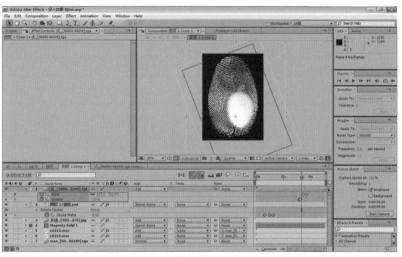

图 8-4-44

44 继续回到 Comp C1，选中指纹单击鼠标右键选择 Time → Time Reverse Layer 时间倒转，如图 8-4-45 所示。

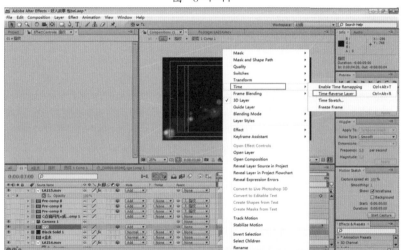

图 8-4-45

45 根据之前的摄像机动画调整指纹的相关动画，如图 8-4-46 所示。

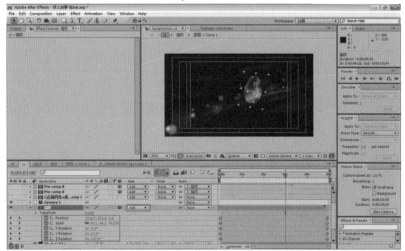

图 8-4-46

46 下面是添加文字，如图 8-4-47 所示。

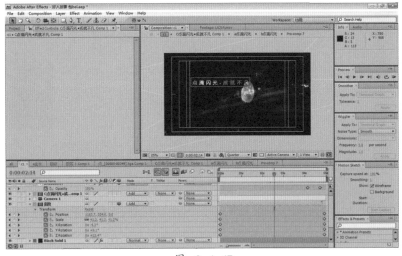

图 8-4-47

47 刚才看到的是文字的最终效果，接下来讲解如何制作这个文字动画，新建 Comp 输入文字，如图 8-4-48 所示。

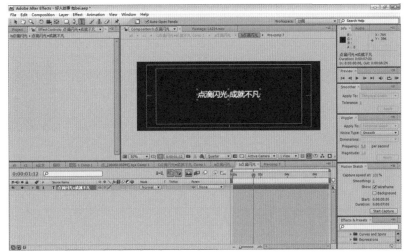

图 8-4-48

48 单击文字层 Text 后面的 Animate 动画属性点后面三角号，选择 Tracking 跟踪，如图 8-4-49 所示。

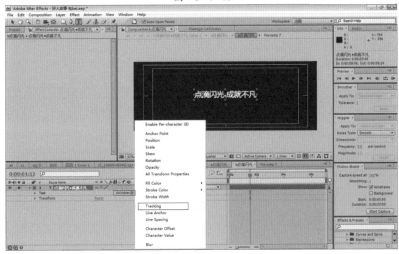

图 8-4-49

49 找到 Tracking Amount 跟踪额度适当的调整，调整它的时候会发现字间距产生了变化，如图 8-4-50 所示。

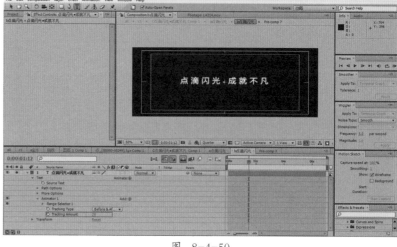

图 8-4-50

50 根据它会影响字间距的特性，为其 K 一个从小到大的动画，如图 8-4-51 所示。

图 8-4-51

51 接下来为其制作纹理制作，方法和制作指纹时方法相同，也可以复制过来进行微调即可，如图 8-4-52 所示。

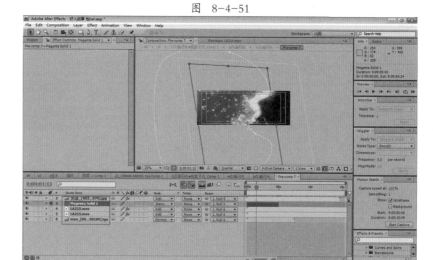

图 8-4-52

52 把调整好的纹理拖进来，因为不够亮，所以复制里一层，同时把文字层的叠加模式调整成 Stencil Matte 模式，如图 8-4-53 所示。

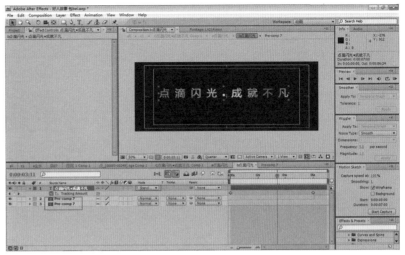

图 8-4-53

53 新建调节层，如图 8-4-54 所示。

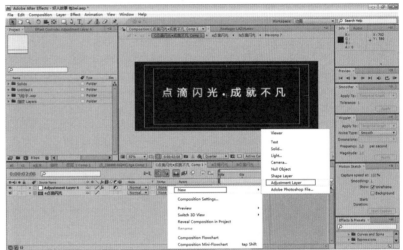

图 8-4-54

54 为其添加 Box Blur 盒形模糊，如图 8-4-55 所示。

图 8-4-55

55 为调节层添加 Mask 并根据之前的燃烧效果为其制作动画，这样刚开始出现的字便是模糊的，如图 8-4-56 所示。

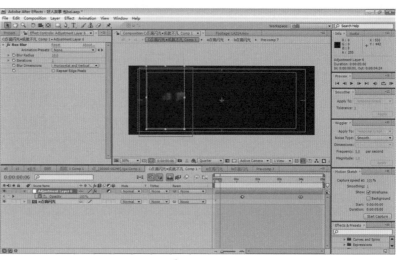

图 8-4-56

56 继续回到总 Comp C1 里，继续添加细节，即为画面添加粒子点缀，如图 8-4-57 所示。

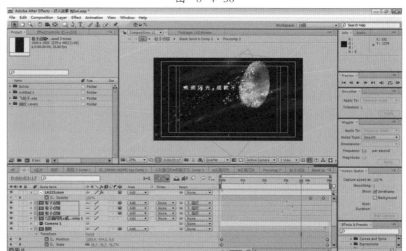

图 8-4-57

57 新建 1080×1920 大小的 Comp，如图 8-4-58 所示。

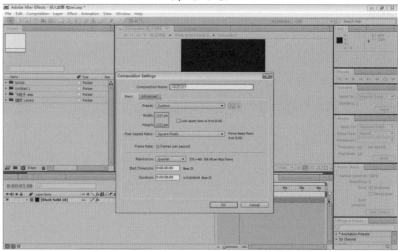

图 8-4-58

 新建固态层并为其添加 Particular 粒子特效，如图 8-4-59 所示。

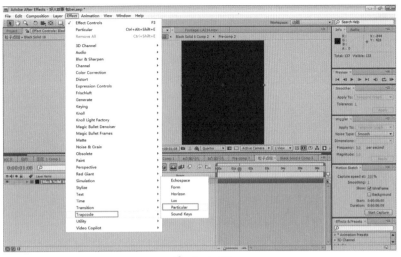

图 8-4-59

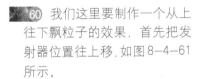 Particular 初始效果，如图 8-4-60 所示。

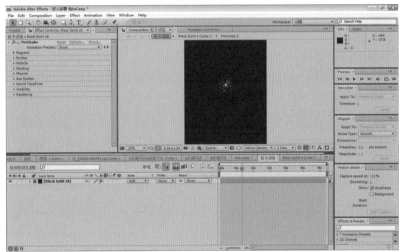

图 8-4-60

⑥ 我们这里要制作一个从上往下飘粒子的效果，首先把发射器位置往上移，如图 8-4-61 所示。

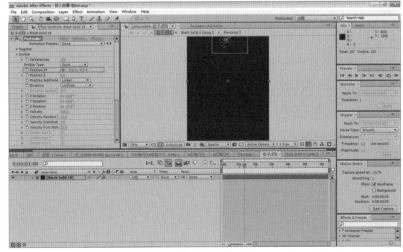

图 8-4-61

61 想让粒子往下来必须要有重力，与在 Maya 里制作粒子是一样的。这里我们把重力调高，如图 8-4-62 所示。

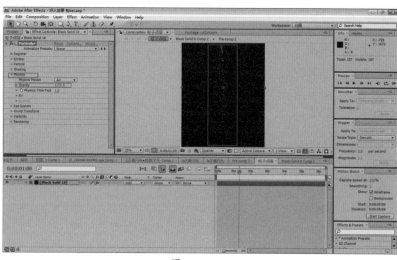

图 8-4-62

62 适当地调高一下空气阻力，如图 8-4-63 所示。

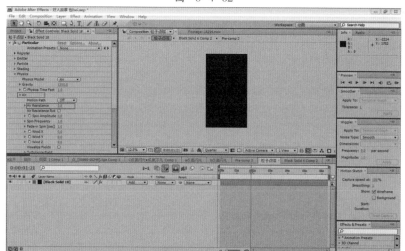

图 8-4-63

63 继续调整粒子形态，若粒子直着往下落则太呆板，这里可以让粒子有些旋转盘旋动画。可以勾选 Air Resistance Rot 空气阻力旋转，并将 Spin Amplitude 旋转幅度 Spin Frequency 旋转频率调高，如图 8-4-64 所示。

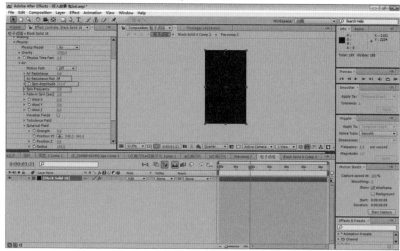

图 8-4-64

第8章 北京卫视整体包装栏目篇之好人故事

64 不需要让粒子无尽地发射，所以把发射数量 k 上衰减动画，如图 8-4-65 所示。

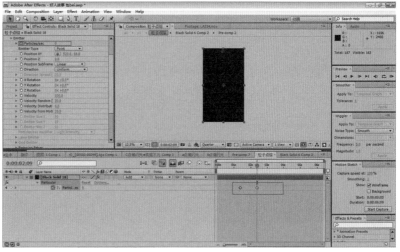

图 8-4-65

65 同时调整粒子生命值和生命随机值，与 Maya 粒子还是很像的，如图 8-4-66 所示。

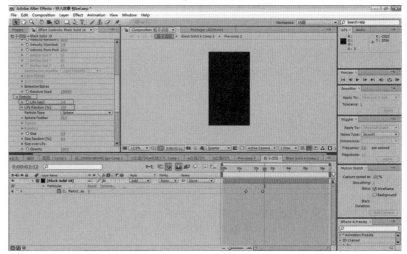

图 8-4-66

66 把粒子形态调整成 Sprite 并在 Texture Layer 确认调整好的粒子纹理，如图 8-4-67 所示。

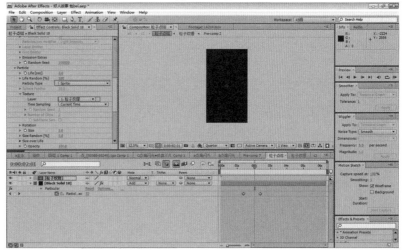

图 8-4-67

67 调整粒子大小和大小随机值、透明和透明随机值，并把叠加模式改成Add模式，如图8-4-68所示。

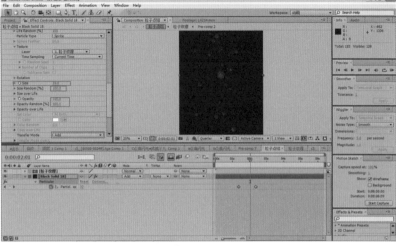

图 8-4-68

68 隐藏掉之前调入进来的粒子纹理如图8-4-69所示。

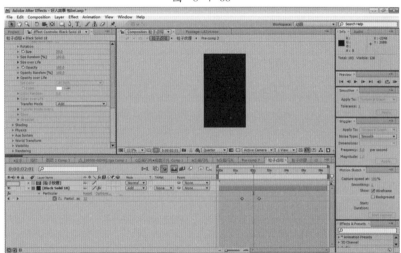

图 8-4-69

69 复制一层以提高度，并把叠加模式都调整成Add，如图8-4-70所示。

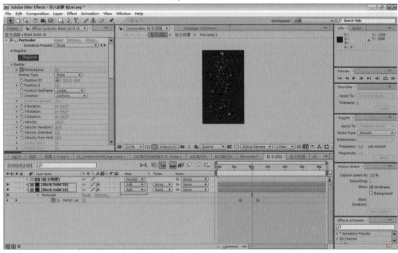

图 8-4-70

第8章 北京卫视整体包装栏目篇之好人故事

70 下面来调整粒子纹理，这里我们使用的是之前做指纹时的那个点光效素材，如图 8-4-71 所示。

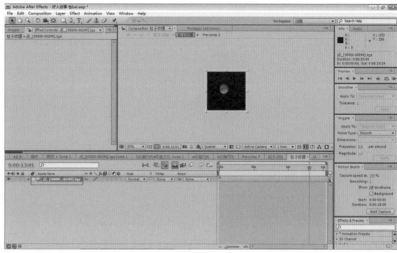

图 8-4-71

71 复制一层，修改叠加模式为 Hard Light，如图 8-4-72 所示。

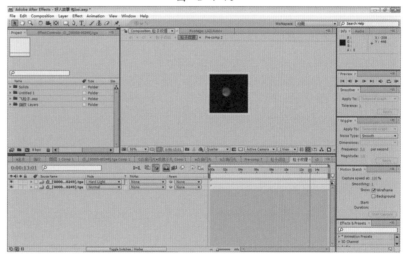

图 8-4-72

72 为其添加 Ramp 特效，如图 8-4-73 所示。

图 8-4-73

249

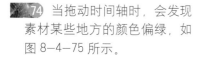 把开始颜色和结束颜色分别调整成黄色和橙黄色,如图 8-4-74 所示。

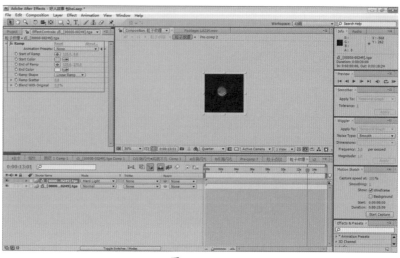

图 8-4-74

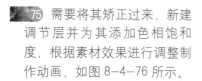 当拖动时间轴时,会发现素材某些地方的颜色偏绿,如图 8-4-75 所示。

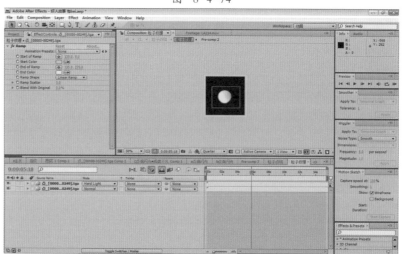

图 8-4-75

75 需要将其矫正过来,新建调节层并为其添加色相饱和度,根据素材效果进行调整制作动画,如图 8-4-76 所示。

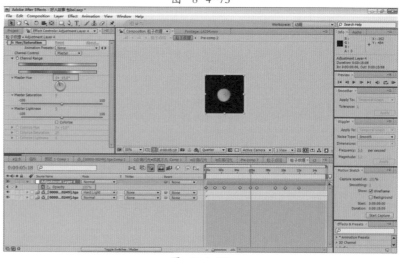

图 8-4-76

76 回到总合成，根据之前调整好的摄像及动画，调整粒子点缀的相关属性，如图8-4-77所示。

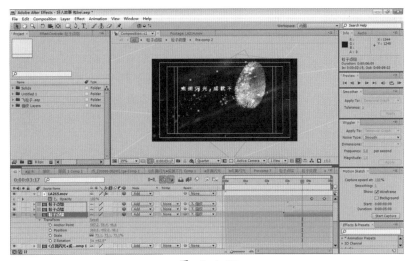

图 8-4-77

8.4.2 落版镜头合成

01 第一步和镜头一是一样先去"铺天盖地"，或者直接把之前调整好的复制过来，如图8-4-78所示。

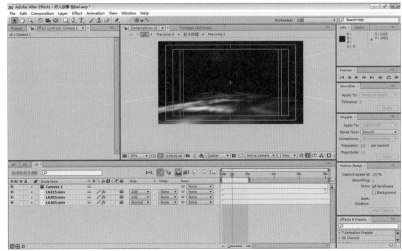

图 8-4-78

02 调入"主角"落版字，调入之后首先要去较色，以达到和片子色调相匹配的效果。这里较色可以使用Color Balance色彩平衡、Curve曲线、Hue\Saturation色相饱和度任选其一均能达到不错的效果。当然还有很多特效也都可以，这里就不一一指出了，如图8-4-79所示。

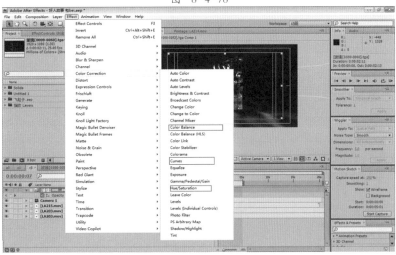

图 8-4-79

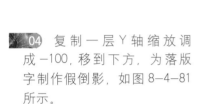 **03** 这里使用的是色彩平衡和Photoshop里的色彩平衡是一样的,如图8-4-80所示。

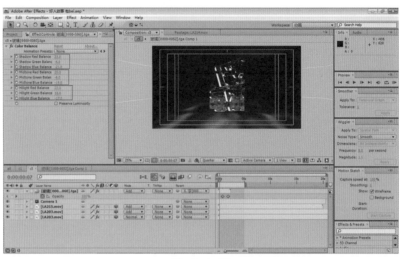

图 8-4-80

 **04** 复制一层Y轴缩放调成-100,移到下方,为落版字制作假倒影,如图8-4-81所示。

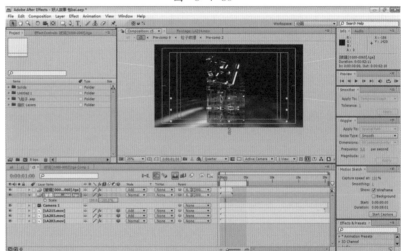

图 8-4-81

05 为倒影层添加Fast Blur快速模糊,如图8-4-82所示。

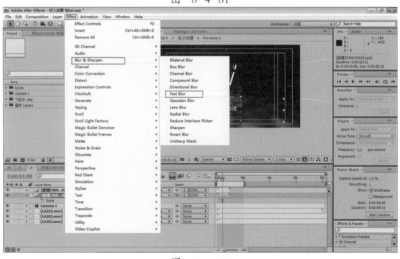

图 8-4-82

06 调高模糊强度，如图 8-4-83 所示。

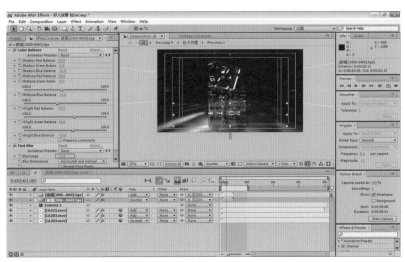

图 8-4-83

07 调入后面金属材质的落班字，如图 8-4-84 所示。

图 8-4-84

08 复制一层制作假倒影，如图 8-4-85 所示。

图 8-4-85

09 为玻璃字和金属字过渡衔接制作透明动画,如图8-4-86所示。

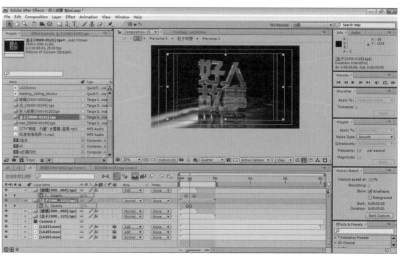

图 8-4-86

10 进一步调整金属字的质感。选择金属字层按快捷键<Ctrl+Shift+C>嵌套合成,然后调入之前渲染好的只有正面和倒角的黑白图,如图8-4-87所示。

图 8-4-87

11 复制金字层同时叠加模式调整为 Multiply 蒙板模式调整成 Luma Lnv 反向亮度模式,如图8-4-88所示。

图 8-4-88

第8章 北京卫视整体包装栏目篇之好人故事

12 复制金字层和黑白层，并把金字层的叠加模式调成 Add 蒙板模式调成 Luma 亮度模式，如图 8-4-89 所示。

图 8-4-89

13 选择刚才复制两层按快捷键 <Ctrl+Shift+C> 嵌套合成命名为金字正面，如图 8-4-90 所示。

图 8-4-90

14 复制金字正面，然后添加 Simple Choker 简易清除，如图 8-4-91 所示。

图 8-4-91

15 调整 Choke Matte，如图 8-4-92 所示。

图 8-4-92

16 为其添加 Fast Blur 快速模糊特效，如图 8-4-93 所示。

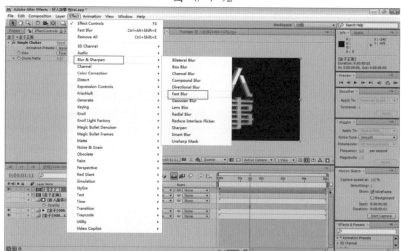

图 8-4-93

17 调高模糊强度，如图 8-4-94 所示。

图 8-4-94

第 8 章　北京卫视整体包装栏目篇之好人故事

18　下面把第二层金字正面的蒙板模式调整为 Alpha Inverted Matte 反向通道模式，如图 8-4-95 所示。

图 8-4-95

19　回到落版合成 comp c5 上，如图 8-4-96 所示。

图 8-4-96

20　按快捷键 <Ctrl+Y> 新建黑色固态层，并为其添加 Light Factory EZ 灯光工厂特效，如图 8-4-97 所示。

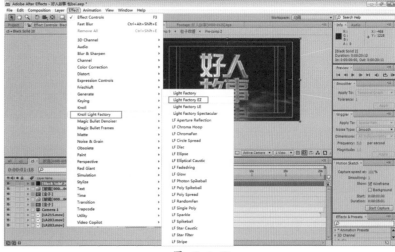

图 8-4-97

21 把固态层叠加模式调整成 Add，如图 8-4-98 所示。

图 8-4-98

22 把灯光工厂特效的灯光类型调成 Sunset 太阳光模式，如图 8-4-99 所示。

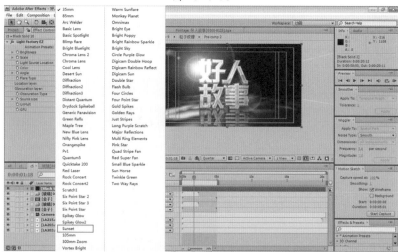

图 8-4-99

23 调整光源位置以及大小强度，如图 8-4-100 所示。

图 8-4-100

㉔ 现在的光心太强，所以需要为其添加 Fast Blur 快速模糊特效，如图 8-4-101 所示。

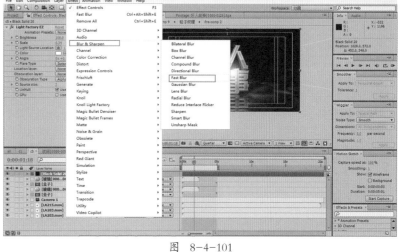

图 8-4-101

㉕ 为光源制作位移以及强弱动画，以增加动画细节，如图 8-4-102 所示。

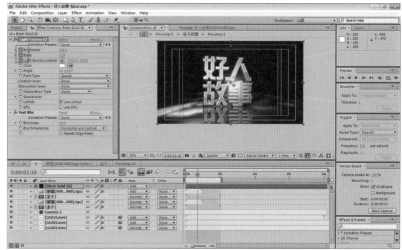

图 8-4-102

㉖ 新建固态层，并为其添加 Form 特效，如图 8-4-103 所示。

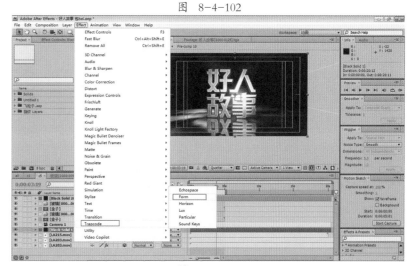

图 8-4-103

27 接下来调整基本参数和粒子参数，如图8-4-104所示。

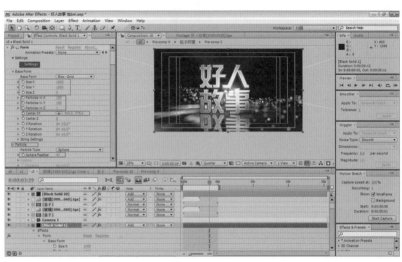

图 8-4-104

28 继续调整粒子大小、透明度、纹理、分散扭曲、分形场等一系列参数，如图8-4-105～图8-4-109所示。

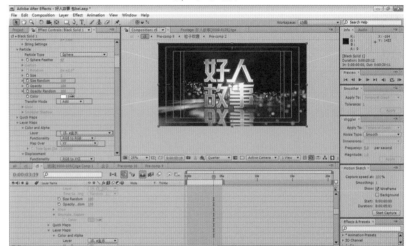

图 8-4-105

图 8-4-106

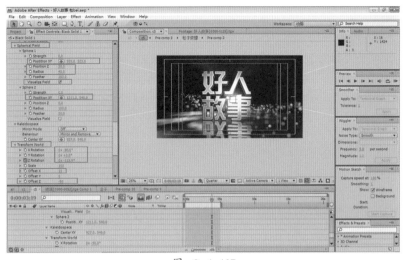

图 8-4-107

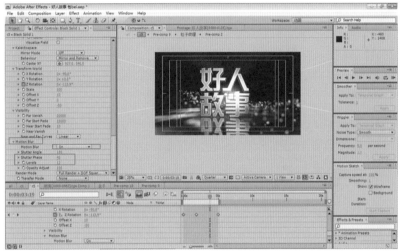

图 8-4-108

图 8-4-109

29 复制一层，适当地调整粒子位置和形态，如图 8-4-110 所示。

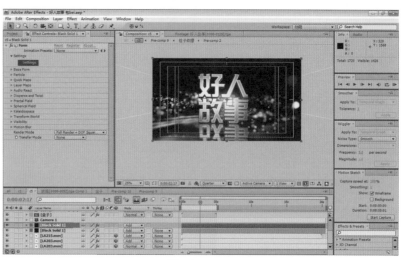

图 8-4-110

30 添加一些前景粒子为画面补充细节，如图 8-4-111 所示。

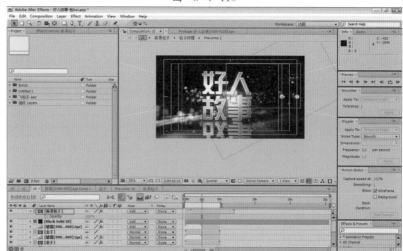

图 8-4-111

31 这里的前景粒子制作方法和之前镜头一里粒子点缀的制作方法完全相同，如图 8-4-112 所示。

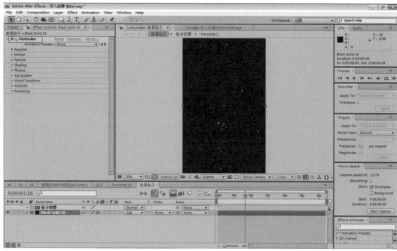

图 8-4-112

32 复制一层为其添加快速模糊,适当提高模糊值,如图 8-4-113 所示。

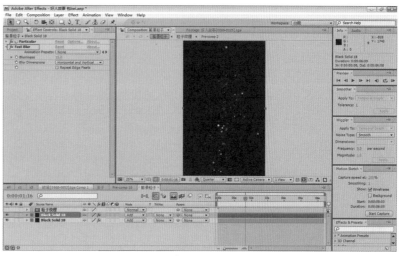

图 8-4-113

33 落版镜头的合成制作完成,其他镜头的合成方法与这两个镜头的合成方法完全相同,一定要理清思路,先铺出大形再去一点点添加细节,如图 8-4-114 所示。

图 8-4-114

第9章 北京卫视整体包装栏目篇之好梦剧场

本案例的重点和特点

- 创意的绘制方法
- 常用元素模型的快速创建
- 丝带动画的制作

制作内容

- 使用 photoshop 绘制创意图
- 元素和丝带的创建
- 运用 After Effects 后期合成

第 9 章 北京卫视整体包装栏目篇之好梦剧场

9.1 创意思路

《好梦剧场》是北京卫视晚间播出的一档剧场类栏目，主要播放电视剧。根据北京卫视的口号"天涯共此时"，将北京卫视栏目分为早、中、晚三档剧场类栏目。"好梦"寓意有美好幸福的象征，一般夜晚都进入梦乡剧以"好梦"为名称。

本片主要以星星月亮为主体元素晚间的象征，借以金粉粒子贯穿夜晚灯火霓虹的城市并用霓虹灯光衬托，将画面演绎的美轮美奂充满幻想，最后用丝绸带出定版好梦剧场，为北京卫视剧场类栏目增添几分神秘色彩，如图 9-1-1 所示。

图 9-1-1

9.2 创意分镜头的制作

01 使用 Photoshop 绘制创意稿，执行"文件"→"新建"命令（快捷键 <Ctrl+N>）新建文件，画面设置宽 2500 像素，高 576 像素，分辨率 72 像素，颜色 RGB8 位，如图 9-2-1 和图 9-2-2 所示。

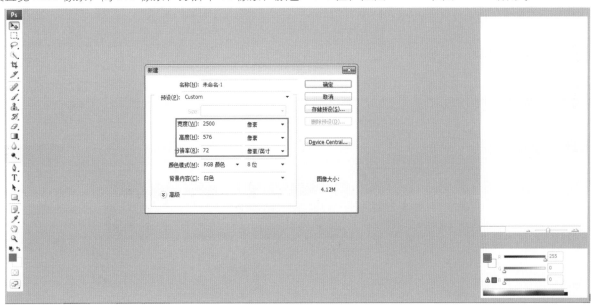

图 9-2-1

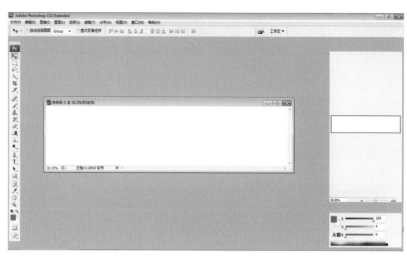

图 9-2-2

02 新建一个图层，单击右下角标记处新建图层（快捷键 <Ctrl+Shift+N>），将背景填充为黑色，按快捷键 <Alt+Delete> 前景填充，如图 9-2-3 所示。

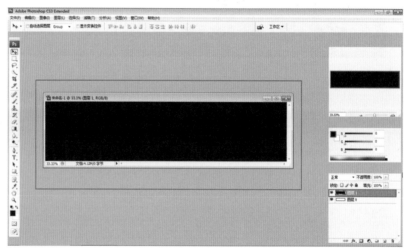

图 9-2-3

03 将背景元素导入放置创意中，如图 9-2-4 所示。

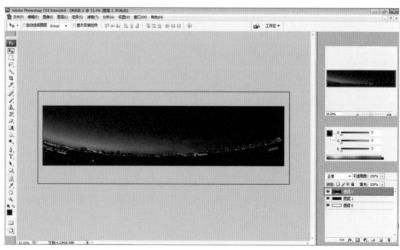

图 9-2-4

第 9 章　北京卫视整体包装栏目篇之好梦剧场

04 将楼贴图元素导入放置创意中，图层模式均改为滤色，如图 9-2-5 和 9-2-6 所示。

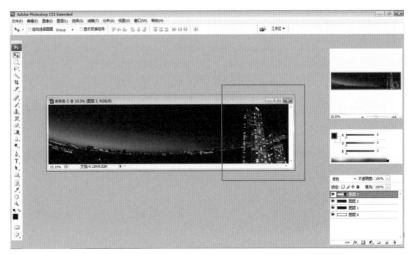

图　9-2-5

图　9-2-6

05 将"光柱"素材导入创意中，同上图层模式改为滤色如图 9-2-7 和图 9-2-8 所示。

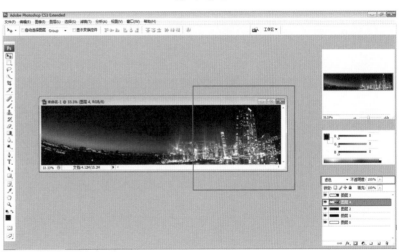

图　9-2-7

267

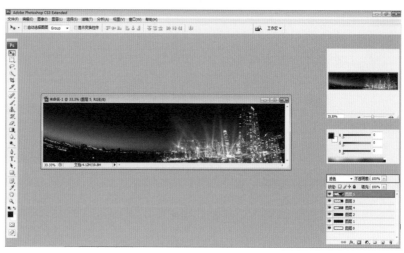

图 9-2-8

06 将光斑素材导入创意中，图层模式改为滤色，如图9-2-9所示。

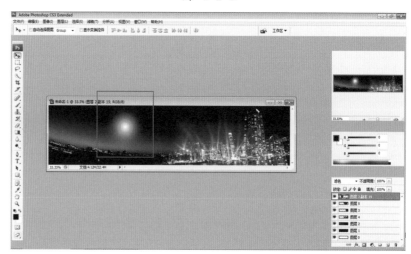

图 9-2-9

07 将"光斑"放置一个组中导入创意中，并在图层面板中选择复制组命令，复制一层放置"光斑"组，如图9-2-10和图9-2-11所示。

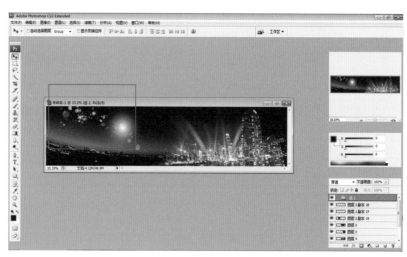

图 9-2-10

第 9 章 北京卫视整体包装栏目篇之好梦剧场

图 9-2-11

08 将"前楼"放置一个组中，导入创意中放置，如图 9-2-12 所示。

图 9-2-12

09 将"星星"素材导入放置如图 9-2-13 所示位置，复制一组放置并将图层模式改为滤色，不透明度为 89％，如图 9-2-14 和图 9-2-15 所示。

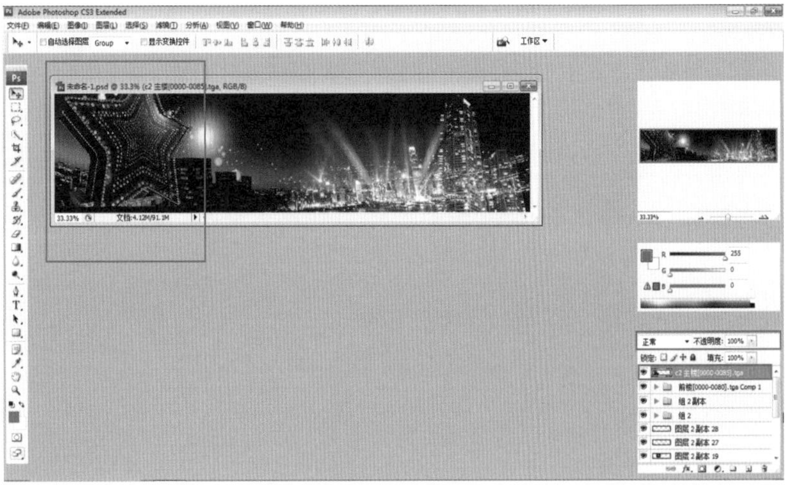

图 9-2-13

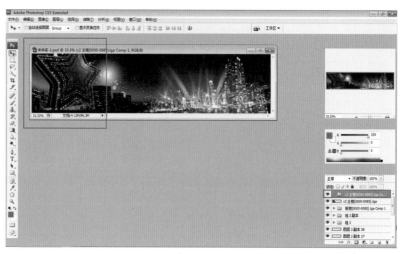

图 9-2-14

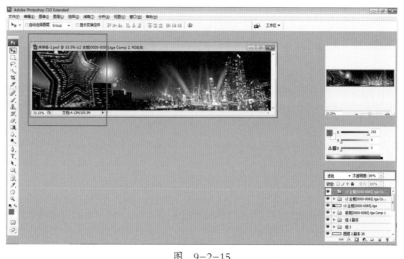

图 9-2-15

10 将"光"组素材放置在创意图层上面,如图9-2-16所示。

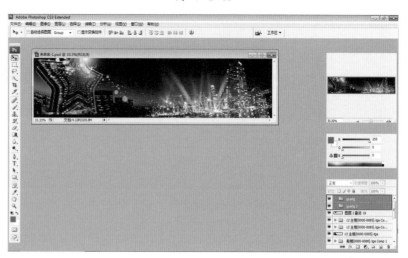

图 9-2-16

11 将"光斑"素材调整位置放置在"星星"元素上面,如图 9-2-17 所示。

图 9-2-17

12 将"星空"素材导入放置,并复制一层"星空"素材,将图层模式均改为线性减淡,如图 9-2-18 和图 9-2-19 所示。

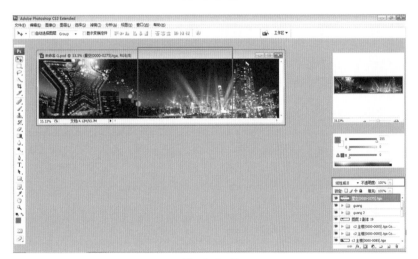

图 9-2-18

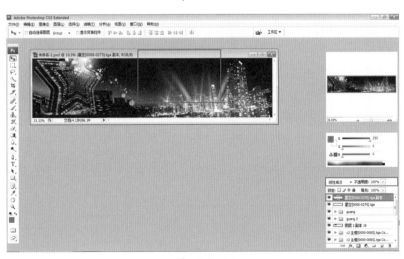

图 9-2-19

13 将定版"绸带"素材导入创意稿中放置画面中间位置，如图 9-2-20 所示。

图 9-2-20

14 将"灯"素材打个组，放置图中图层模式改为线性减淡，并选择图层面板中复制组命令复制图层模式，同上放置，如图 9-2-21～图 9-2-23 所示。

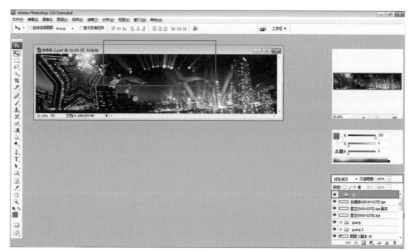

图 9-2-21

图 9-2-22

第 9 章　北京卫视整体包装栏目篇之好梦剧场

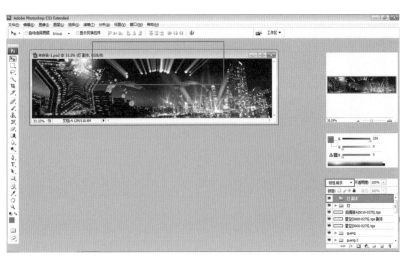

图　9-2-23

(15) 将三维中渲染的定版字素材导入创意稿中，放置画面中间位置，如图 9-2-24 所示。

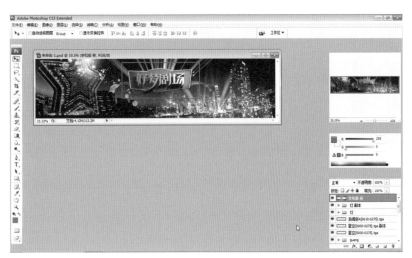

图　9-2-24

(16) 将"霓虹灯"素材导入，放置定版字位置如图 9-2-25 所示。

图　9-2-25

17 将前面"丝绸"元素的定版字素材放置在如图9-2-26所示的位置。

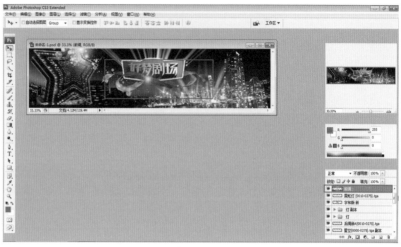

图 9-2-26

18 将"楼前面"素材导入，放置在如图9-2-27所示的位置。

图 9-2-27

19 将左面"灯柱"素材导入，放置在如图9-2-28所示的位置，图层模式改为线性，减淡复制图层，放置在如图9-2-29所示的位置。

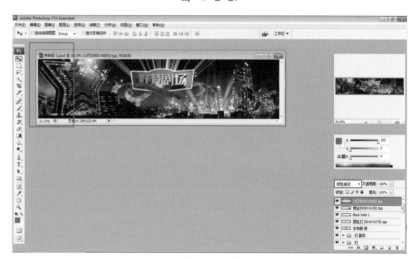

图 9-2-28

第 9 章　北京卫视整体包装栏目篇之好梦剧场

图　9-2-29

20 将动态金粉单帧导入，并放置星星素材，位置如图 9-2-30 所示。

图　9-2-30

9.3 模型搭建和材质调节

9.3.1 模型搭建

01 打开 Photoshop，新建 1000×1000 的工程，如图 9-3-1 所示。

图　9-3-1

02 打开形状工具,如图9-3-2所示。

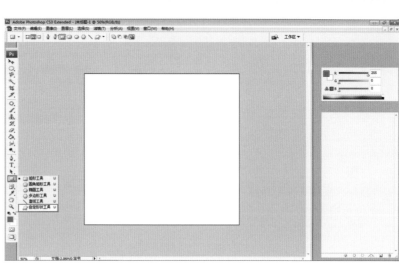

图 9-3-2

03 单击五角星图标,如图9-3-3所示。

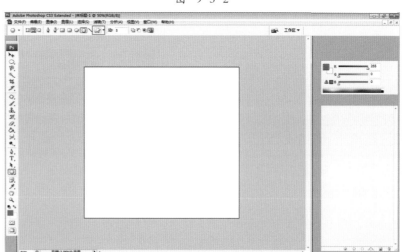

图 9-3-3

04 单击形状后面的小三角,如图9-3-4所示。

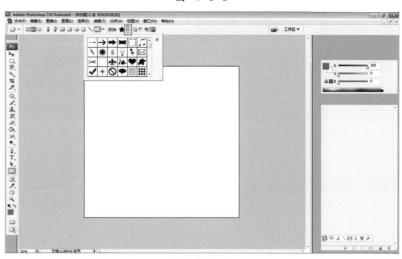

图 9-3-4

第 9 章　北京卫视整体包装栏目篇之好梦剧场

05 再单击下拉菜单里的小三角，然后选择全部，如图9-3-5所示。

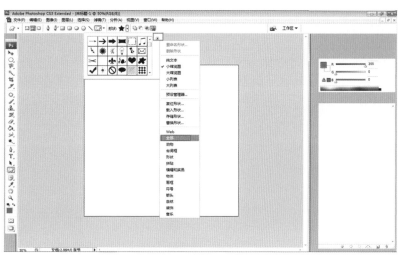

图 9-3-5

06 从列表中寻找需要的形状，如图 9-3-6 所示。

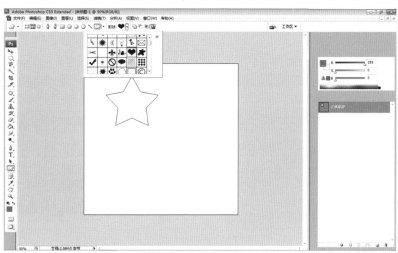

图 9-3-6

07 画好需要的形状后，打开文件菜单找到导出，然后单击路径到 llustrator，如图 9-3-7 所示。

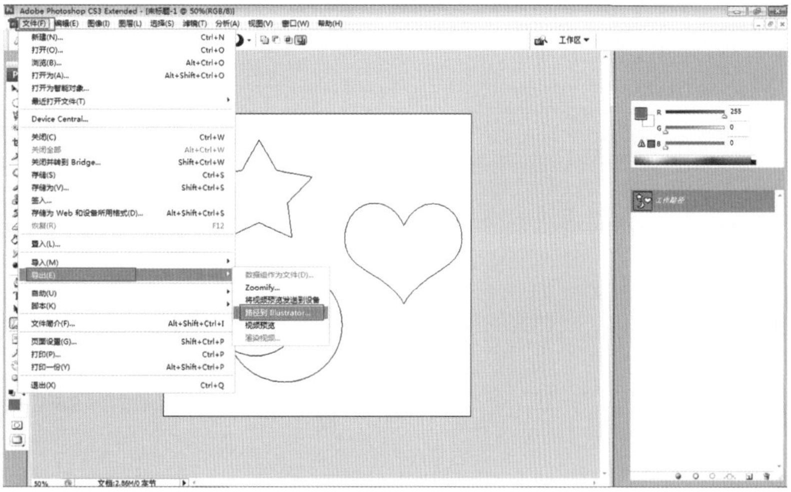

图 9-3-7

277

08 将文字命名，如图 9-3-8 所示。

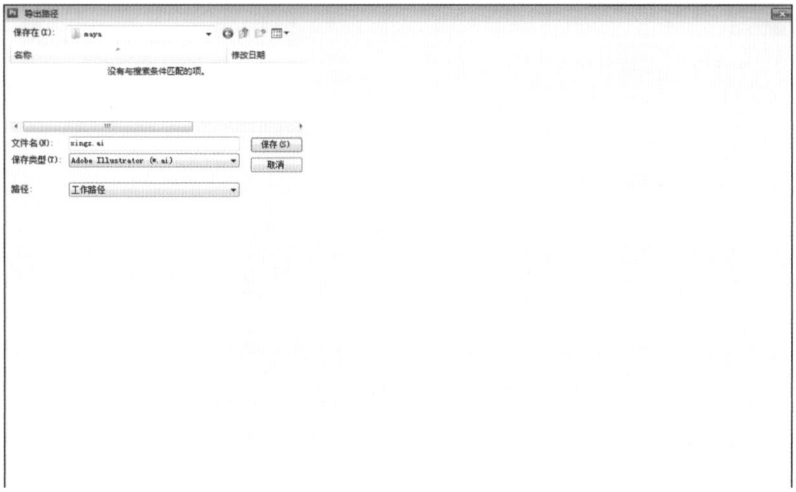

图 9-3-8

09 打开 Maya，单击 Create → Adobe Ilustrator Object 后面的方块，如图 9-3-9 所示。

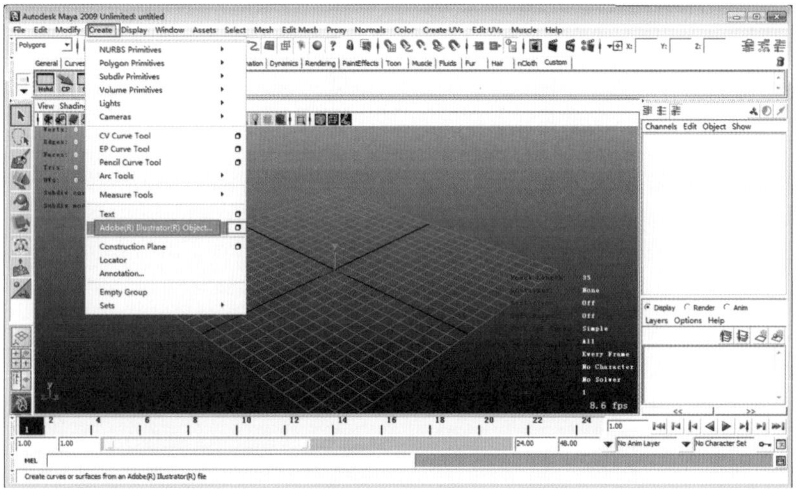

图 9-3-9

10 选择 Curves 曲线类型，如图 9-3-10 所示。

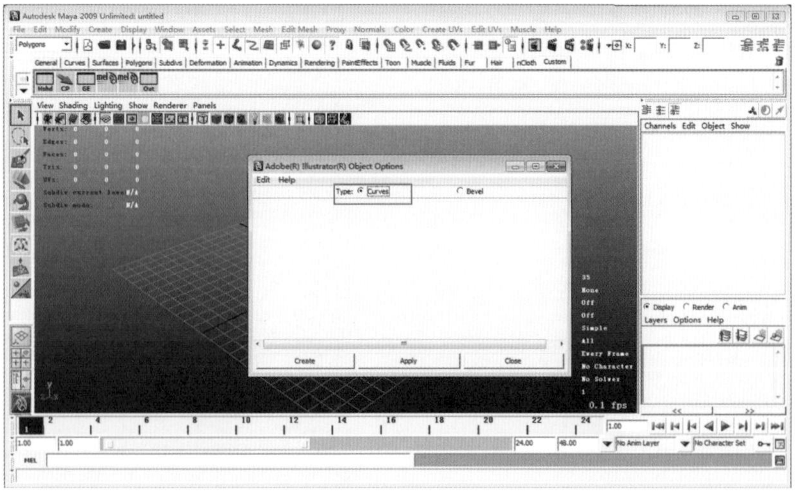

图 9-3-10

第 9 章　北京卫视整体包装栏目篇之好梦剧场

11 选择刚才存储好的 AI 路径，如图 9-3-11 所示。

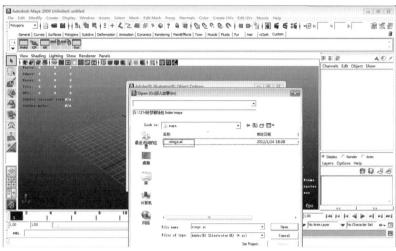

图　9-3-11

12 导入后效果如图 9-3-12 所示。

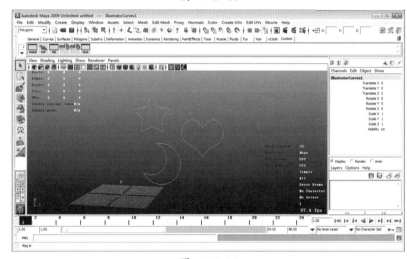

图　9-3-12

13 这时候读者会发现导入的曲线非常硬，如图 9-3-13 所示。

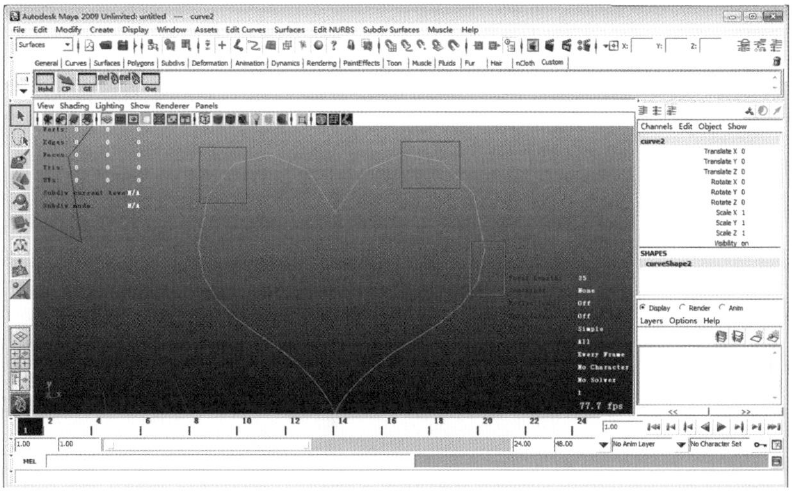

图　9-3-13

14 切换到 Surface 菜单，如图 9-3-14 所示。

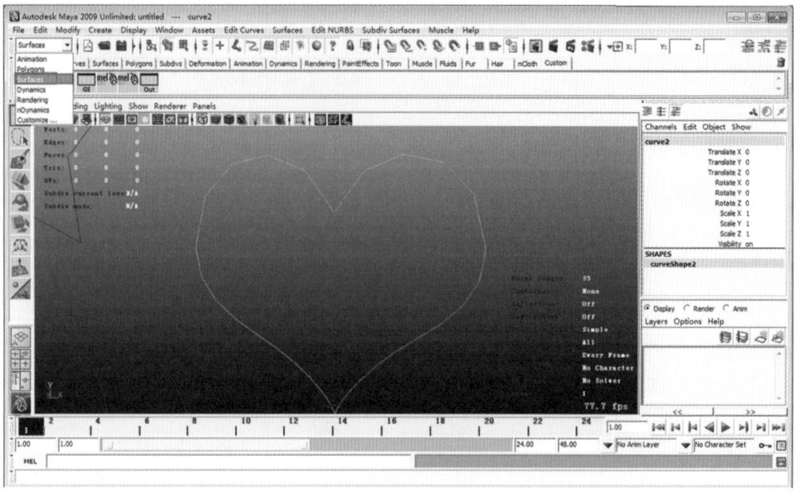

图 9-3-14

15 单击 Edit Curves → Rebuild Curve，重建曲线后面的方块如图 9-3-15 所示。

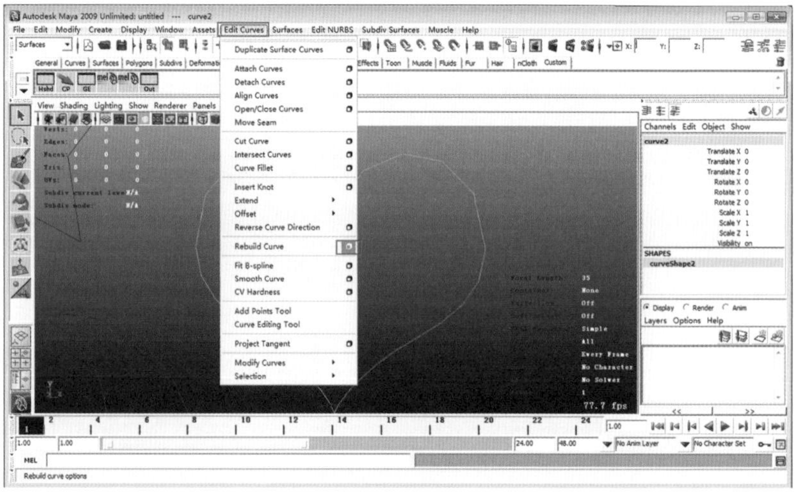

图 9-3-15

16 提高点数为 12（也可以更高一些），如图 9-3-16 所示。

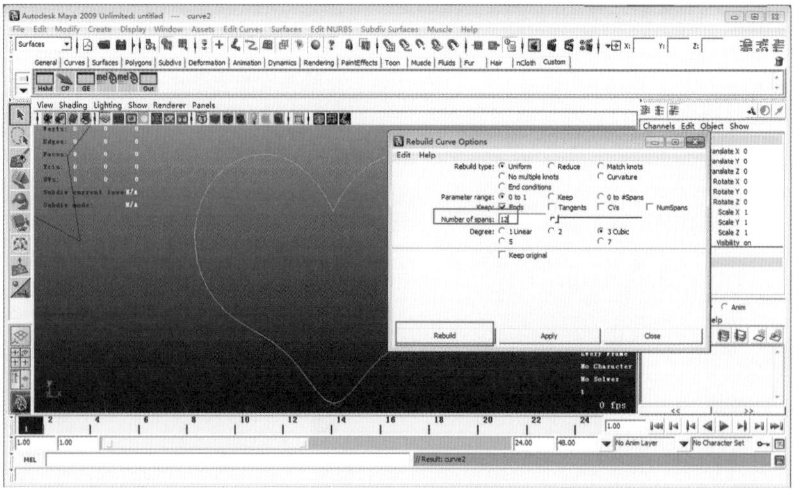

图 9-3-16

17 对其他曲线也进行同样的操作，如图 9-3-17 所示。

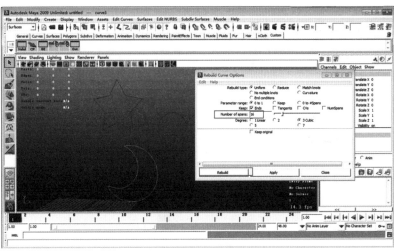

图 9-3-17

18 重建后的心形曲线有些变形，如图 9-3-18 所示。

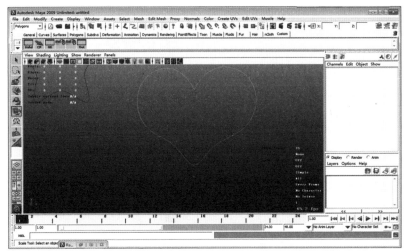

图 9-3-18

19 切换到点模式，然后选择下部两点，如图 9-3-19 所示。

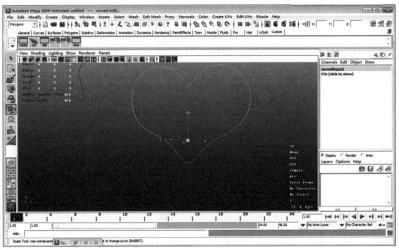

图 9-3-19

20 把两点 x 轴距离缩放并往下移，如图 9-3-20 所示。

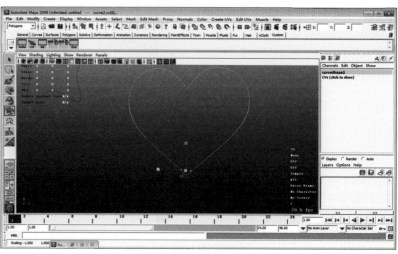

图 9-3-20

21 选择 Surfaces → Bevel Plus 倒角命令后面的方块，如图 9-3-21 所示。

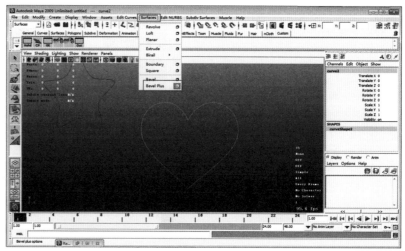

图 9-3-21

22 选择 Edit → Reset Settings 重置一下设置，如图 9-3-22 所示。

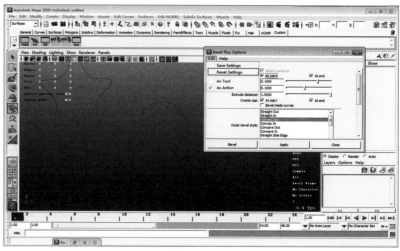

图 9-3-22

第 9 章　北京卫视整体包装栏目篇之好梦剧场

23 将 Extrude Distance 挤出厚度提高为 1，倒角模式为 Convex Out 外凸模式，如图 9-3-23 所示。

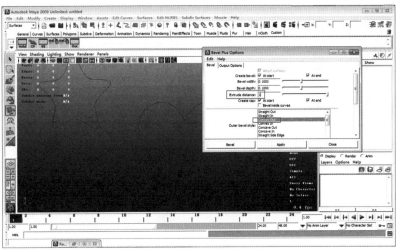

图 9-3-23

24 切换选项卡，选择 Polygon 模式下的 Sampling 模式，如图 9-3-24 所示。

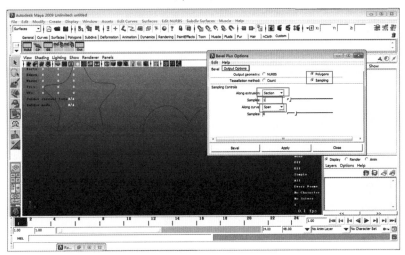

图 9-3-24

25 选择两条倒角环形边，按 <Shift> 键 + 右键选择 Delete Edge 删除边命令，如图 9-3-25 所示。

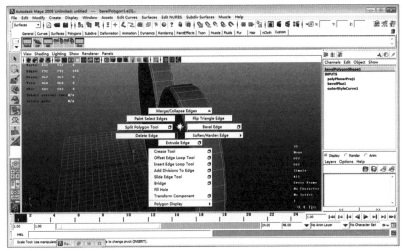

图 9-3-25

26 选择剩下的两条环形边，如图 9-3-26 所示。

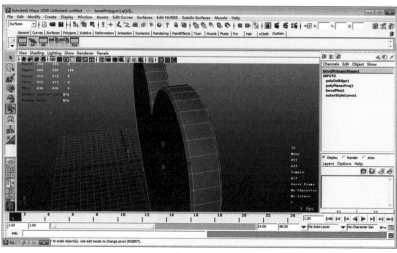

图 9-3-26

27 将 Z 轴向缩放为 0，如图 9-3-27 所示。

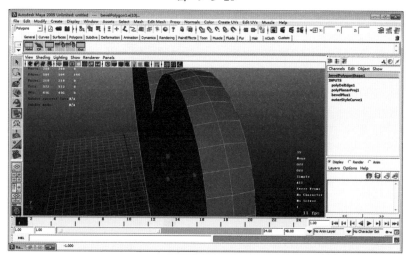

图 9-3-27

28 虽然现在感觉是一条线了，但其实还是两条所以需要合并一下点，单击 Merge 命令，如图 9-3-28 所示。

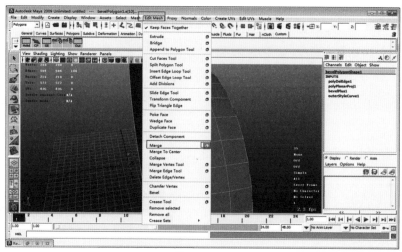

图 9-3-28

29 将设置最后都重置一下，如图 9-3-29 所示。

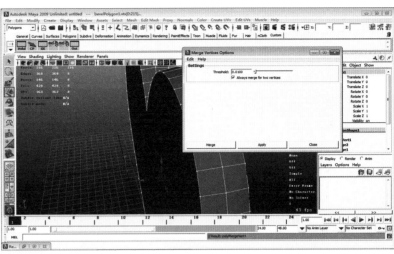

图 9-3-29

30 合并后添加 Smooth 命令，如图 9-3-30 所示。

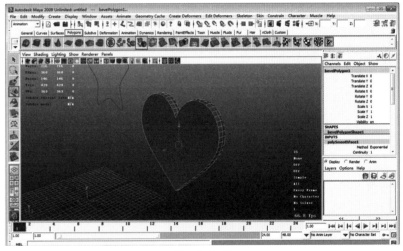

图 9-3-30

31 把 Divisions 细分级别调为 2，如图 9-3-31 所示。

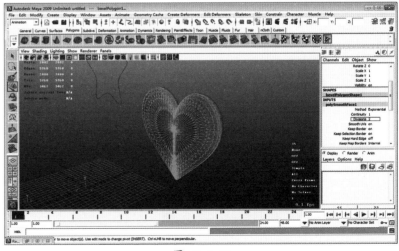

图 9-3-31

32 按上述方法，将其他模型摆成我们需要的形状，如图 9-3-32 所示。

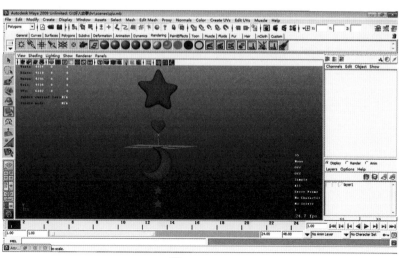

图 9-3-32

9.3.2 窗帘材质制作

01 使用第 8 章讲到的方法，创建 Mental Ray 的 Dielectric Material 电介材质或者是玻璃材质，如图 9-3-33 所示。

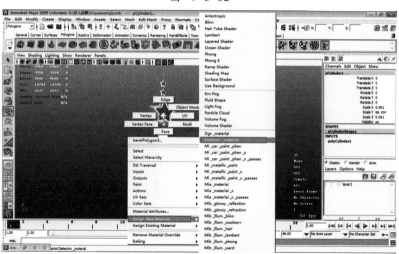

图 9-3-33

02 把材质赋予给模型，如图 9-3-34 所示。

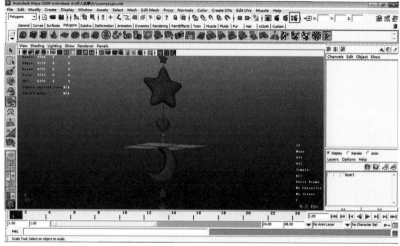

图 9-3-34

第9章 北京卫视整体包装栏目篇之好梦剧场

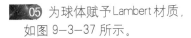
打开渲染设置，切换到 Mental Ray 渲染器，打开 Indrect Lighting 选项卡，勾选 Final Gathering，如图 9-3-35 所示。

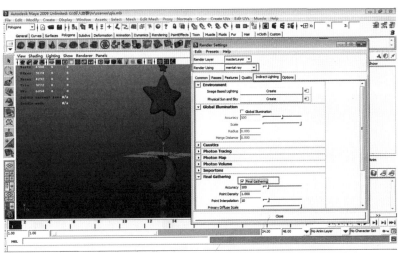

图 9-3-35

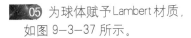
创建一个球体，放大作为环境球，如图 9-3-36 所示。

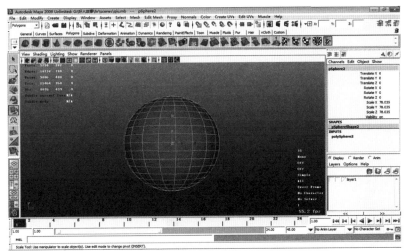

图 9-3-36

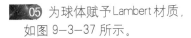
为球体赋予 Lambert 材质，如图 9-3-37 所示。

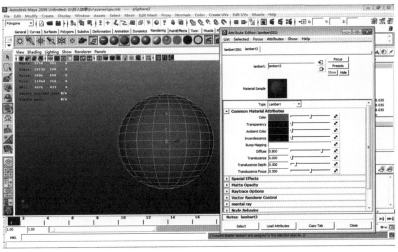

图 9-3-37

287

06 单击 Color 后面的棋盘格，弹出纹理节点菜单，如图 9-3-38 所示。

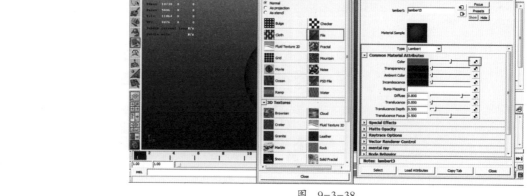

图 9-3-38

07 找到准备好的城市环境贴图，如图 9-3-39 所示。

图 9-3-39

08 打开球体属性栏，找到 Render Stats 渲染属性，取消勾选 Primary Visbity 主渲染，如图 9-3-40 所示。

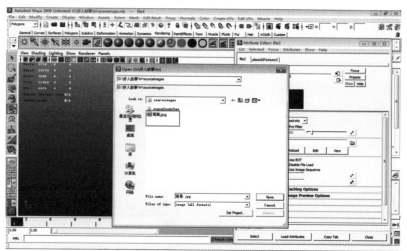

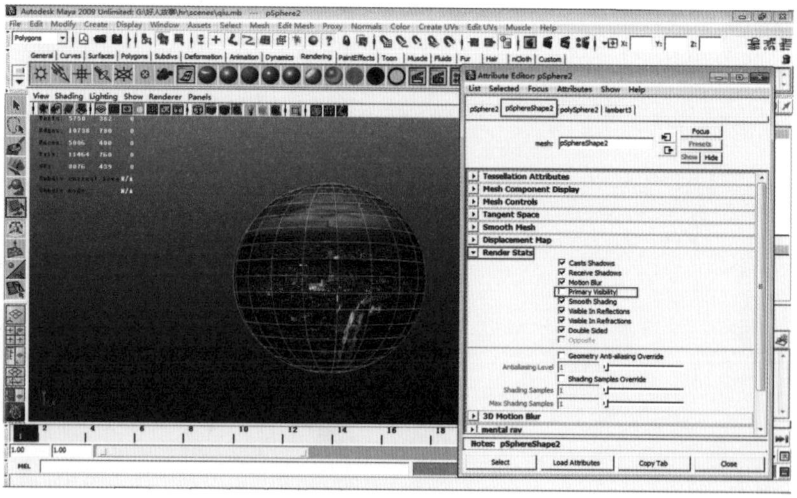

图 9-3-40

第 9 章　北京卫视整体包装栏目篇之好梦剧场

09 打开材质编辑器，把刚才的城市贴图拖到 Ambient Color 环境光上，如图 9-3-41 所示。

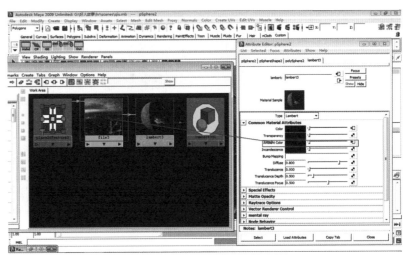

图　9-3-41

10 目前的渲染效果有些暗，如图 9-3-42 所示。

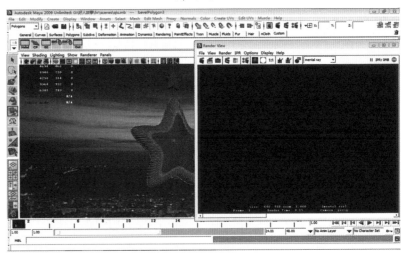

图　9-3-42

11 打开帘子的材质属性，找到 Index of Refraction 折射指数，并提高其数值，如图 9-3-43 所示。

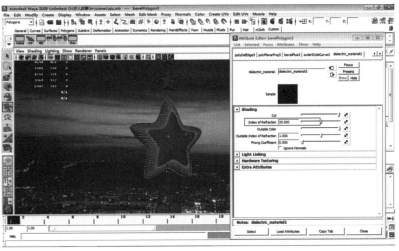

图　9-3-43

12 这样就制作完成帘子材质了，最终的玻璃效果我们会在 AE 中处理，如图 9-3-44 所示。其他的楼群模型和材质可以参照其他章节如第 5 章、第 6 章的制作方法，这里就不再重复讲解了。

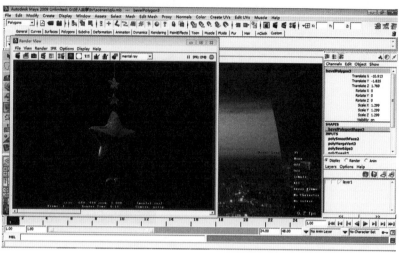

图 9-3-44

9.3.3 丝带模型制作

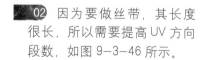

01 创建 Nurb 平面，如图 9-3-45 所示。

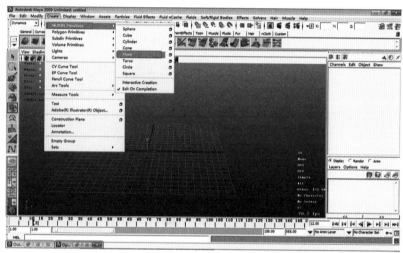

图 9-3-45

02 因为要做丝带，其长度很长，所以需要提高 UV 方向段数，如图 9-3-46 所示。

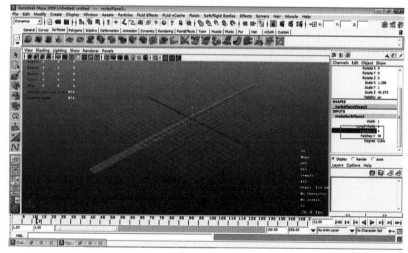

图 9-3-46

03 切换到 Dynamics 动力学菜单下，如图 9-3-47 所示。

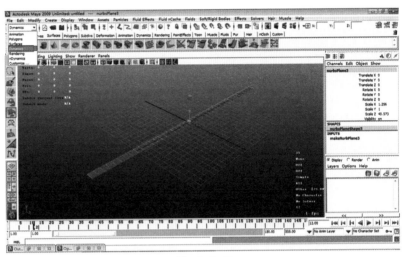

图 9-3-47

04 单击 Soft/Rigid Bodies 柔体刚体下的 Create Soft Body 柔体后面的方块，如图 9-3-48 所示。

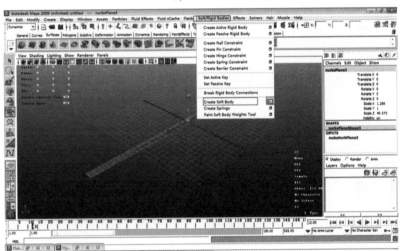

图 9-3-48

05 创建类型选择第二项，并勾选后两项，以及把权重值调为 0，如图 9-3-49 所示。

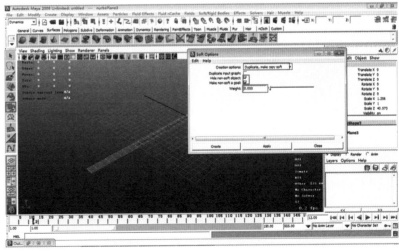

图 9-3-49

06 为柔体创建扰乱场，如图9-3-50所示。

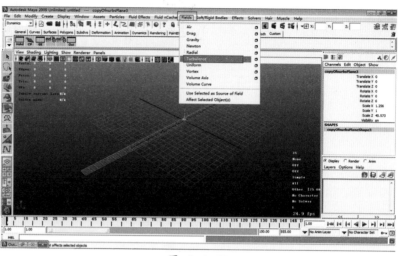

图 9-3-50

07 打开扰乱场属性，把Attention衰减调为0，如图9-3-51所示。

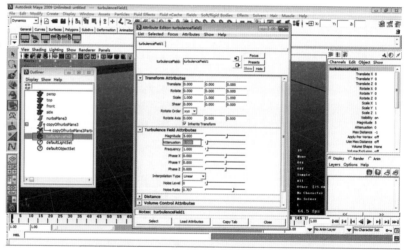

图 9-3-51

08 单击播放键进行解算，如图9-3-52所示。

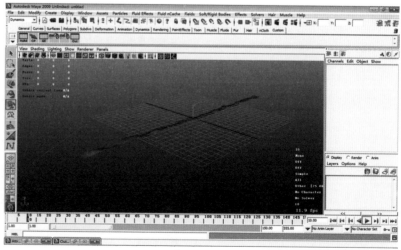

图 9-3-52

09 找到形态稍微有些变化的一帧，复制曲面，如图 9-3-53 所示。

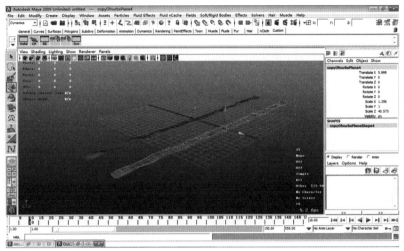

图 9-3-53

10 复制的时候会把柔体产生的粒子也一同复制了，所以将多余的粒子删除，如图 9-3-54 所示。

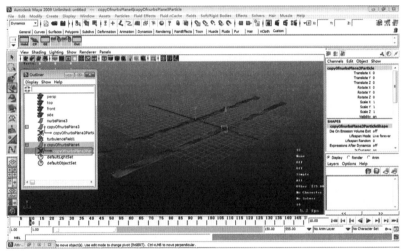

图 9-3-54

11 根据我们的落版镜头创建曲线，这里只是为了讲解演示所以先大致的画出一个弧形，如图 9-3-55 所示。

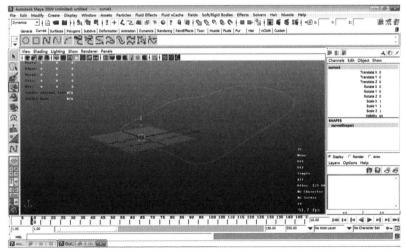

图 9-3-55

12 选择我们刚才复制好的曲面，按快捷键<D>显示出中心点，如图9-3-56所示。

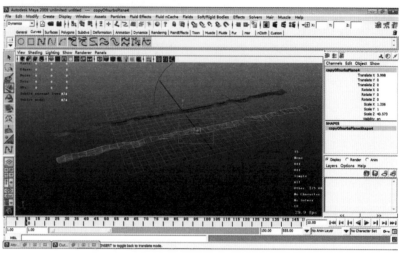

图 9-3-56

13 同时按住快捷键<C>或<V>，把中点吸附到一段，如图9-3-57所示。

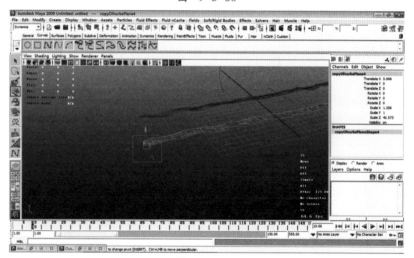

图 9-3-57

14 按快捷键<F2>切换到动画菜单，单击 Animate → Motion Paths → Attach to Motion Path 路径动画后面的方块，如图9-3-58所示。

图 9-3-58

(15) 修改向前和向上方向，如图 9-3-59 所示。

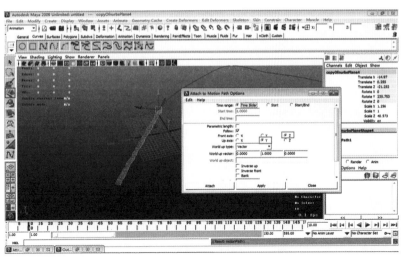

图 9-3-59

(16) 做好路径动画之后是绑定晶格，如图 9-3-60 所示。

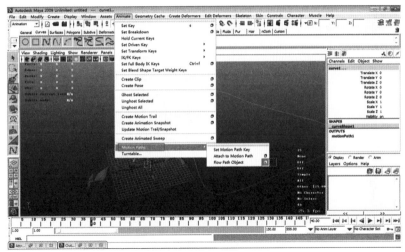

图 9-3-60

(17) 提高晶格分段数，并修改晶格模式为 Curves 曲线上，如图 9-3-61 所示。

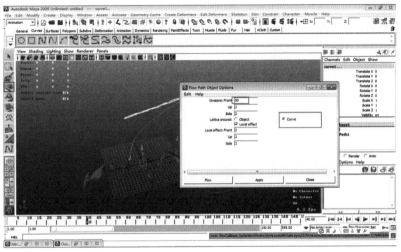

图 9-3-61

18 添加完晶格后选择晶格，调出属性栏找到 Ffd 栏，把 Outside Lattice 外晶格模式调为 All 全部，如图 9-3-62 所示。

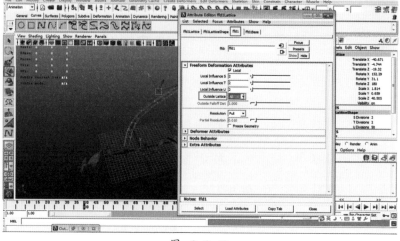

图 9-3-62

19 路径动画效果如图 9-3-63 所示。

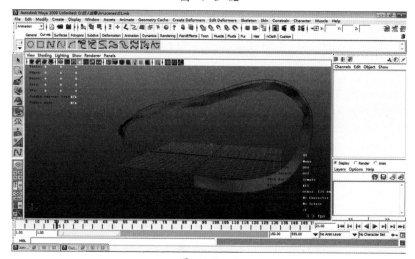

图 9-3-63

20 在制作动画时，当丝带飞到一定地方时便慢慢停下来开始飘在空中，需要找到其停下来那帧，然后复制曲面，如图 9-3-64 所示。

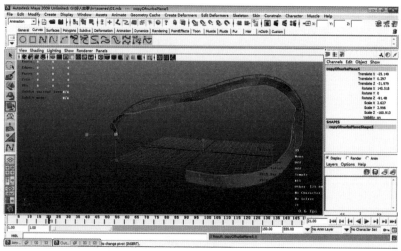

图 9-3-64

第 9 章 北京卫视整体包装栏目篇之好梦剧场

21 现在制作显示隐藏动画。在这一帧之前,系统不显示原模型显示复制的模型,而在这一帧之后显示复制模型,不显示原模型。这么做是为了后面为其添加柔体,如图 9-3-65 和图 9-3-66 所示。

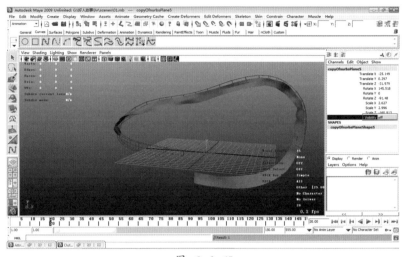

图 9-3-65

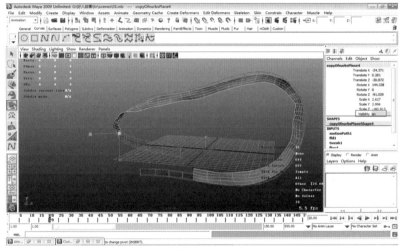

图 9-3-66

22 切换到动力学菜单,如图 9-3-67 所示。

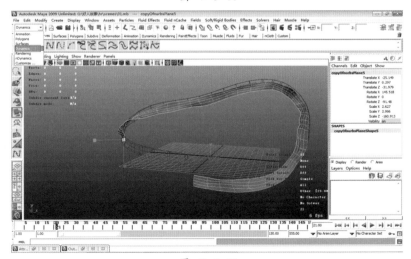

图 9-3-67

23 选择复制的模型，生成柔体如图 9-3-68 所示。

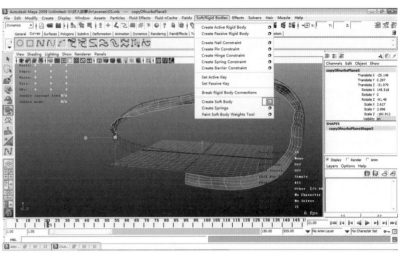

图 9-3-68

24 设置和之前的一样的参数，如图 9-3-69 所示。

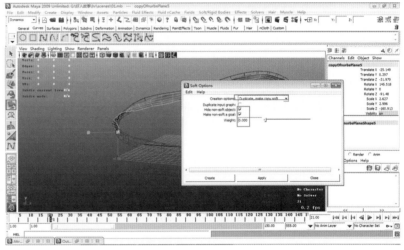

图 9-3-69

25 为其添加扰乱场，如图 9-3-70 所示。

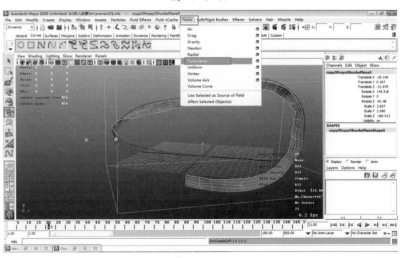

图 9-3-70

第 9 章　北京卫视整体包装栏目篇之好梦剧场

26 打开扰乱场属性，把衰减调为 0，如图 9-3-71 所示。

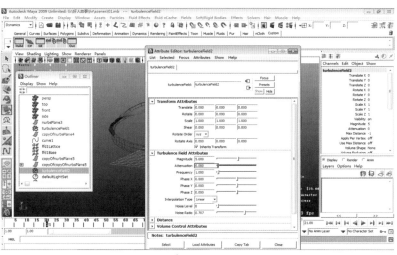

图 9-3-71

27 让扰乱强度 k 帧只在设定的停止帧之后产生扰乱，如图 9-3-72 所示。

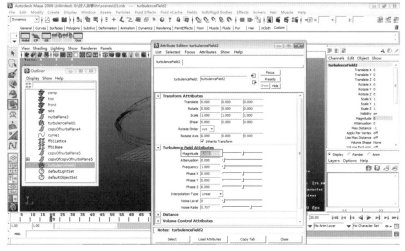

图 9-3-72

28 这里的扰乱值要相对小一些，避免柔体变形幅度过大，如图 9-3-73 所示。

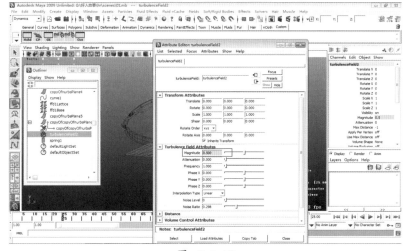

图 9-3-73

29 单击 Soft/Rigid Bodies 刚体柔体里的 Create Springs 生成弹簧后面的方块，如图 9-3-74 所示。

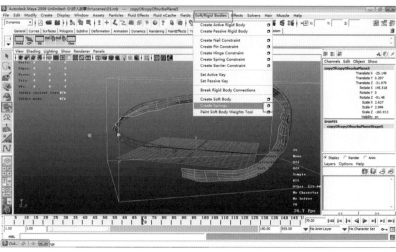

图 9-3-74

30 把 Create Method 创建方法调整为 Wireframe 物体模式，如图 9-3-75 所示。

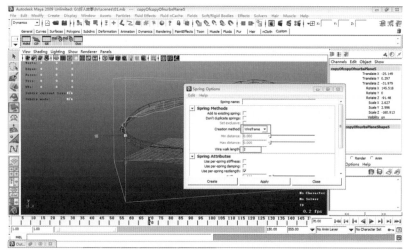

图 9-3-75

31 这样丝带就不会过于强烈的穿插，如图 9-3-76 所示。

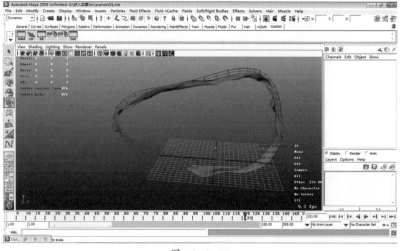

图 9-3-76

9.4 运用 After Effects 后期合成

01 打开 AE 软件，单击 Composition → New Composition 新建一个 Composition，如图 9-4-1 所示。

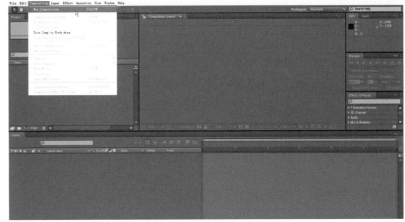

图 9-4-1

02 更改 Composition 的 Name 为 cut_1，Preset 为 HDTV 1080 25，Width 为 1920，Height 为 1080，Frame Rate 为 25，Duration 为 8s，如图 9-4-2 所示。

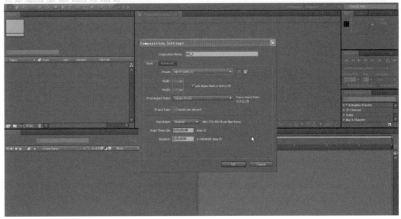

图 9-4-2

03 单击 OK 按钮确认，这样就建立了一个新的 Composition，即为我们的镜头 1。如图 9-4-3 所示。

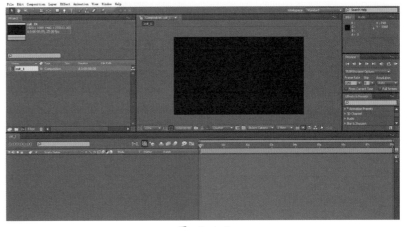

图 9-4-3

04 单击 File → Import → File 导入素材命令，如图9-4-4所示。

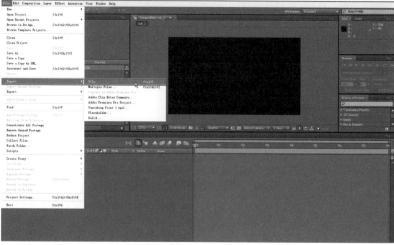

图 9-4-4

05 选择要导入的素材序列，然后选择第三项Permultiplied-Matted With Color，这样就会连同通道一起导入进来，如图9-4-5所示。

图 9-4-5

06 选择导入的背景素材，按住鼠标左键直接拽到下面的操作面板中，如图9-4-6所示。

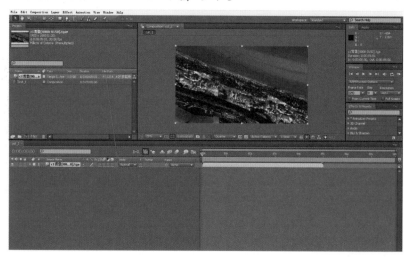

图 9-4-6

07 同步骤 4～6，把星空的素材导入进来，拖曳到操作面板中，如图 9-4-7 所示。

图 9-4-7

08 同步骤 4～6，把远楼的素材导入进来，拖曳到操作面板中，如图 9-4-8 所示。

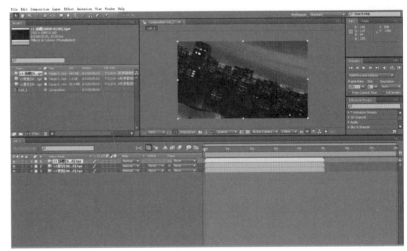

图 9-4-8

09 同步骤 4～6，把主体建筑的素材导入进来，拖曳到操作面板中，如图 9-4-9 所示。

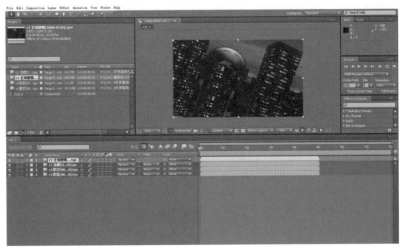

图 9-4-9

10 同步骤 4～6，把新群点的素材导入进来，拖曳到操作面板中，如图 9-4-10 所示。

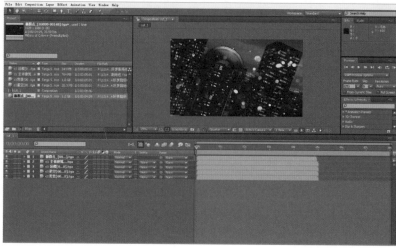

图 9-4-10

11 同步骤 4～6，把 C14 灯光的素材导入进来，拖曳到操作面板中，如图 9-4-11 所示。

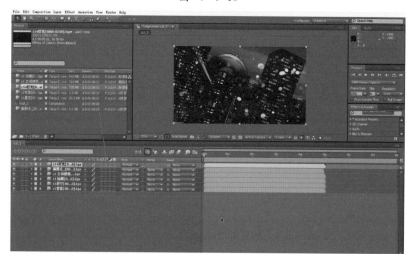

图 9-4-11

12 选择操作面板中的 C14 灯光层，然后选择 Add 模式叠加，如图 9-4-12 所示。

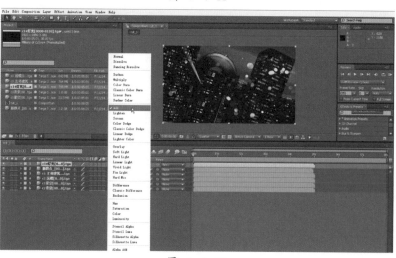

图 9-4-12

第 9 章 北京卫视整体包装栏目篇之好梦剧场

(13) 选择操作面板中新群点这层,然后在后面的轨道蒙板面板中选择 Alpha Matte 蒙板形式,如图 9-4-13 所示。

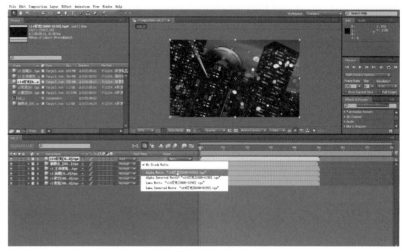

图 9-4-13

(14) 同步骤 4～6,把 C14 灯光的素材导入进来,拖曳到操作面板中。然后按快捷键 <Ctrl+D> 在复制一层,把这两层的叠加模式都改为 Add,如图 9-4-14 所示。

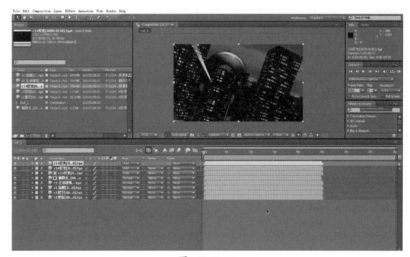

图 9-4-14

(15) 同步骤 4～6,把 C1 主体建筑的素材导入进来,拖曳到操作面板中,如图 9-4-15 所示。

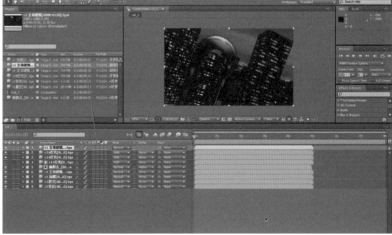

图 9-4-15

16 同步骤4～6，把TONGDAO的素材导入进来，拖曳到操作面板中，如图9-4-16所示。

图 9-4-16

17 选择操作面板中的TONGDAO层，然后选择Stencil Alpha的叠加模式，如图9-4-17所示。

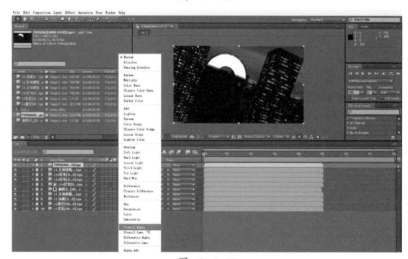

图 9-4-17

18 TONGDAO层和c1建筑层嵌套合成，如图9-4-18所示。

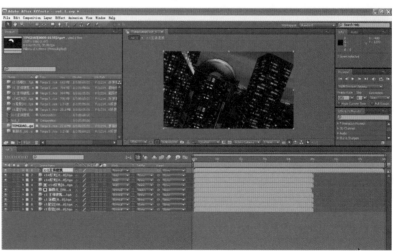

图 9-4-18

第 9 章 北京卫视整体包装栏目篇之好梦剧场

19 把素材 C1 主体建筑拖入 Comp，如图 9-4-19 所示。

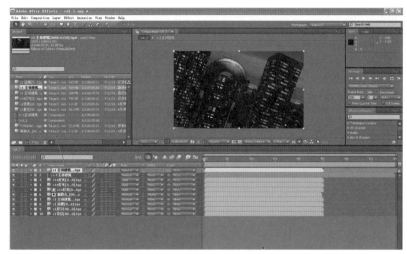

图 9-4-19

20 把素材 C1 霓虹灯拖入 Comp，如图 9-4-20 所示。

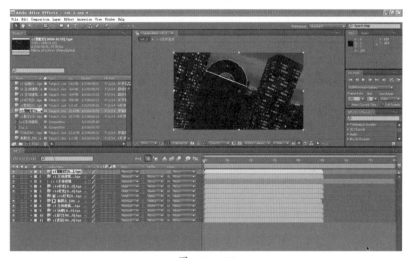

图 9-4-20

21 然后把其叠加模式调整为 Stencil Luma 亮度蒙板模式，如图 9-4-21 所示。

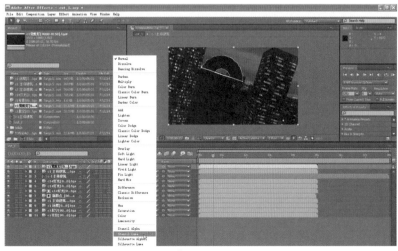

图 9-4-21

22 把这两层嵌套入 Comp，如图 9-4-22 所示。

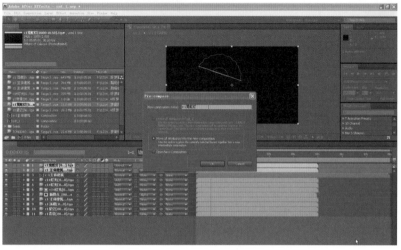

图 9-4-22

23 进入嵌套后的 Comp，如图 9-4-23 所示。

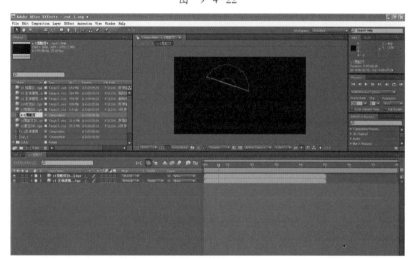

图 9-4-23

24 新建调节层如图 9-4-24 所示。

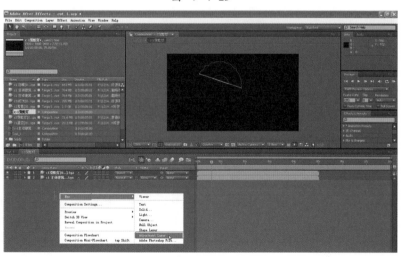

图 9-4-24

第 9 章　北京卫视整体包装栏目篇之好梦剧场

25　为调节层添加 Glow 辉光特效，如图 9-4-25 所示。

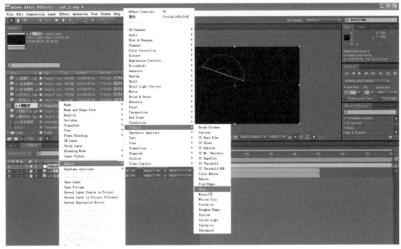

图　9-4-25

26　为调节层添加 Frischluft 特效组里的高光特效，如图 9-4-26 所示。

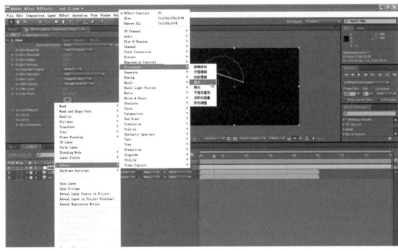

图　9-4-26

27　调解高光特效参数，如图 9-4-27 所示。

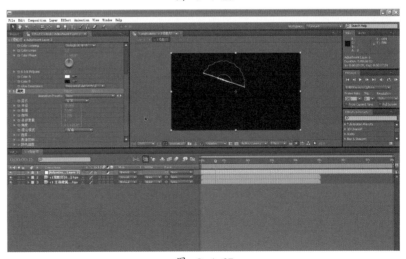

图　9-4-27

309

26 继续回到主 Comp，如图 9-4-28 所示。

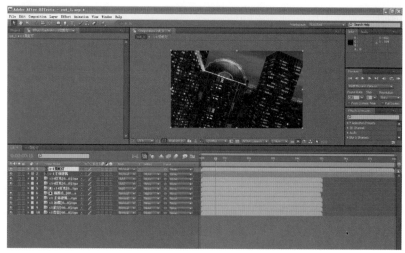

图 9-4-28

29 把素材 C1、2 灯光拖入 Comp，如图 9-4-29 所示。

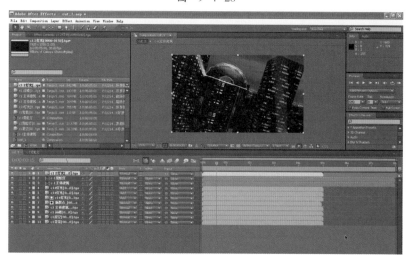

图 9-4-29

30 调整叠加方式为 Add，如图 9-4-30 所示。

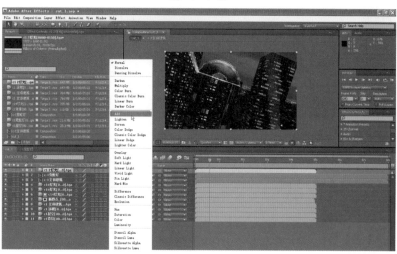

图 9-4-30

31 把素材新群点拖入 Comp，如图 9-4-31 所示。

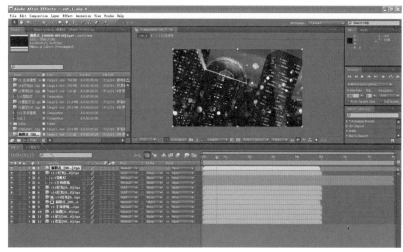

图 9-4-31

32 把素材 C1 灯光拖入 Comp，如图 9-4-32 所示。

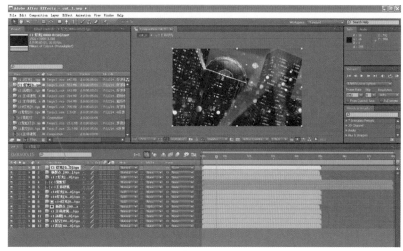

图 9-4-32

33 调整其叠加方式为 Add，如图 9-4-33 所示。

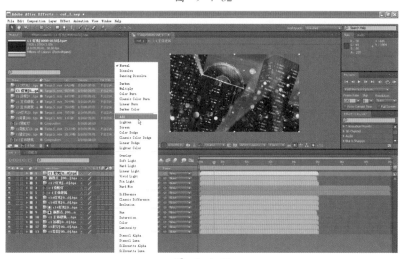

图 9-4-33

34 把之前拖入的新群点层的蒙板模式调整为 Alpha Matte，如图 9-4-34 所示。

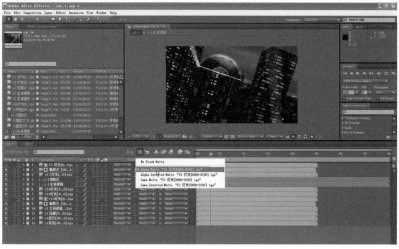

图 9-4-34

35 继续把素材 C1 灯光拖入 Comp 并复制一层，调整叠加模式为 Add，如图 9-4-35 所示。

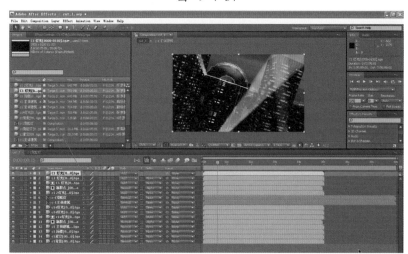

图 9-4-35

36 新建调节层如图 9-4-36 所示。

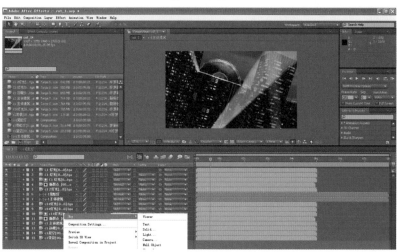

图 9-4-36

37 为调节层添加 Box Blur 盒形模糊特效,如图 9-4-37 所示。

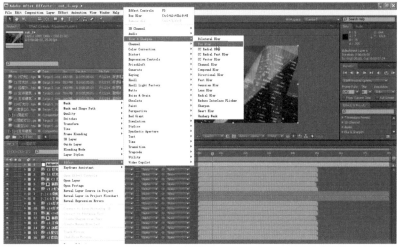

图 9-4-37

38 调整 Box Blur 的 Blur Radius 模糊半径,如图 9-4-38 所示。

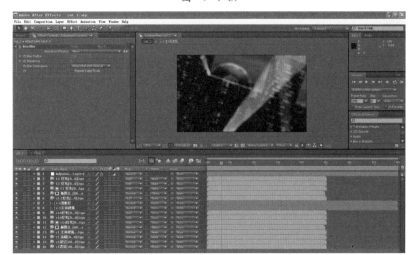

图 9-4-38

39 为调节层添加 Displacement Map 置换贴图特效,如图 9-4-39 所示。

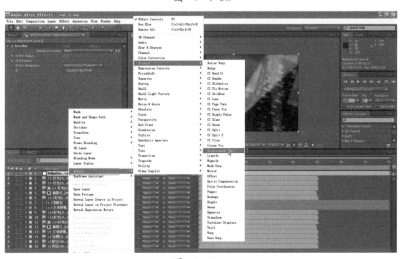

图 9-4-39

40 把素材窗户拖入 Comp，如图 9-4-40 所示。

图 9-4-40

41 回到调节层，找到置换贴图特效的 Displacement Map Layer 置换贴图层，找到刚才拖入的窗户素材，如图 9-4-41 所示。

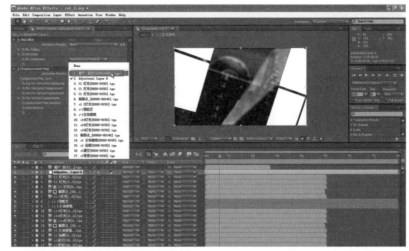

图 9-4-41

42 调整最大置换值，如图 9-4-42 所示。

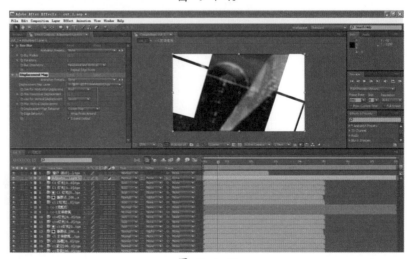

图 9-4-42

第9章 北京卫视整体包装栏目篇之好梦剧场

43 然后调整调节层的蒙板模式为 Alpha Matte，如图 9-4-43 所示。

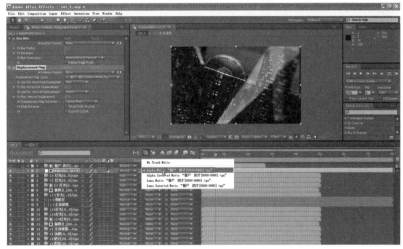

图 9-4-43

44 把素材 C1 主体建筑拖入 Comp，如图 9-4-44 所示。

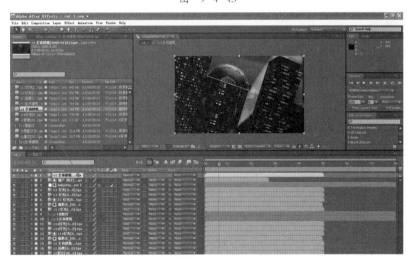

图 9-4-44

45 把素材 Tongdao 层拖入 Comp 并调整叠加模式为 Stencil Luma 亮度蒙板模式，如图 9-4-45 所示。

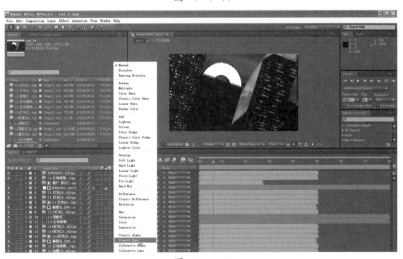

图 9-4-45

315

46 选择C1主体建筑和Tongdao层按快捷键<Ctrl+Shift+C>嵌套合成，如图9-4-46所示。

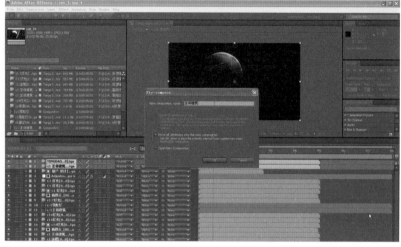

图 9-4-46

47 新建固态层，如图9-4-47所示。

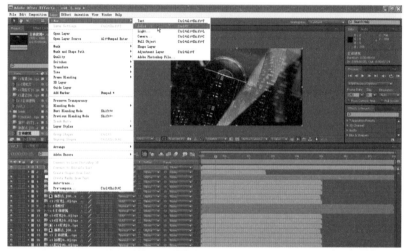

图 9-4-47

48 调整固态层颜色为黑色，如图9-4-48所示。

图 9-4-48

第9章 北京卫视整体包装栏目篇之好梦剧场

49 把固态层拖到主体建筑下面,如图 9-4-49 所示。

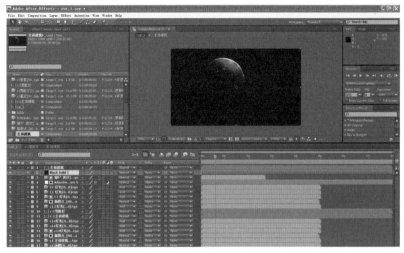

图 9-4-49

50 新建调节层如图 9-4-50 所示。

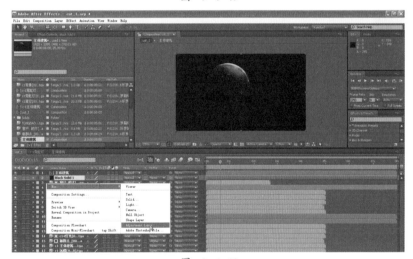

图 9-4-50

51 为调节层添加 Frischluft 特效组里的体积光特效,如图 9-4-51 所示。

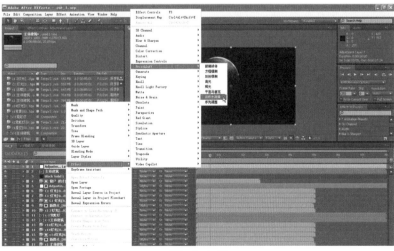

图 9-4-51

52 调节体积光特效参数,如图 9-4-52 所示。

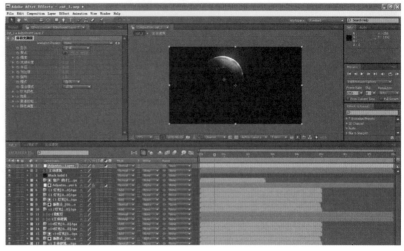

图 9-4-52

53 把调节层、主体建筑、黑色固态层嵌套合成命名为 C-1 主体建筑,如图 9-4-53 所示。

图 9-4-53

54 调整其叠加模式为 Add,如图 9-4-54 所示。

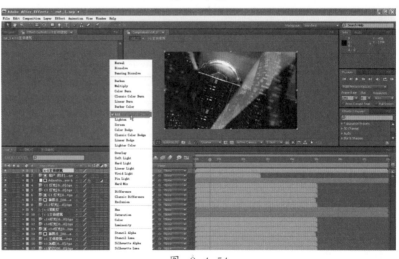

图 9-4-54

55 把素材窗户拖入 Comp，如图 9-4-55 所示。

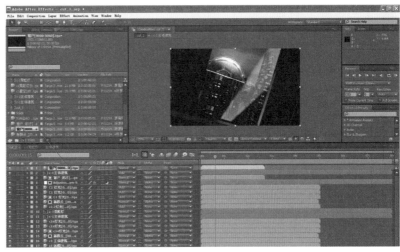

图 9-4-55

56 按快捷键 <Ctrl+D> 复制素材，如图 9-4-56 所示。

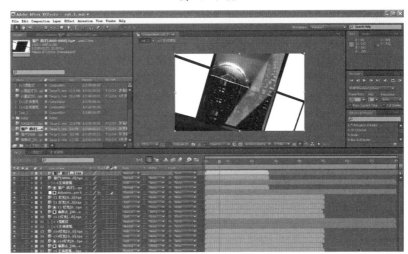

图 9-4-56

57 调整窗户叠加模式为 Silhouette Alpha 轮廓通道模式，如图 9-4-57 所示。

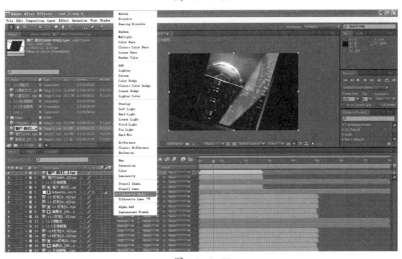

图 9-4-57

58 选择窗户素材嵌套合成，如图 9-4-58 所示。

图 9-4-58

59 继续拖入窗户素材，如图 9-4-59 所示。

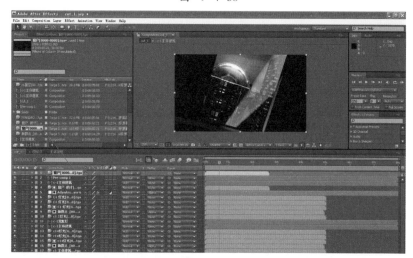

图 9-4-59

60 拖入素材窗户到 Comp，如图 9-4-60 所示。

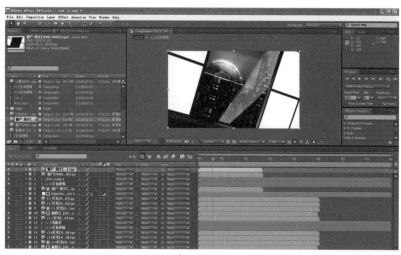

图 9-4-60

第 9 章　北京卫视整体包装栏目篇之好梦剧场

61 调整其叠加模式为 Stencil Matte，如图 9-4-61 所示。

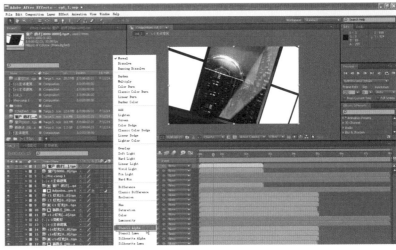

图　9-4-61

62 选择窗户和窗户层嵌套合成，如图 9-4-62 所示。

图　9-4-62

63 调整其叠加方式为 Add，如图 9-4-63 所示。

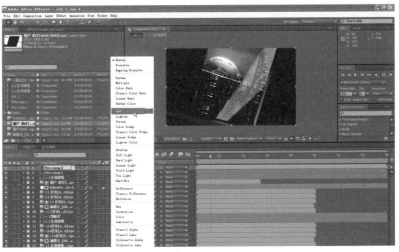

图　9-4-63

64 新建调节层如图9-4-64所示。

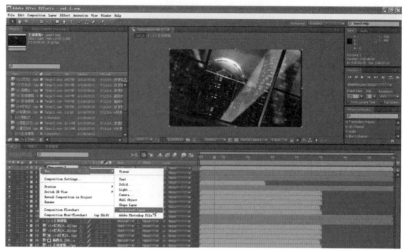

图 9-4-64

65 为调解层添加Frischluft特效组里的Depth of Field 精深特效，如图9-4-65所示。

图 9-4-65

66 为景深显示开关k帧，如图9-4-66所示。

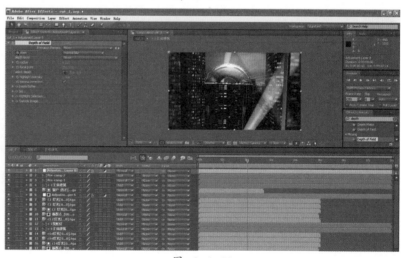

图 9-4-66

第 9 章　北京卫视整体包装栏目篇之好梦剧场

67 调节 Radius 半径值，如图 9-4-67 所示。

图 9-4-67

68 为 Radius 半径 k 由大到 0 的动画，以模拟聚焦过程中产生的模糊到清晰的效果，如图 9-4-68 所示。

图 9-4-68

69 调节 Focal Point 焦点位置，如图 9-4-69 所示。

图 9-4-69

70 调整 Highlight Intensity 高光强度,如图 9-4-70 所示。

图 9-4-70

71 为调节层添加 Brightness & Contrast 亮度对比度特效,如图 9-4-71 所示。

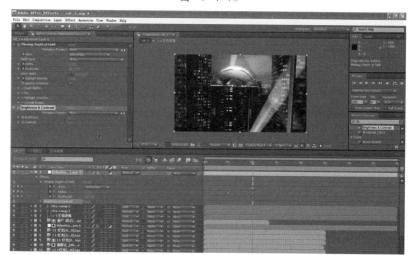

图 9-4-71

72 调节 Brightness 亮度和 Contrast 对比度值,如图 9-4-72 所示。

图 9-4-72

第 9 章　北京卫视整体包装栏目篇之好梦剧场

73　为亮度对比度值 k 动画，如图 9-4-73 所示。

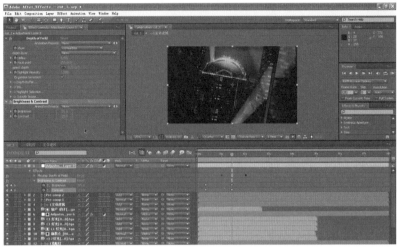

图 9-4-73

74　继续为亮度对比度 k 帧，直接把亮度对比度值 k 成 0 即可，如图 9-4-74 所示。

图 9-4-74

75　把素材窗帘单独拖入 Comp，如图 9-4-75 所示。

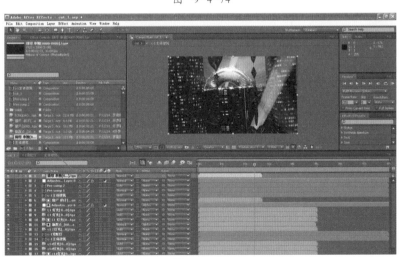

图 9-4-75

76 嵌套合成如图 9-4-76 所示。

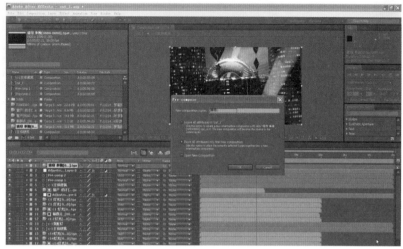

图 9-4-76

77 进入嵌套后的 Comp 窗帘如图 9-4-77 所示。

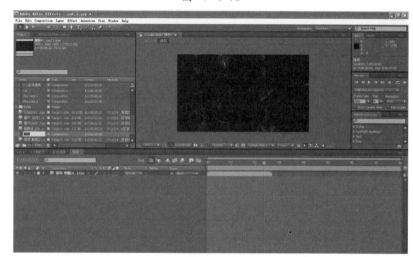

图 9-4-77

78 拖入素材 1 拖入 Comp 中，如图 9-4-78 所示。

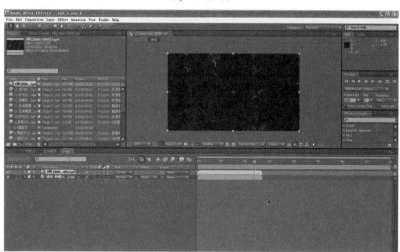

图 9-4-78

79 调整叠加方式为 Stencil Matte，如图 9-4-79 所示。

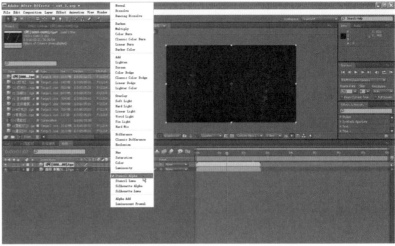

图 9-4-79

80 新建调节层，如图 9-4-80 所示。

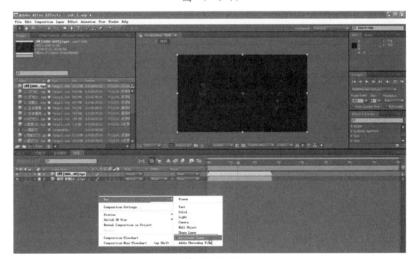

图 9-4-80

81 为调节层添加圆形 Mask，如图 9-4-81 所示。

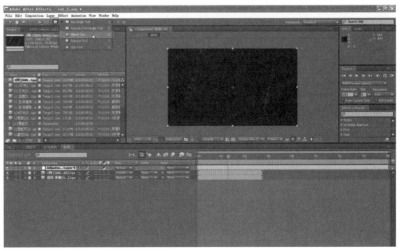

图 9-4-81

82 添加 Mask 效果，如图 9-4-82 所示。

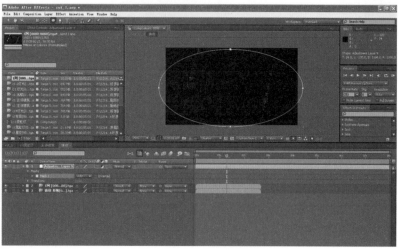

图 9-4-82

83 调节 Mask Feather 羽化值，使边缘柔滑，如图 9-4-83 所示。

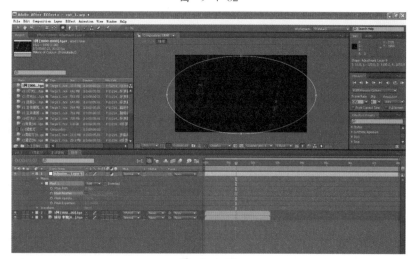

图 9-4-83

84 选中所有图层嵌套合成，如图 9-4-84 所示。

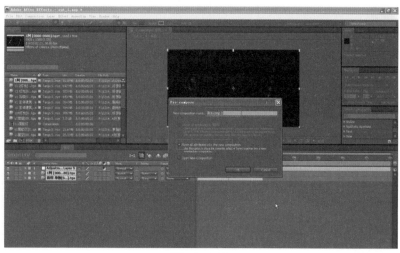

图 9-4-84

85 把素材珠帘单独拖入 Comp，如图 9-4-85 所示。

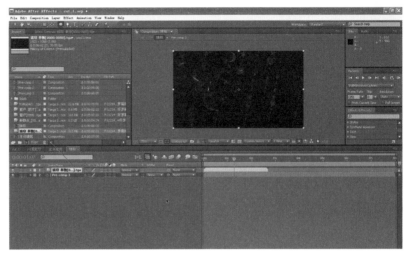

图 9-4-85

86 把素材 2 拖入 Comp，如图 9-4-86 所示。

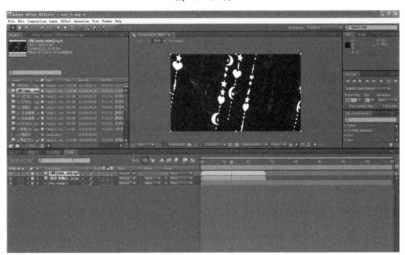

图 9-4-86

87 调节素材叠加模式为 Stencil Alpha 模式，如图 9-4-87 所示。

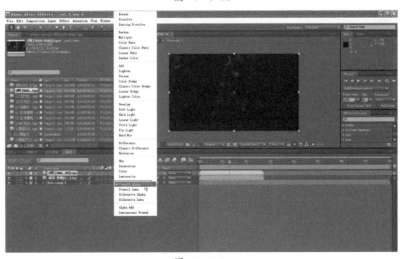

图 9-4-87

88 选择这两层嵌套合成,如图 9-4-88 所示。

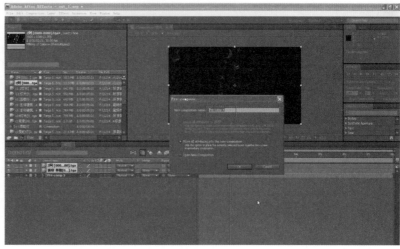

图 9-4-88

89 把素材珠单独拖入 Comp,如图 9-4-89 所示。

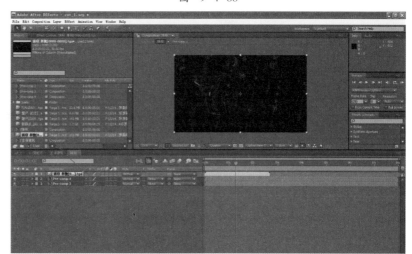

图 9-4-89

90 把素材 3 拖入 Comp 中,如图 9-4-90 所示。

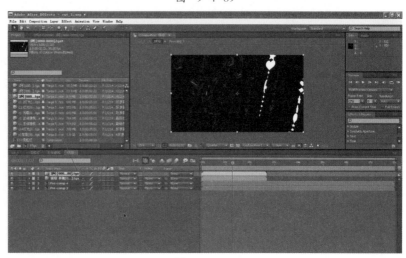

图 9-4-90

91 调整素材 3 的叠加模式为 Stencil Alpha 模式，如图 9-4-91 所示。

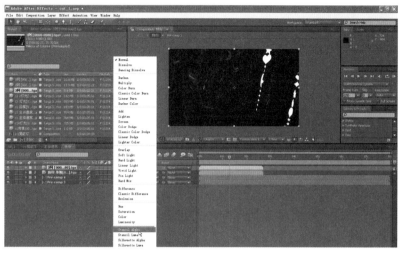

图 9-4-91

92 继续把这两层嵌套合成，如图 9-4-92 所示。

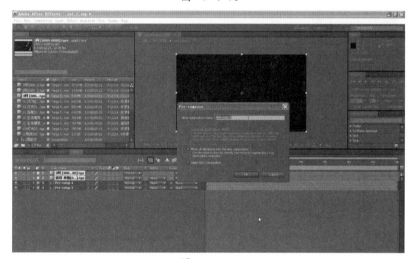

图 9-4-92

93 把珠帘单独拖入 Comp，如图 9-4-93 所示。

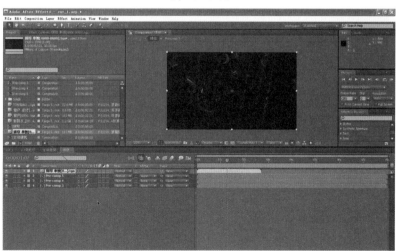

图 9-4-93

94 重复前面的操作步骤，如图 9-4-94～图 9-4-96 所示。

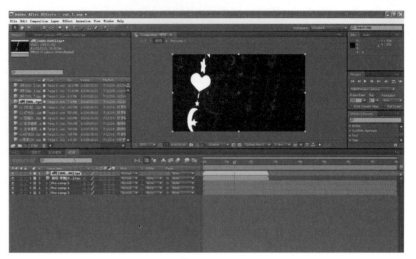

图 9-4-94

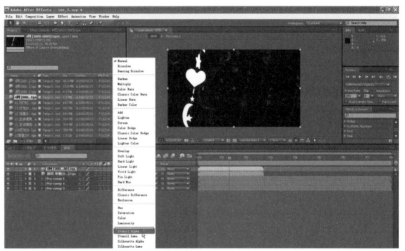

图 9-4-95

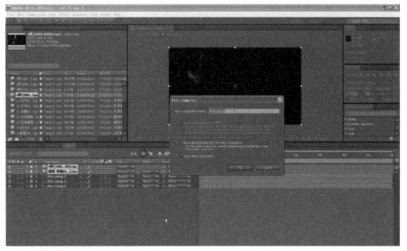

图 9-4-96

第 9 章　北京卫视整体包装栏目篇之好梦剧场

95 把素材珠帘单独拖入 Comp，如图 9-4-97 所示。

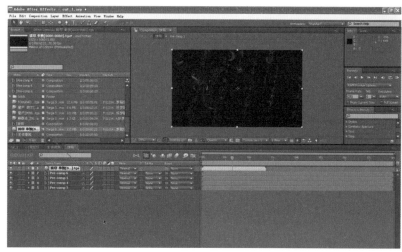

图　9-4-97

96 把素材 50000 拖入 Comp，如图 9-4-98 所示。

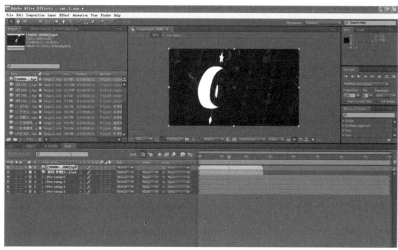

图　9-4-98

97 调整叠加方式为 Stencil Matte，如图 9-4-99 所示。

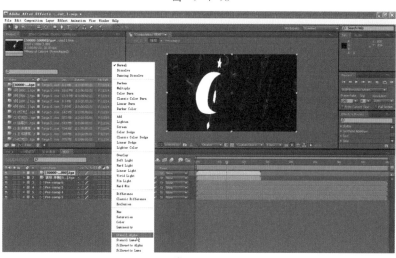

图　9-4-99

333

98 选择两层嵌套合成,如图 9-4-100 所示。

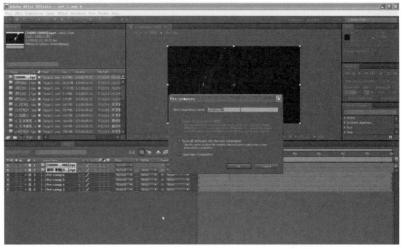

图 9-4-100

99 继续回到总合成上,如图 9-4-101 所示。

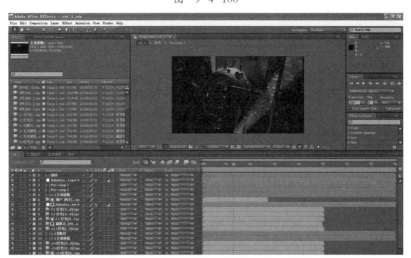

图 9-4-101

100 按快捷键 <Ctrl+D> 复制珠帘层,如图 9-4-102 所示。

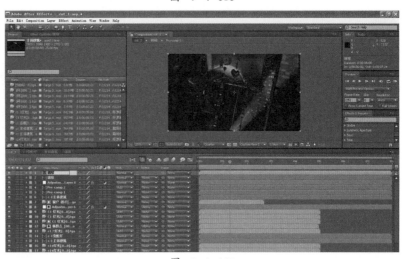

图 9-4-102

第 9 章 北京卫视整体包装栏目篇之好梦剧场

101 选择复制好的珠帘层嵌套合成，如图 9-4-103 所示。

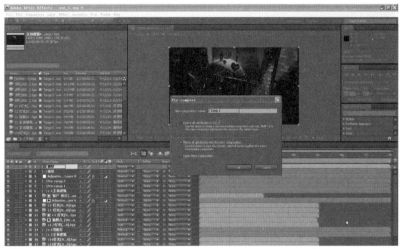

图 9-4-103

102 进入嵌套后的 Comp 如图 9-4-104 所示。

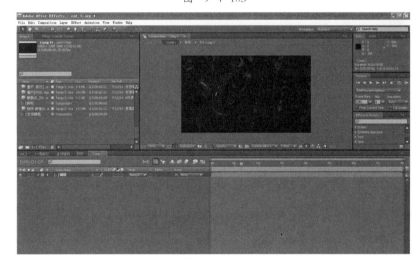

图 9-4-104

103 按快捷键 <Ctrl+D> 复制两层，同时调整叠加模式为 Add，如图 9-4-105 所示。

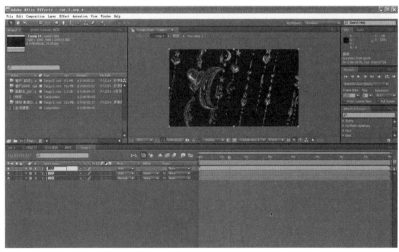

图 9-4-105

104 新建调节层,如图9-4-106所示。

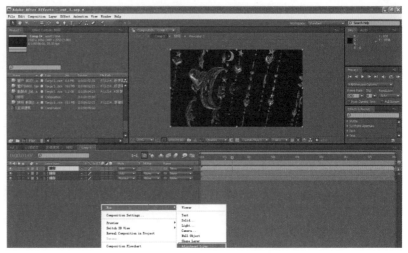

图 9-4-106

105 为调节层添加Frischluft特效组里的高光特效,如图9-4-107所示。

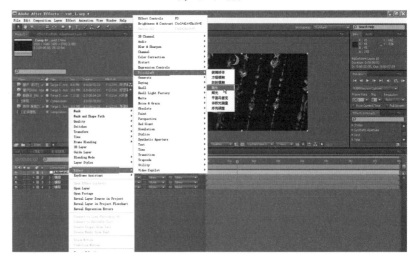

图 9-4-107

106 调节高光特效参数,如图9-4-108所示。

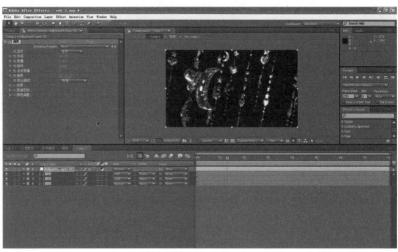

图 9-4-108

107 回到总 Comp 把刚才调整好的 Comp1 叠加模式调整为 Add，如图 9-4-109 所示。

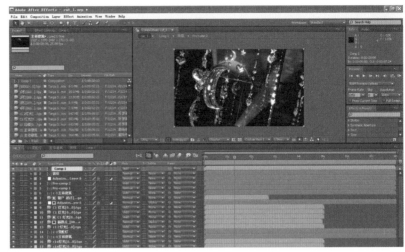

图 9-4-109

108 按快捷键 <Ctrl+D> 复制一层，如图 9-4-110 所示。

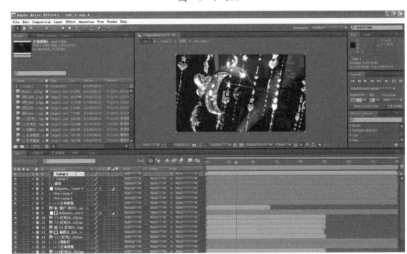

图 9-4-110

109 把 mvi_933 粒子素材拖入 Comp，如图 9-4-111 所示。

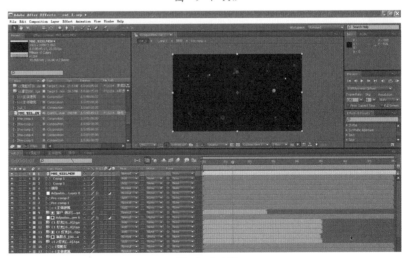

图 9-4-111

110 调整其叠加模式为 Add，如图 9-4-112 所示。

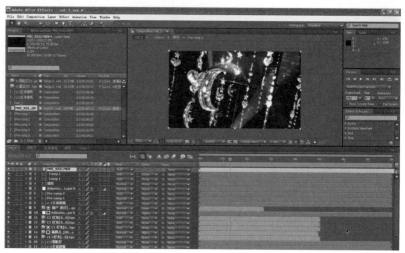

图 9-4-112

111 复制一层，以提高粒子亮度，如图 9-4-113 所示。

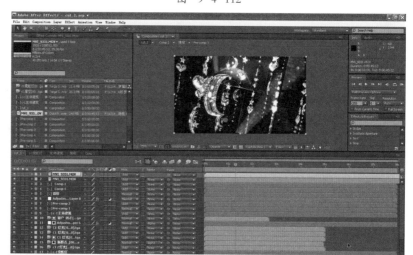

图 9-4-113

112 新建 Null 空层，如图 9-4-114 所示。

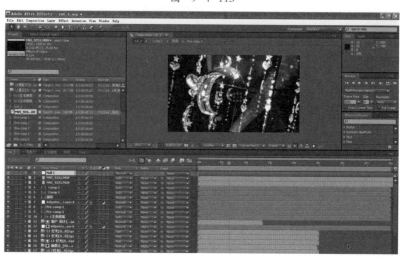

图 9-4-114

第 9 章 北京卫视整体包装栏目篇之好梦剧场

113 把粒子素材作为 Null 空层子级，这样便于我们一起调节其位置，如图 9-4-115 所示。此镜头合成就完成了，其他镜头的合成方法可参照此镜头，也可借鉴其他章节的合成方法。

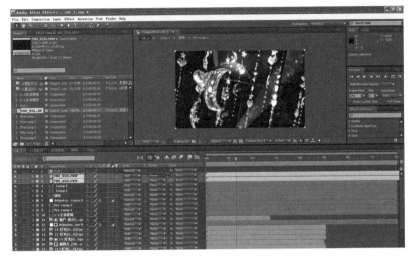

图 9-4-115

第 10 章　北京卫视整体包装栏目篇之档案

本案例的重点和特点

- 灵活掌握软件的使用方法
- 了解实战时的制作流程和思路
- 学习创意绘制技巧
- 熟练掌握案例中模型及材质的调节

制作内容

- 应用 Photoshop 制作创意分镜
- 案例中模型的制作及材质的调节
- 摄像机动画及动画轨迹的使用
- 运用 After Effects 合成技巧

10.1 创意思路

《档案》为北京卫视一档纪实栏目。"档案"是直接形成的历史纪录,档案来源于文件,这里的"文件"是指广义的文件,由文字、图标、声像等形式形成的各种材料。同时"档案"的形式多种多样,从制作手段分析有刀刻、笔写、印刷、复制、摄影、录音、摄像等。"档案"具有历史再现性、知识性、信息性、文化性、价值性等特点,通俗地讲,"档案"是再现历史真实面貌的原始文献。

本片以笔尖划开尘封档案,一个个历史场景和原始文件历历在目,并在神秘空间中层层展开,运用星光点点的粒子作为装饰,最终镜头由锁孔拉出,档案再次封存,而悬念由此开启,画面比较大气、浑厚,为栏目增添神秘色彩,效果如图10-1-1和图10-1-2所示。

图 10-1-1

图 10-1-2

10.2 创意分镜头的制作

10.2.1 创意分镜一的制作

01 Photoshop 绘制创意稿。绘制创意稿一般的标准尺寸是768×576(方形像素),但出于考虑构图的完整性以及构图更加饱满,在镜头表现上更加极致,所以有时会考虑用其他的画面比来完成,例如,常用1000×576的画面比,或者2000×576的画面比,如本篇的创意稿。

首先将所要用到的素材收集完成,寻找了一些与档案有关的元素借以钢笔、过去的档案袋及齿轮,尘封的老照片演绎,如图10-2-1所示。

大像无形——5DS+ 影视包装卫视典藏版（下）

图 10-2-1

02 绘制创意稿，执行"文件"→"新建"（快捷键<Ctrl+N>）命令，新建文件，命名为：分镜一，画面设置宽2500像素，高为576像素，分辨率72像素，颜色RGB8位，如图10-2-2所示。

图 10-2-2

03 新建一个图层，单击右下角标记处新建图层（快捷键<Ctrl+Shift+N>），将背景填充为黑色，按快捷键<Alt+Delete>前景填充，如图10-2-3所示。

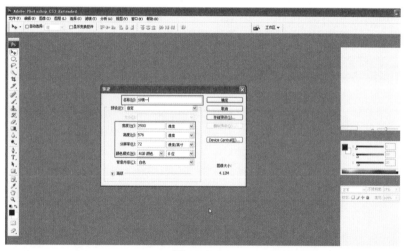

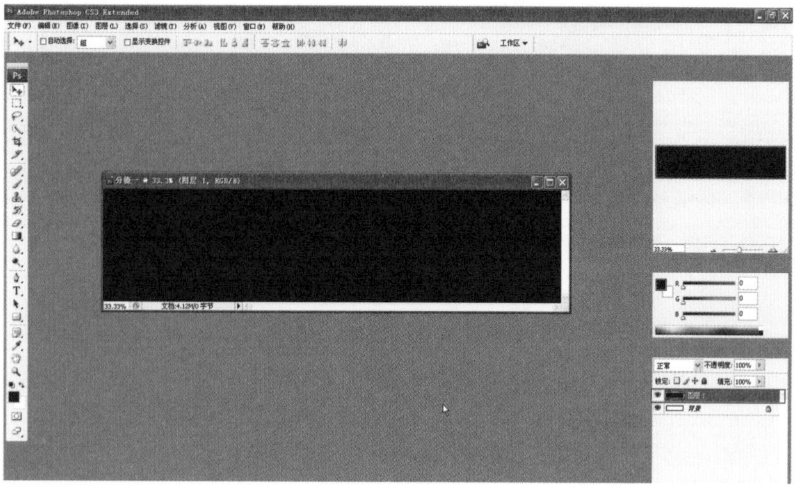

图 10-2-3

342

第10章 北京卫视整体包装栏目篇之档案

04 导入图10-2-4中的素材，拖到镜头一中。

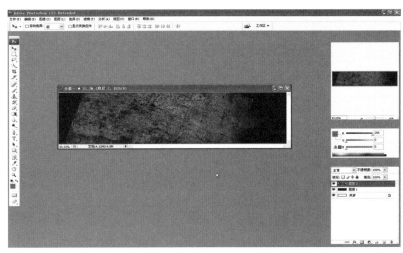

图 10-2-4

05 选中该层，单击右下角标记处为图层添加矢量蒙板，选中蒙板用画笔工具进行涂抹，效果如图10-2-5所示。

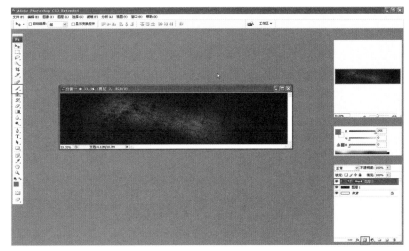

图 10-2-5

06 新建一图层，将该层填充为黄色，如图10-2-6所示。

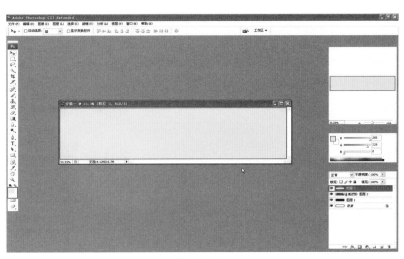

图 10-2-6

07 将图层的叠加模式改为柔光，效果如图 10-2-7 所示。

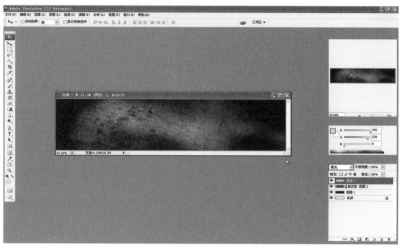

图 10-2-7

08 再新建一图层，将该层填充为亮黄色，并为该层添加矢量蒙板，用画笔工具将其边缘擦除，叠加模式改为柔光，效果如图 10-2-8 所示。

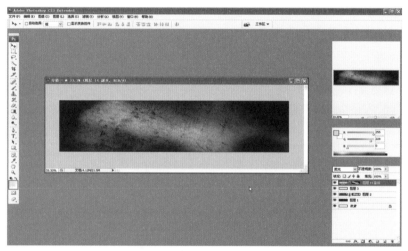

图 10-2-8

09 导入素材如图 10-2-9 所示。

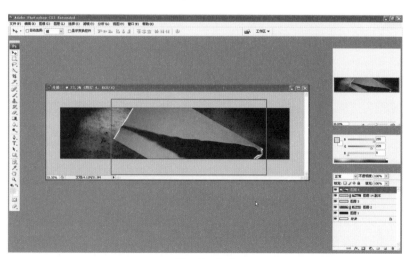

图 10-2-9

第 10 章　北京卫视整体包装栏目篇之档案

10 为图层添加矢量蒙板，用画笔工具将边缘部分擦除，如图 10-2-10 所示，并将图层叠加模式改为叠加，效果如图 10-2-11 所示。

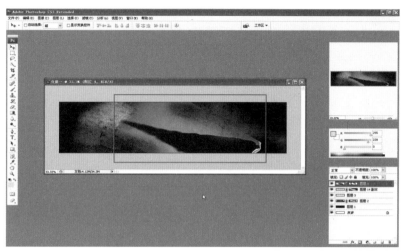

图　10-2-10

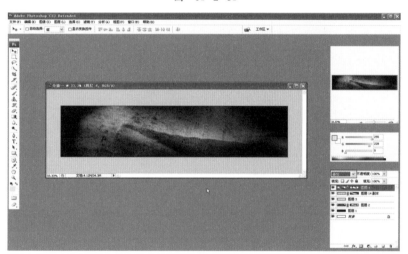

图　10-2-11

11 复制图层（快捷键 <Ctrl+J>），图层模式为叠加，如图 10-2-12 所示。

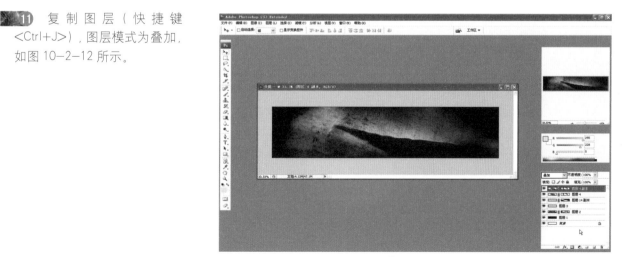

图　10-2-12

⑫ 导入如图 10-2-13 所示的素材，为该层添加矢量蒙板，用画笔工具将边缘部分擦除，效果如图 10-2-14 所示。

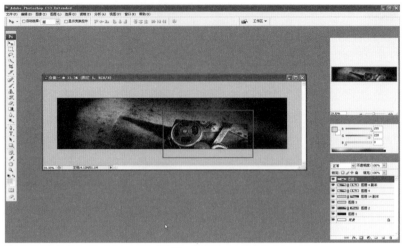

图 10-2-13

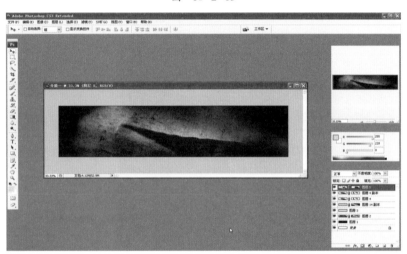

图 10-2-14

⑬ 导入如图 10-2-15 所示的素材，操作同上，效果如图 10-2-16 所示。

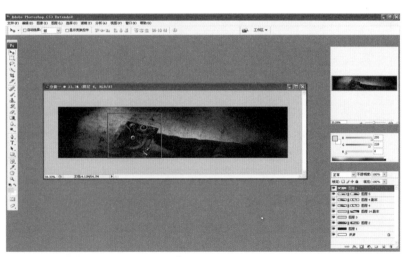

图 10-2-15

第 10 章　北京卫视整体包装栏目篇之档案

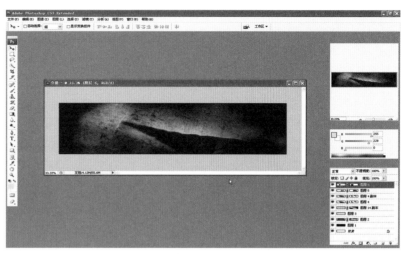

图　10-2-16

14 新建图层，用钢笔工具（快捷键 <P>），画出如图 10-2-17 所示的路径。

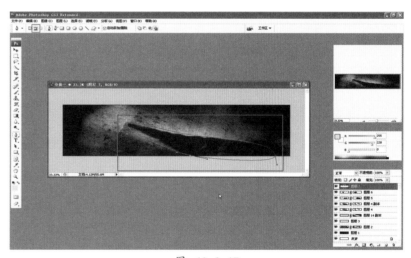

图　10-2-17

15 切换到路径面板下，单击右下角标记处将路径作为选区载入（快捷键 <Ctrl+Enter>）效果如图 10-2-18 所示，将选区羽化（快捷键 <Ctrl+Alt+D>），将羽化值改为 20，如图 10-2-19 和图 10-2-20 所示。

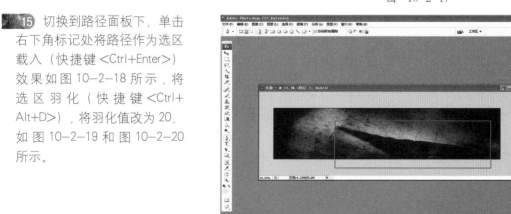

图　10-2-18

347

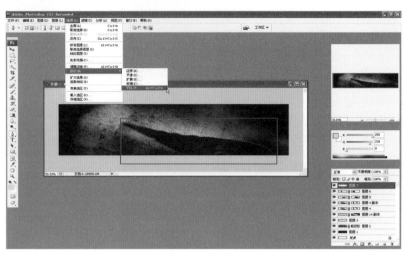

图 10-2-19

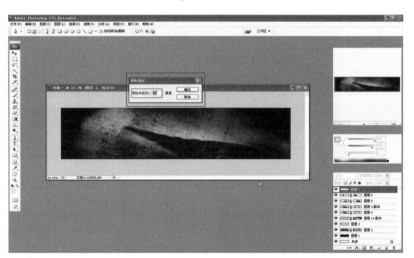

图 10-2-20

16 在选区里填充黄色，取消选区（按快捷键 <Ctrl+D>），图层叠加模式改为柔光效果，如图 10-2-21 和图 10-2-22 所示。

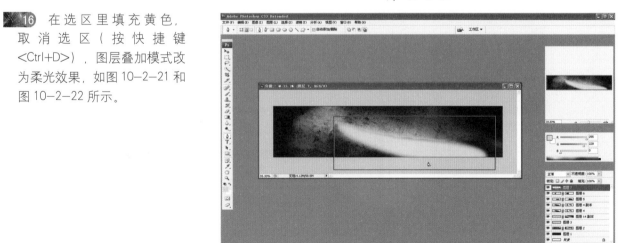

图 10-2-21

第10章 北京卫视整体包装栏目篇之档案

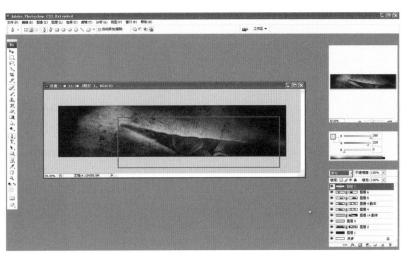

图 10-2-22

(17) 导入素材，操作同步骤12，效果如图10-2-23所示。

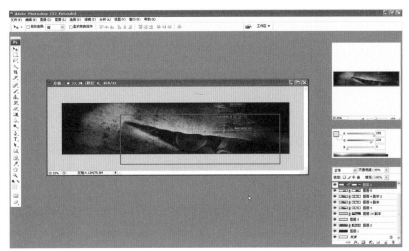

图 10-2-23

(18) 导入素材，如图10-2-24所示，为该层添加图层样式，如图10-2-25所示，添加投影，设置如图10-2-26所示。

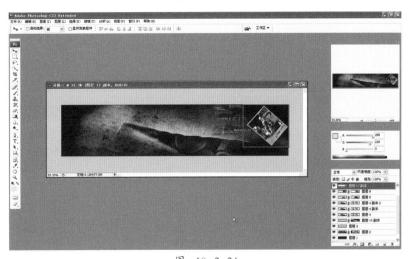

图 10-2-24

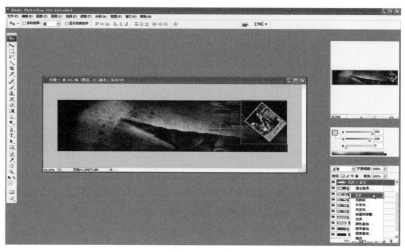

图 10-2-25

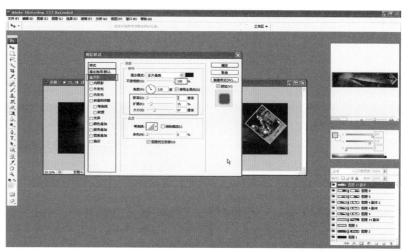

图 10-2-26

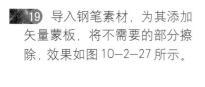

19 导入钢笔素材，为其添加矢量蒙板，将不需要的部分擦除，效果如图10-2-27所示。

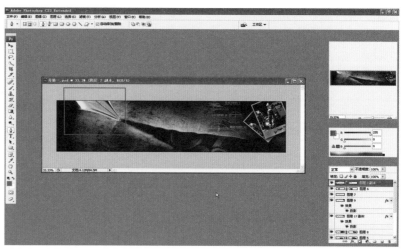

图 10-2-27

第10章 北京卫视整体包装栏目篇之档案

20 新建图层，用钢笔工具画出如图10-2-28所示的路径，将路径转化为选区，羽化选区并填充黑色，取消选区（按快捷键<Ctrl+D>），将图层的不透明度降到72%，添加矢量蒙板，用画笔工具适当擦除，效果如图10-2-29所示，将该图层拖曳到钢笔图层的下面。

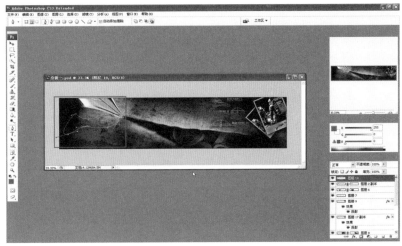

图 10-2-28

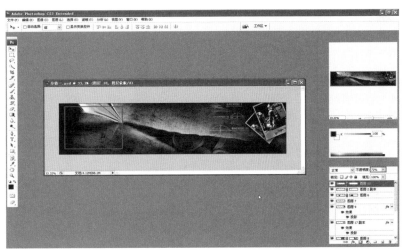

图 10-2-29

21 选择钢笔层并复制图层（按快捷键<Ctrl+J>），为该层添加色阶如图10-2-30所示，设置如图10-2-31所示。

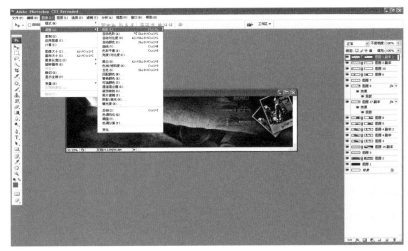

图 10-2-30

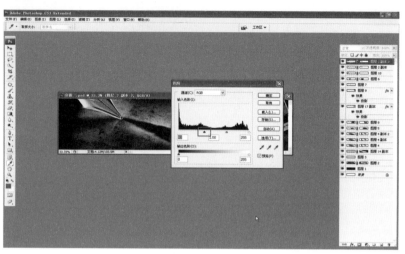

图 10-2-31

22 导入光斑素材如图 10-2-32 所示，将该层图层模式改为颜色减淡，不透明度改为 69%，如图 10-2-33 所示。

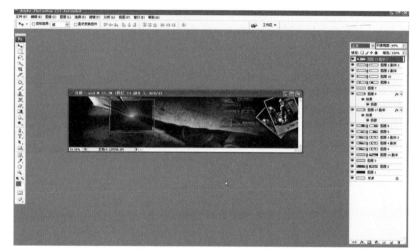

图 10-2-32

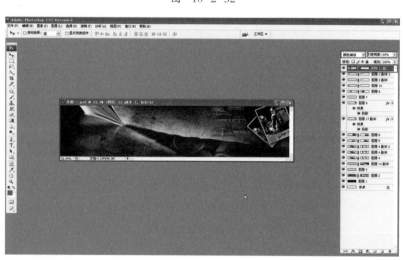

图 10-2-33

第10章 北京卫视整体包装栏目篇之档案

23 导入如图 10-2-34 所示素材，将图层叠加模式改为颜色减淡，并添加矢量蒙板适当擦除边缘部分，效果如图 10-2-35 所示。

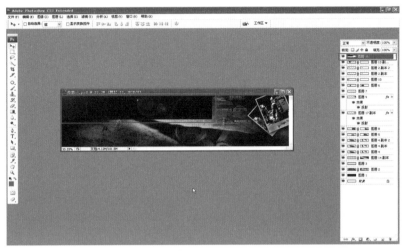

图　10-2-34

图　10-2-35

24 导入如图 10-2-36 所示的素材，将图层模式改为滤色，效果如图 10-2-37 所示。

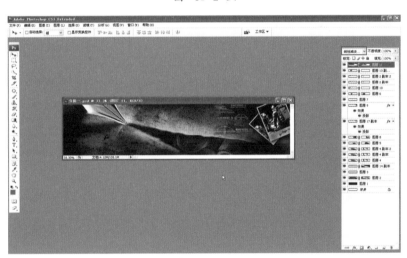

图　10-2-36

大像无形——5DS+影视包装卫视典藏版（下）

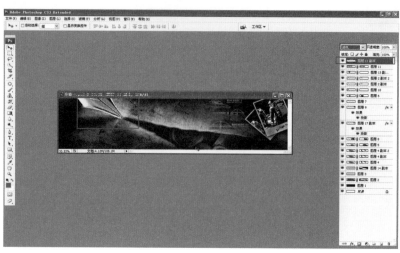

图 10-2-37

25 导入一些光斑素材摆放到镜头一里，采用适当的图层模式，效果如图10-2-38所示。

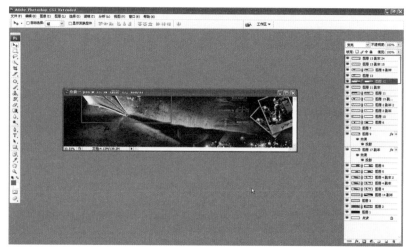

图 10-2-38

26 导入如图10-2-39所示素材，再导入文字素材，按住<Ctrl>键，单击文字层的缩略图，载入文字选区，如图10-2-40所示，再次选择图层14，为该层添加矢量蒙板，效果如图10-2-41所示，取消选区，关闭文字层，将图层14的不透明度降为37%，效果如图10-2-42所示。

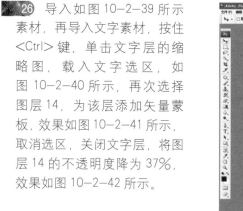

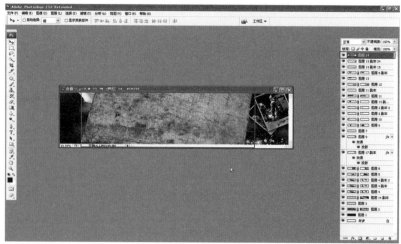

图 10-2-39

354

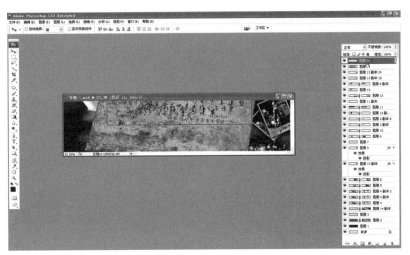

图 10-2-40

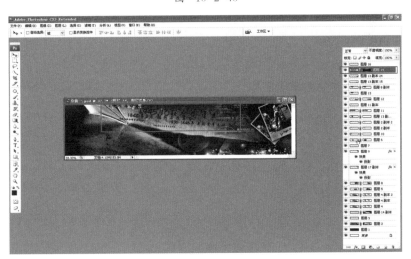

图 10-2-41

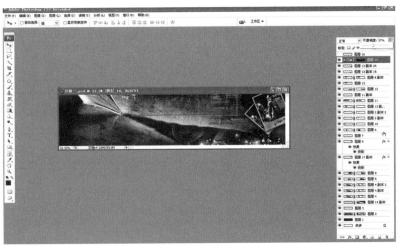

图 10-2-42

㉗ 新建图层，用钢笔工具画如图 10-2-43 所示的路径，将路径转换为选区，且羽化选区，填充黄色，取消选区，如图 10-2-44 所示，图层模式改为柔光，如图 10-2-45 所示。

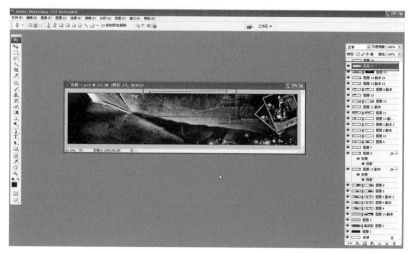

图 10-2-43

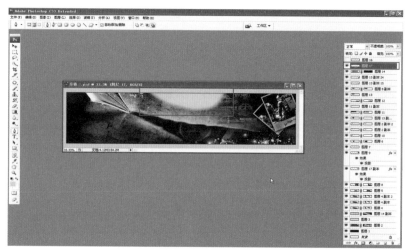

图 10-2-44

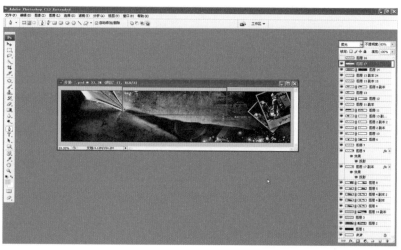

图 10-2-45

第10章 北京卫视整体包装栏目篇之档案

28 导入如图10-2-46所示素材，利用步骤26的方法只保留文字区域，且将图层模式改为滤色，复制该层，效果如图10-2-47所示。

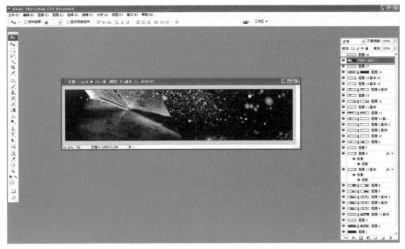

图 10-2-46

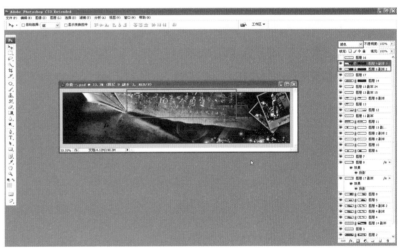

图 10-2-47

10.2.2　创意分镜二的制作

01 分镜二的制作执行"文件"→"新建"（按快捷键<Ctrl+N>），新建文件，画面设置宽2500像素，高为576像素，分辨率72像素，颜色RGB8位，如图10-2-48所示。

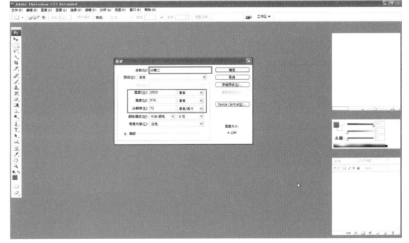

图 10-2-48

02 设置前景色为黑色，按快捷键<Alt+Delete>，如图10-2-49所示。

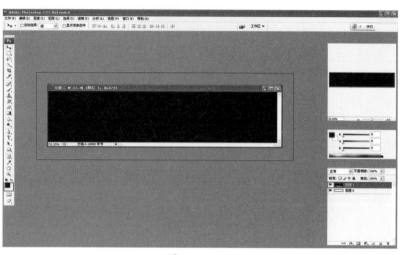

图 10-2-49

03 选取人物素材，放在分镜二图层上，图层模式改为滤色并添加图层蒙板，擦除边缘硬边，如图10-2-50所示。

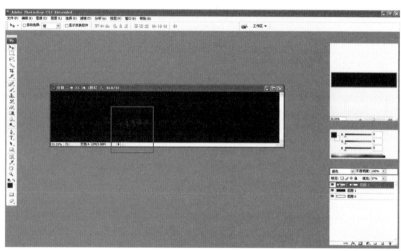

图 10-2-50

04 添加一层黄色图层渐变放在刚才叠好的素材上面，图层模式改为柔光，如图10-2-51所示。

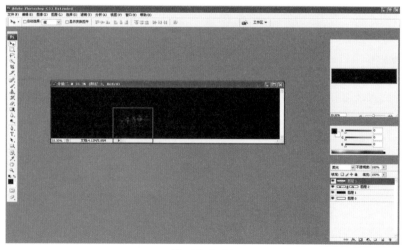

图 10-2-51

第 10 章　北京卫视整体包装栏目篇之档案

05 将处理好的齿轮素材放在分镜二中,并放在画面左上角,如图 10-2-52 所示。

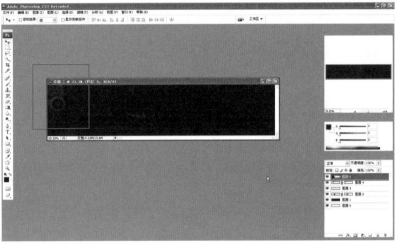

图　10-2-52

06 复制刚才带有黄色渐变的图层,放在齿轮素材的上面,如图 10-2-53 所示。

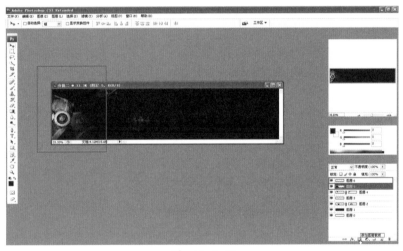

图　10-2-53

07 选择齿轮图层,单击图层属性右下方倒数第五项,添加图层蒙板并用画笔工具擦除硬边部分,如图 10-2-54 所示。

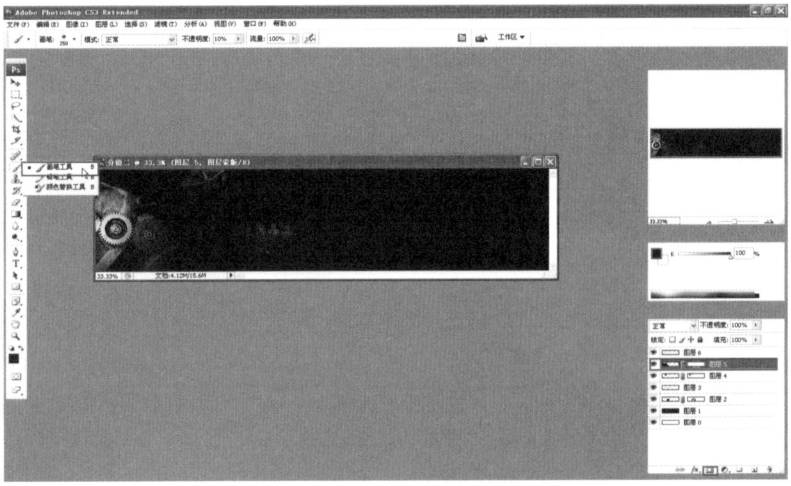

图　10-2-54

359

08 选择齿轮图层,将画笔流量改为74%,不透明度改为69%,如图10-2-55所示。

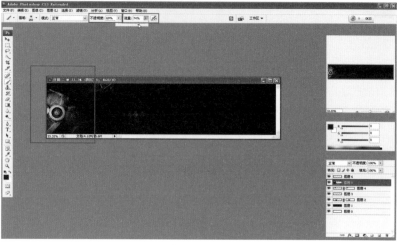

图 10-2-55

09 将处理好的锁素材图片导入进来,放在分镜二图层右上角,如图10-2-56所示。

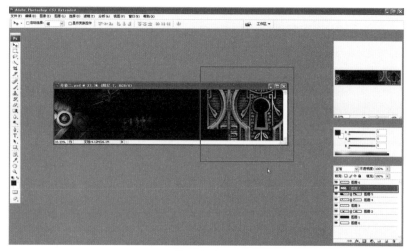

图 10-2-56

10 选择锁素材图层添加图层蒙板,选择其蒙板添加渐变,渐变颜色调整成黑白,如图10-2-57所示。

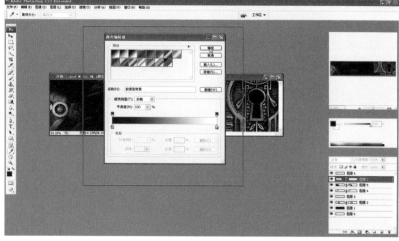

图 10-2-57

第 10 章 北京卫视整体包装栏目篇之档案

11 将锁素材图层添加图层蒙板，图层蒙板添加黑白渐变，如图 10-2-58 所示。

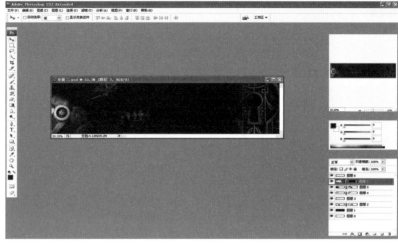

图 10-2-58

12 将带有黄色渐变的图层放在锁素材图层上面，图层模式改为柔光，如图 10-2-59 所示。

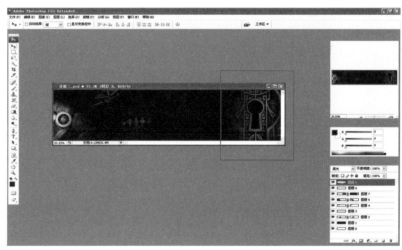

图 10-2-59

13 复制带有黄色渐变的图层放在刚才图层上面，图层模式改为柔光，如图 10-2-60 所示。

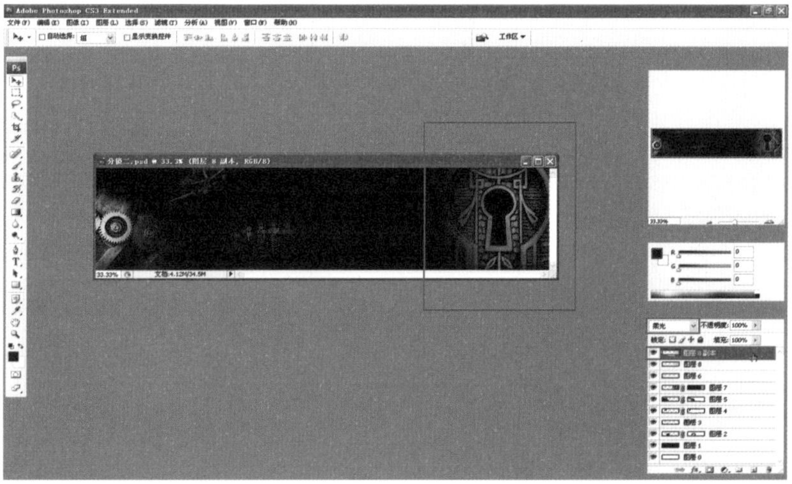

图 10-2-60

14 复制锁素材,将带有图层蒙板的图层放在图层上面,图层模式改为正片叠底,如图10-2-61所示。

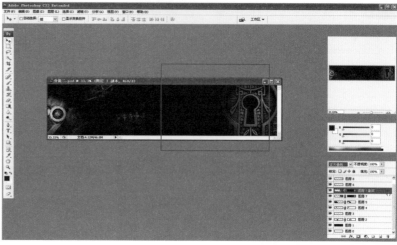

图 10-2-61

15 将楼梯素材导入放在分镜二图层左边的位置,如图10-2-62所示。

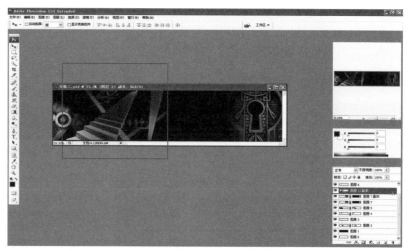

图 10-2-62

16 选择楼梯素材添加图层蒙板,擦除远处楼梯硬边部分,如图10-2-63所示。

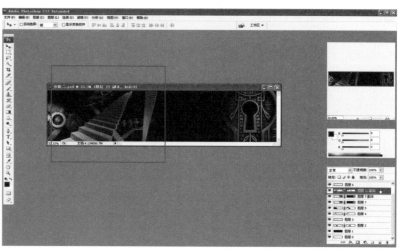

图 10-2-63

17 复制一层楼梯素材并将图层模式改为叠加,如图 10-2-64 所示。

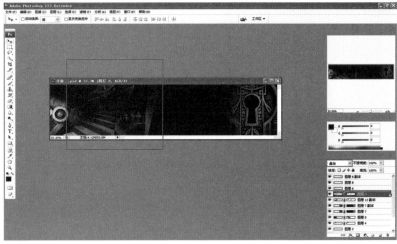

图 10-2-64

18 复制带有黄色渐变的图层,放在楼梯图层上面,图层模式改为叠加,如图 10-2-65 所示。

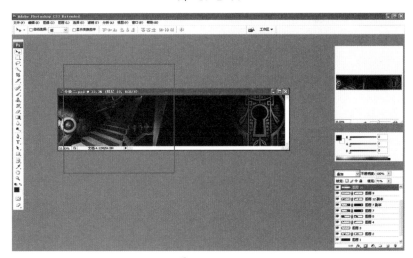

图 10-2-65

19 将档案袋素材处理导入放在镜头二图层中间位置,如图 10-2-66 所示。

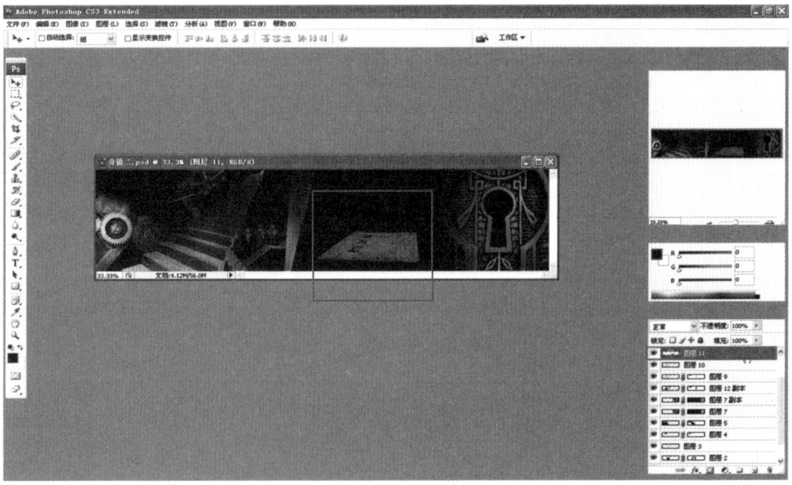

图 10-2-66

20 选择"档案袋"素材图层，添加图层蒙板擦除素材前面部分，如图10-2-67所示。

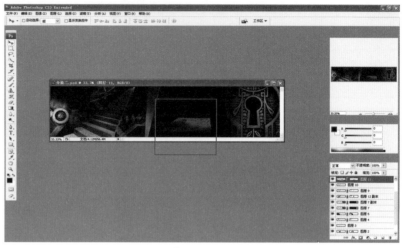

图 10-2-67

21 将带有纹理的档案袋素材导入，如图10-2-68所示。

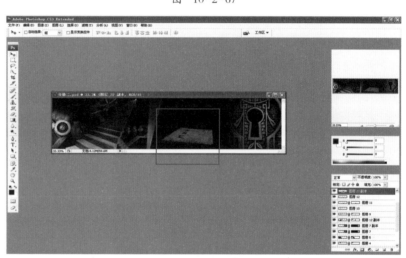

图 10-2-68

22 复制一层带有黄色图像信息素材，将图层模式改为叠加，如图10-2-69所示。

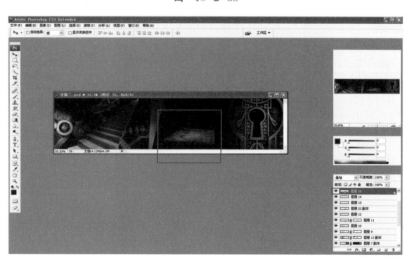

图 10-2-69

23 选择黄色信息的光斑图层放在素材上面,图层模式改为柔光,如图 10-2-70 所示。

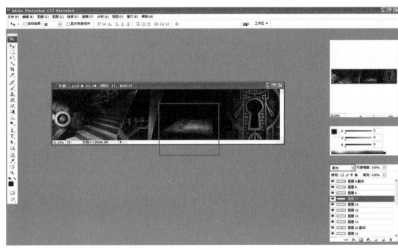

图 10-2-70

24 将光斑素材放在楼梯内侧,图层模式改为颜色减淡,如图 10-2-71 所示。

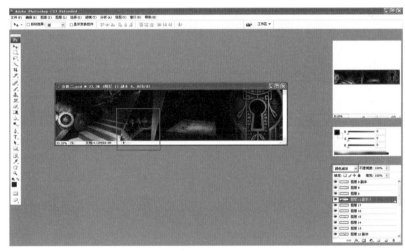

图 10-2-71

25 添加五星的标志放入分镜二图层中,图层模式改为颜色减淡,如图 10-2-72 所示。

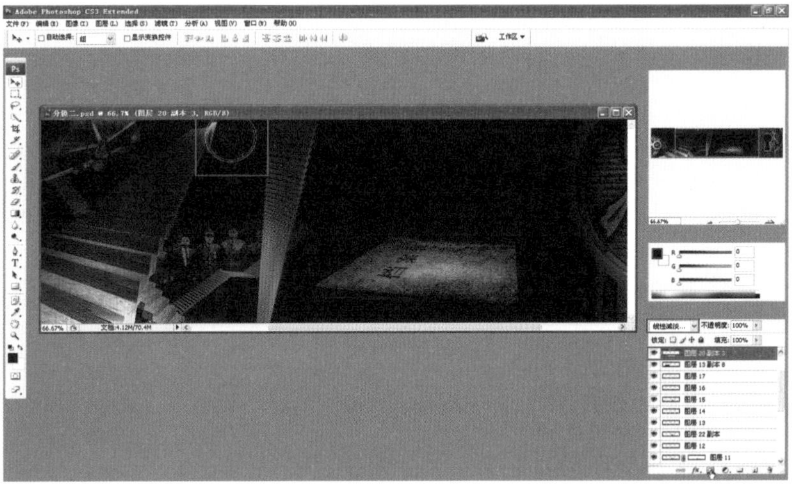

图 10-2-72

26 将五星标志复制一层放在左上角位置，图层模式改为颜色减淡，不透明度改为33%，如图10-2-73所示。

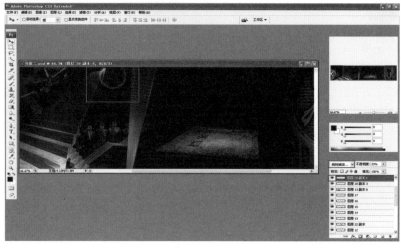

图 10-2-73

27 选择光斑素材导入图层中并添加图层蒙板，擦除一些边缘，图层模式改为颜色减淡，如图10-2-74所示。

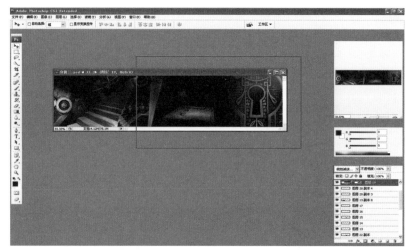

图 10-2-74

28 选择齿轮素材导入分镜二图层中，如图10-2-75所示。

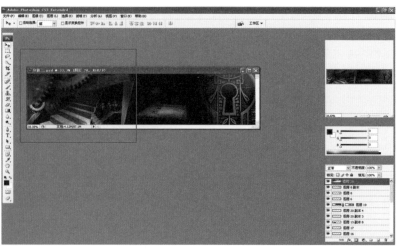

图 10-2-75

29 将齿轮图层添加图层蒙板，擦除边缘并复制图层放在上面，如图 10-2-76 所示。

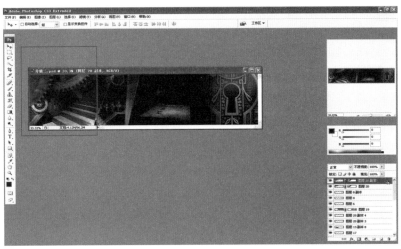

图 10-2-76

30 复制带有黄色渐变的图层放在分镜二图层上面，图层模式改为柔光，如图 10-2-77 所示。

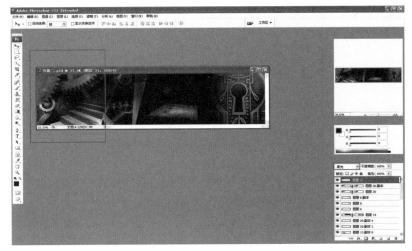

图 10-2-77

31 将光斑素材放在齿轮图层上面图层模式改为颜色减淡，如图 10-2-78 所示。

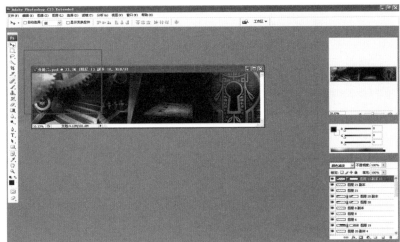

图 10-2-78

32 将拍摄的光斑素材导入放在分镜二图层中并复制光斑素材，图层模式改为滤色，如图10-2-79所示。

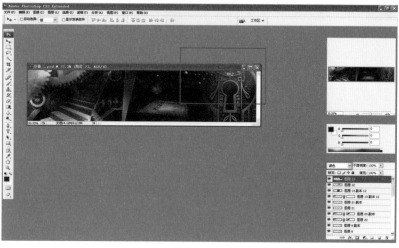

图 10-2-79

33 添加光斑素材放在人物图片位置，复制一层光斑放在楼梯图层上面，图层模式改为颜色减淡，如图10-2-80所示。

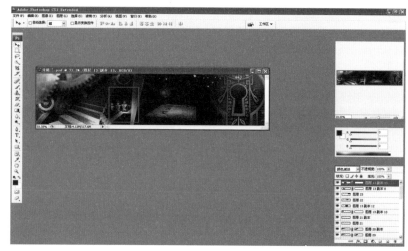

图 10-2-80

34 将光斑小元素素材导入图层模式改为滤色，如图10-2-81所示。

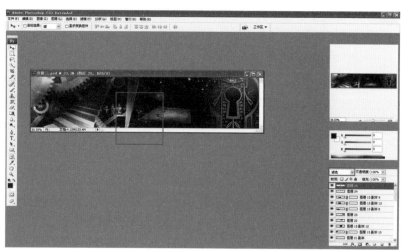

图 10-2-81

第10章 北京卫视整体包装栏目篇之档案

35 复制多个小元素，将光斑素材放在组里面，重命名 guang 放在分镜二图层画面楼梯处，如图 10-2-82 所示。

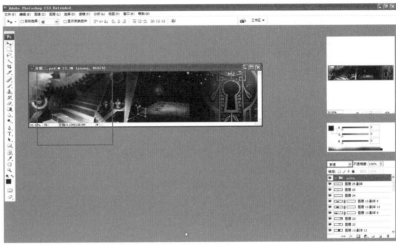

图 10-2-82

36 将三维渲染好的定版素材导入分镜二图层中，放在偏右的位置，如图 10-2-83 所示。

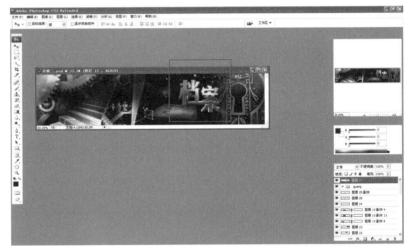

图 10-2-83

37 复制二层定版素材，放在第一层定版字后面，调整厚度，如图 10-2-84 所示。

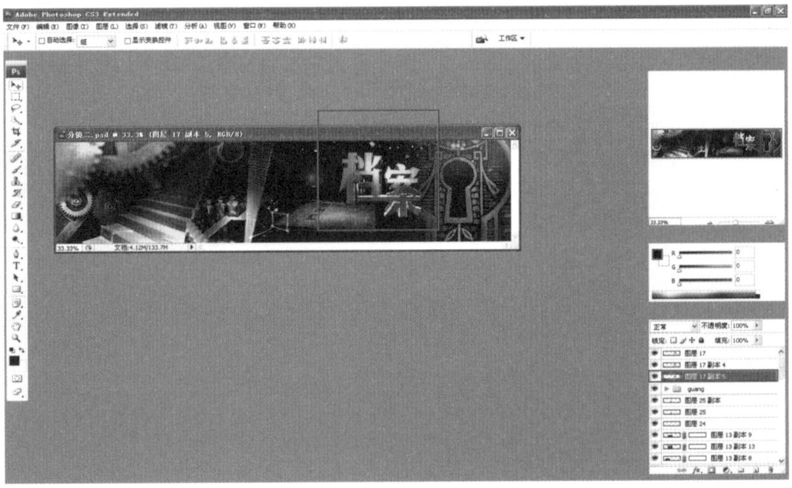

图 10-2-84

38 复制定版素材,按快捷键<Ctrl+T>垂直翻转做定版字的投影,图层模式改为滤色,如图10-2-85所示。

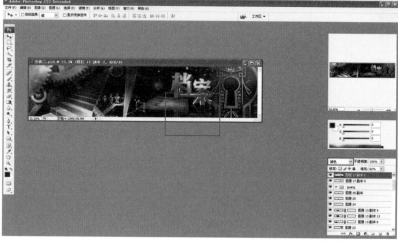

图 10-2-85

39 添加一个黄色纹理的贴图放在定板图层上面,图层模式改为强光并添加图层蒙板剪切,如图10-2-86所示。

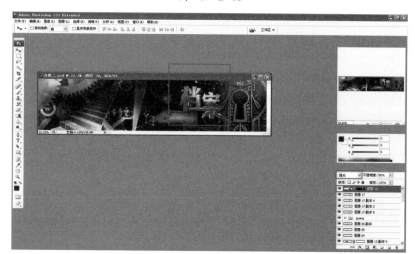

图 10-2-86

40 分镜二效果调节完成,如图10-2-87所示。

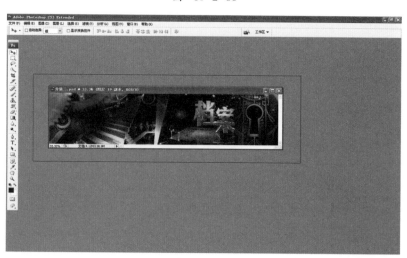

图 10-2-87

10.3 档案案例模型创建

10.3.1 书模型的创建

01 创建CV曲线,如图10-3-1所示。

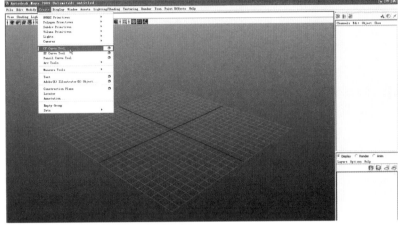

图 10-3-1

02 在设置里面检查是否是三线性的,一般默认就好,如图10-3-2所示。

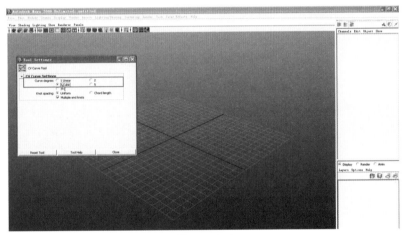

图 10-3-2

03 用曲线画出书皮的轮廓,先从书的中间开始向书皮上画,这样后面可以得到两边相同的曲线,创建时候按住<X>键第一个点创建在坐标网格上,然后向外绘画,如图10-3-3所示。

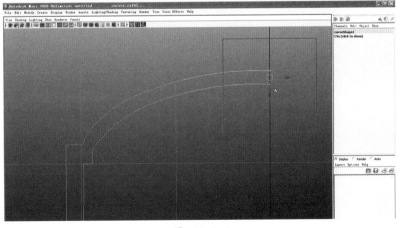

图 10-3-3

04 在创建时候注意曲线的转折，尽量要有5个点或是3个点进行曲线的转折制作，如图10-3-4所示。

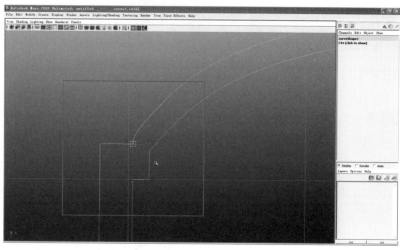

图 10-3-4

05 画完曲线后回车，得到完整的曲线，如图10-3-5所示。

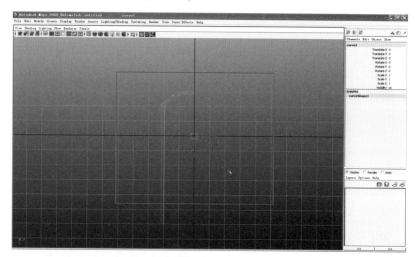

图 10-3-5

06 用复制命令或快捷键<Ctrl+D>将另一半复制出来，在缩放轴向上把X轴调节为-1，如图10-3-6所示。

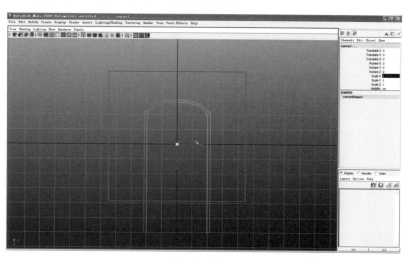

图 10-3-6

07 然后用合并曲线命令将两条曲线合并设置合并命令，如图 10-3-7 所示，并得到完整的合并后的曲线并且清除历史，如图 10-3-8 所示。

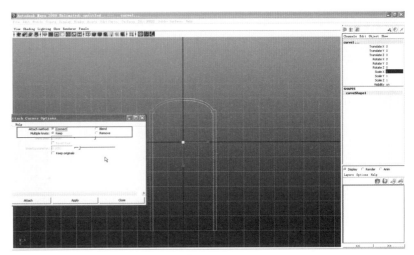

图 10-3-7

图 10-3-8

08 使用 Surfaces → Bevel plus 命令打开设置，将倒角类别调整下，如图 10-3-9 所示输出设置如图 10-3-10 所示。

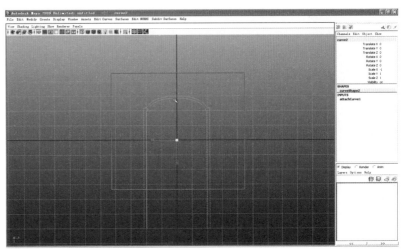

图 10-3-9

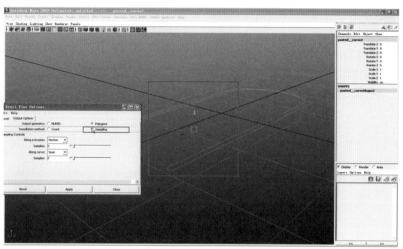

图 10-3-10

09 修改倒角挤出的历史,得到如图10-3-11所示的效果。

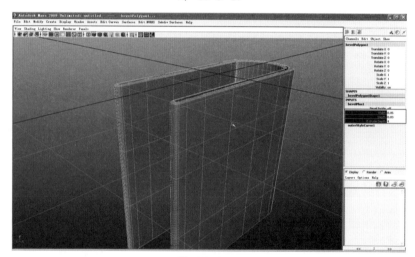

图 10-3-11

10 使用 Mesh → Fill Hole 补洞命令,将书的上下两边的口合上,如图10-3-12所示。

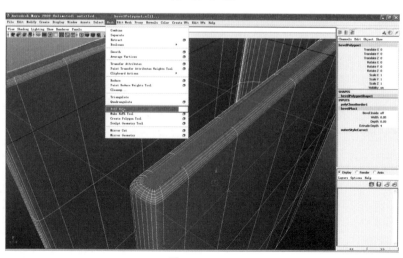

图 10-3-12

第 10 章　北京卫视整体包装栏目篇之档案

11 书页分为可翻开和不可翻开的，所以我们要准备两套，可以用制作书皮的方法得到书页（当然是不能翻开的），这里我们还需要用 Edit Curves → Open/Close Curves 命令将曲线口合上，如图 10-3-13 和图 10-3-14 所示。

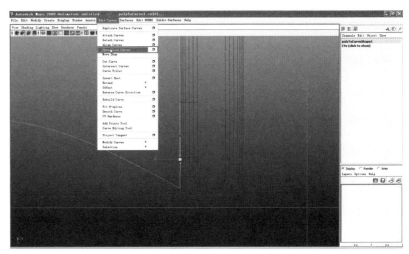

图 10-3-13

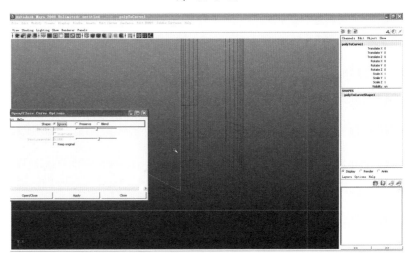

图 10-3-14

12 和我们之前创建书皮的方法一样，用 Surfaces → Bevel plus 命令，并调节模型的历史属性，得到需要的书页，然后封口，注意修改书页的倒角大小（尽量小些），因为书页没有那么大的圆滑角度，如图 10-3-15 和图 10-3-16 所示。

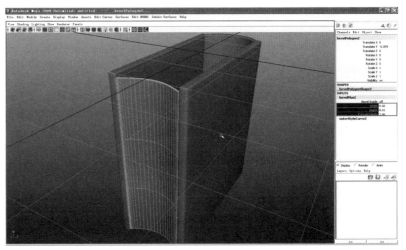

图 10-3-15

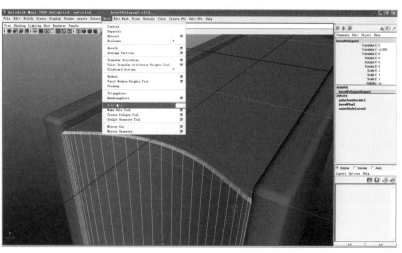

图 10-3-16

⑬ 接下来制作可以翻动的书页。因为是一页一页的，所以我们用片就可以得到，当然也可以复制多个片填充满书皮，作为可以打开的书页。书页的线段不要过多，有两段就好了，以防后面需要给书页增加变形，如图10-3-17所示。

图 10-3-17

⑭ 先复制出1个书页，和之前书页距离调整好，然后用快捷键<Ctrl+Shift+D>将其全部复制出来，最后得到如图10-3-18所示的效果。

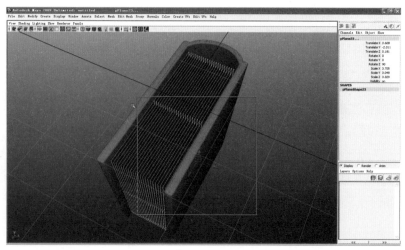

图 10-3-18

第10章 北京卫视整体包装栏目篇之档案

 这个时候我们会发现书页和正常书页有点区别，在于现在做的书页没有跟着书皮的弧度走。可以将书页打组（快捷键<Ctrl+G>），然后用动画模块下的Creat Deformers→Lattice晶格变形器进行调节，调节晶格的网格数量方便之后的书页调整，如图10-3-19所示。

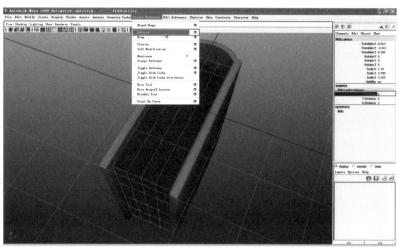

图 10-3-19

 调节晶格上的点匹配书的弧度，如图10-3-20所示。

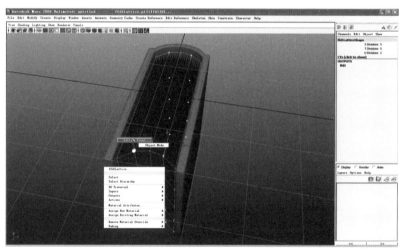

图 10-3-20

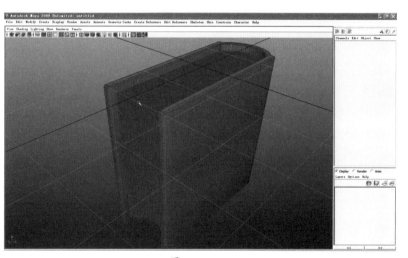 最后调整完的效果比较真实，如图10-3-21所示。

图 10-3-21

377

10.3.2 齿轮的创建

01 在多边形中找出一个比较符合制作齿轮的基础体,然后进行制作。如何选择基础体在多边形建模中是很关键,我们可以用空心圆柱体进行齿轮的建模,因为齿轮中间是空的。调节圆柱的高度和线段,然后隔行选取圆柱体的面,最后挤出缩放即可,如图10-3-22所示。

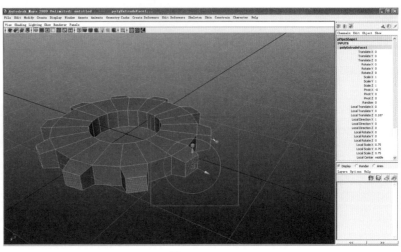

图 10-3-22

02 根据不同的要求,我们可以将齿轮增加些细节,比如平面上的凹凸,让齿轮显得细节更加丰富,如图10-3-23所示。

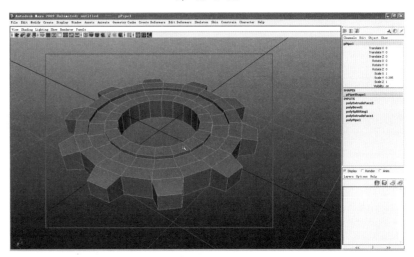

图 10-3-23

10.3.3 笔尖的制作

01 在基础形体中找出适合我们制作的基础体,然后进行制作。首先找到一个比较适合的基础几何体,用圆柱体开始大型的制作,如图10-3-24所示。

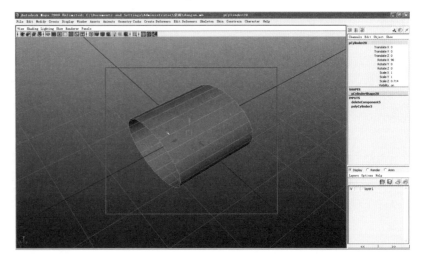

图 10-3-24

第10章 北京卫视整体包装栏目篇之档案

02 通过调节点得到我们需要钢笔尖的侧面的造型，如图10-3-25和图10-3-26所示。

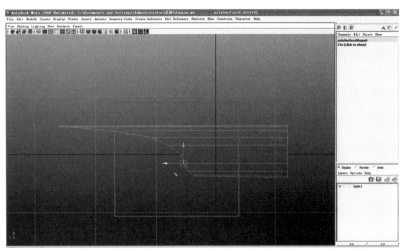

图 10-3-25

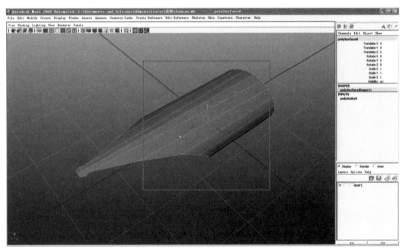

图 10-3-26

03 用 Edit mesh → Insert Edge Loop Tool 工具增加基础形体的环线，然后调节形体让它更像钢笔尖，如图10-3-27所示。

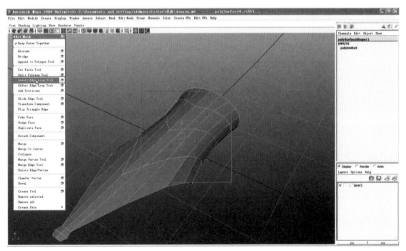

图 10-3-27

04 接下来我们继续用 Edit mesh → Insert Edge Loop Tool 工具增加基础形体的环线，为后面给钢笔尖做出笔尖洞做准备，如图 10-3-28 所示。

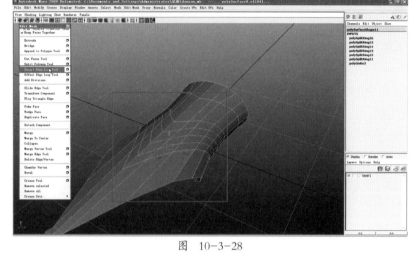

图 10-3-28

05 用新加的线段准备调节钢笔的头上的圆形的洞，但是如果手动调节，不一定会调节的很理想，所以需要一个基础体去作为参考（基础体的大小调节为需要制作的圆形洞的大小），然后去调整笔尖上的线段（调节为圆形），这样看着会更圆和真实，如图 10-3-29 所示。

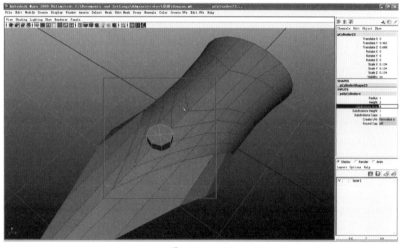

图 10-3-29

06 在开始调节时候，可以先选取面，删除一半的模型，如图 10-3-30 所示。

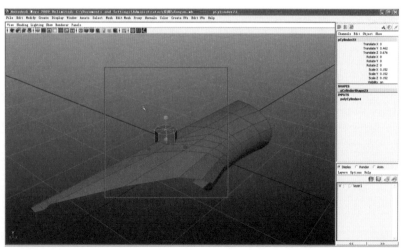

图 10-3-30

07 复制 Edit Duplicate Special 点开设置下关联，这样，我们就可以让另一边的模型跟着所调解的模型一起动了，方便调节笔头上的点，仔细调整笔头与参考物体的点，如图10-3-31所示。

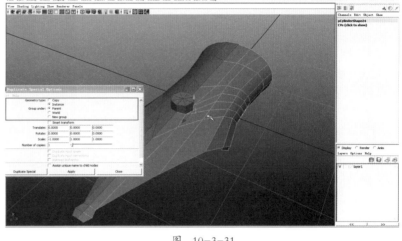

图 10-3-31

08 仔细调整完，就可以删除掉参考物体了，然后把洞上的面删除掉，如图10-3-32所示。

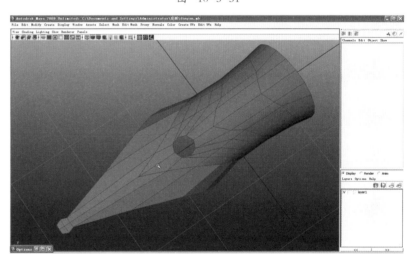

图 10-3-32

09 因为钢笔尖前面是分开的，所以需要把钢笔前面部分中间的线稍微分开些，做出钢笔的缝隙，如图10-3-33所示。

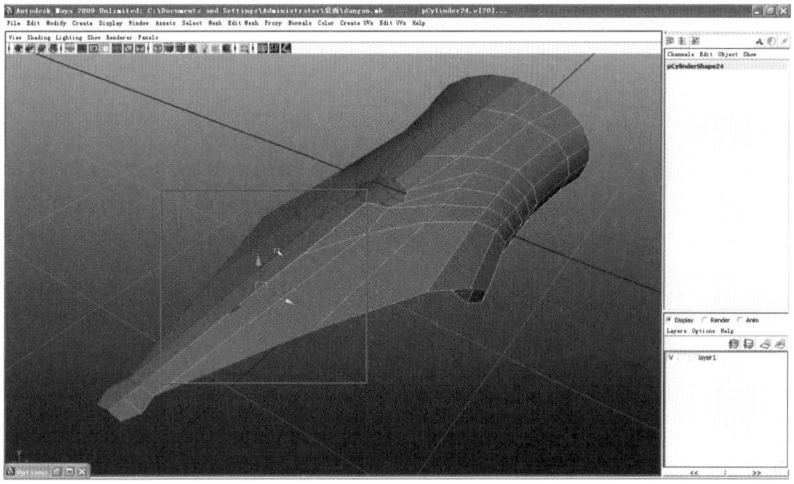

图 10-3-33

10 现在大体的钢笔尖已经完成，剩下的就是添加钢笔的主要花纹。使用Edit mesh → Insert Edge Loop Tool 增加环线，准备做出需要的笔尖主要花纹，如图10-3-34所示。

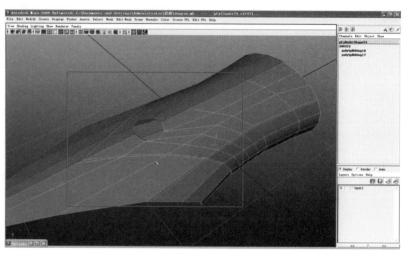

图 10-3-34

11 选择花纹的面，然后用 Edit Mesh → Extrude 挤压出我们笔头的花纹，并删除掉边缘部分多出来的面，如图10-3-35和图10-3-36所示。

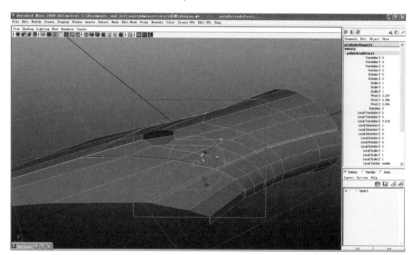

图 10-3-35

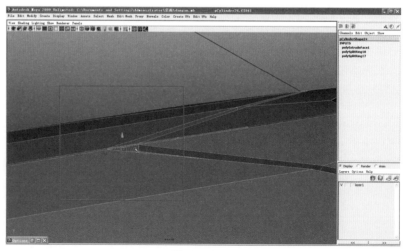

图 10-3-36

第10章 北京卫视整体包装栏目篇之档案

 用 Edit Mesh → Extrude 命令给笔尖圆洞部分挤压出个宽度（需要注意的是，这次挤压的时候要调整坐标轴的位置到世界坐标中心，按住快捷键 <D+X> 可以移动到世界坐标网格），方便后面的制作，如图 10-3-37 所示。

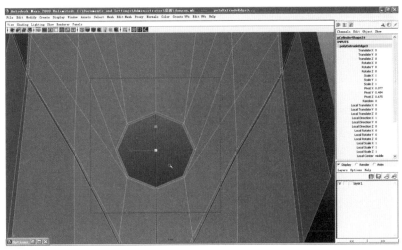

图 10-3-37

 把笔尖 Mesh → Combine 合并上，并且把点用 Edit Mesh → Merge 合并上，如图 10-3-38 所示。

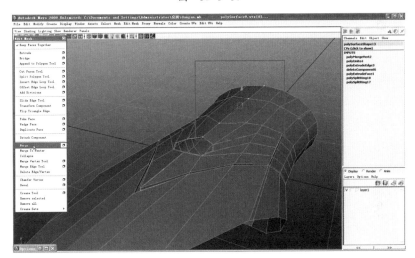

图 10-3-38

14 合并完成后选择所有的面，用 Edit → Mesh_Extrude 挤压出一个厚度，如图 10-3-39 所示。

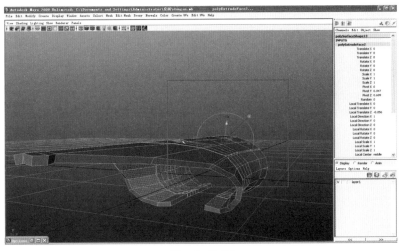

图 10-3-39

15 调节笔尖的头部调整为圆形,如图 10-3-40 所示。

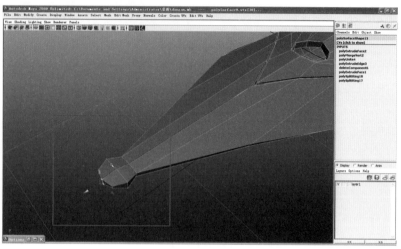

图 10-3-40

16 为了保证后面细分钢笔右硬角,需要在笔尖的厚度部分上下加上两条环线,如图 10-3-41 所示。

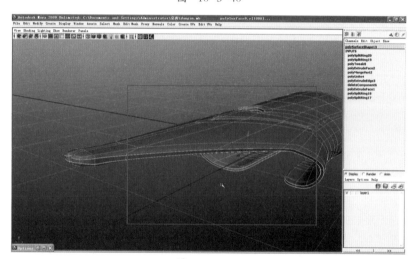

图 10-3-41

17 根据步骤 16 里面的方法,需要把笔尖不需要圆滑的地方继续添加环线,如图 10-3-42 所示。

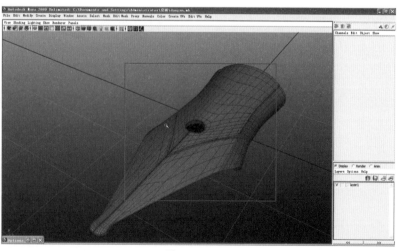

图 10-3-42

10.3.4 锁的制作

 根据锁孔的形状，决定先从锁孔开始往外做。先制作锁孔的形状，然后用圆柱体制作锁眼，如图10-3-43所示。

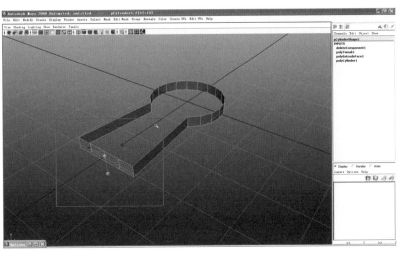

图 10-3-43

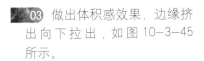 挤出锁眼的边缘厚度并整理线，如图10-3-44所示。

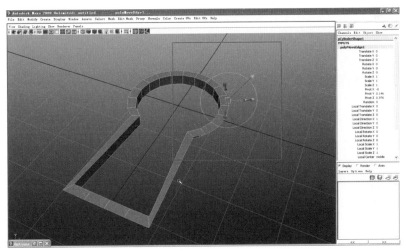

图 10-3-44

03 做出体积感效果，边缘挤出向下拉出，如图10-3-45所示。

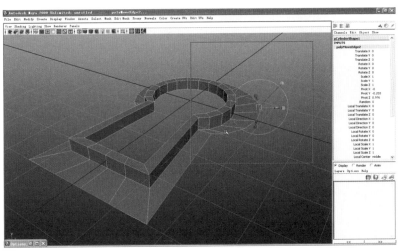

图 10-3-45

04 然后把锁的边缘调整平，如图 10-3-46 所示。

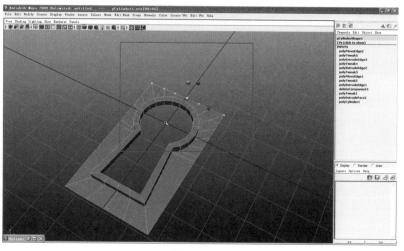

图 10-3-46

05 从锁眼往外搭建出锁身部分的大小，同时挤压出锁身的厚度，如图 10-3-47 所示。

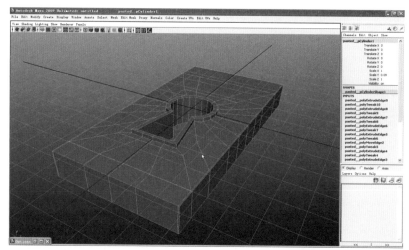

图 10-3-47

06 开始制作锁的外侧部分，制作方法和锁芯一样，先从里面的造型入手，进行制作，创建圆柱体，然后调整大小，选择相应的面使用 Edit Mesh → Extrude 把面挤出来，如图 10-3-48 所示。

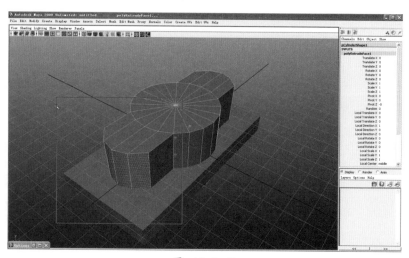

图 10-3-48

第 10 章 北京卫视整体包装栏目篇之档案

07 删除上下的面（和锁芯基本类似），如图 10-3-49 所示。

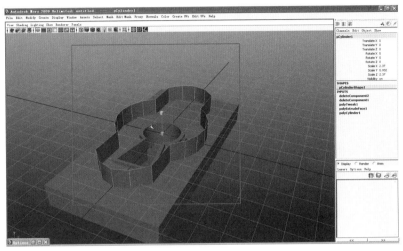

图 10-3-49

08 选择边缘，进行边缘厚度与高度和外部方体的制作，如图 10-3-50 所示。

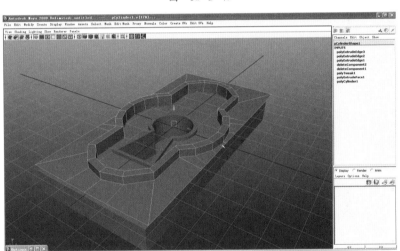

图 10-3-50

09 给边缘挤出边缘，方便之后的调整，再分别给两端的边进行挤压增加锁身的长度并且挤压出锁身的厚度，如图 10-3-51 和图 10-3-52 所示。

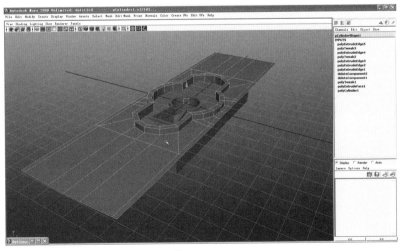

图 10-3-51

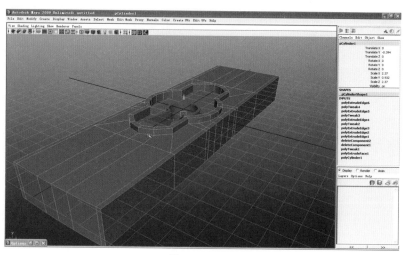

图 10-3-52

10 开始制作锁身上面的花纹，先从比较难的开始，锁身可以分成4份，而且是相同的纹理，如图10-3-53所示。

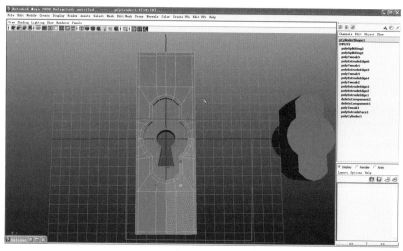

图 10-3-53

11 在做花纹的时候，可以找到其中的四分之一进行，先用 Edit Mesh → Split Polygon Tool 分割多边形命令进行花纹布线的绘制，绘制完成后复制另外三个体合并合点就可以了，如图10-3-54所示。

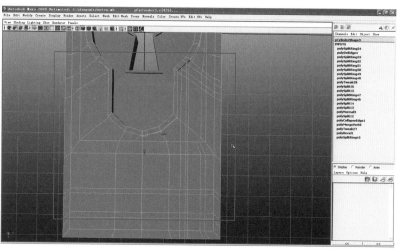

图 10-3-54

第 10 章　北京卫视整体包装栏目篇之档案

12 在分割完成的线上选择面进行花纹的挤出，如图 10-3-55 和图 10-3-56 所示。

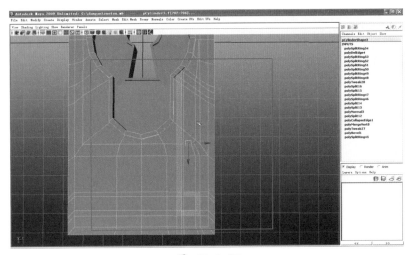

图　10-3-55

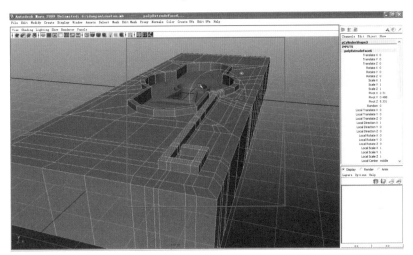

图　10-3-56

13 这里需要注意的是，后挤出的花纹与之前的衔接处的面要删除，如图 10-3-57 所示，然后将用 EditMesh → Merge 合并，如图 10-3-58 所示。

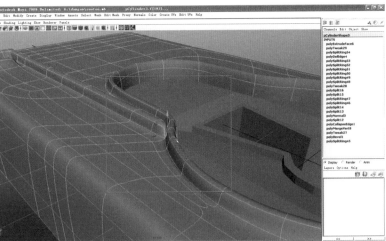

图　10-3-57

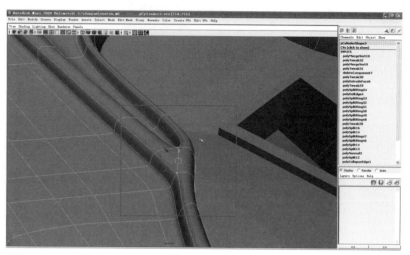

图 10-3-58

14 使用 EditMesh → Dlete Edge/Vertex 删除掉一条没有用的线，如图 10-3-59 和图 10-3-60 所示。

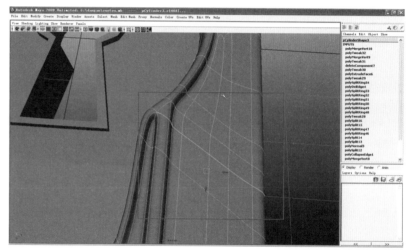

图 10-3-59

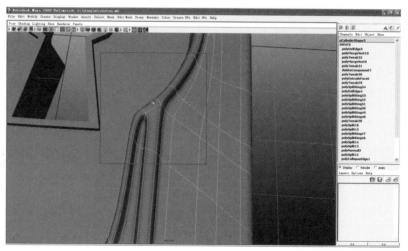

图 10-3-60

第10章 北京卫视整体包装栏目篇之档案

15 然后把其他的高度用 Edit Mesh → Extrude 挤压出来，如图 10-3-61 所示。

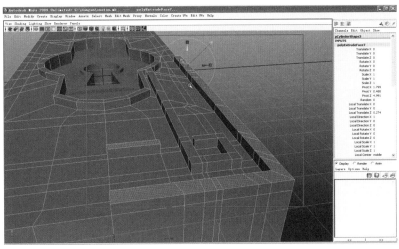

图 10-3-61

16 先选择有细节部分的面，然后按住 <Shift> 键框选其他的面进行反向选择，删除没有细节的部分，如图 10-3-62 所示。

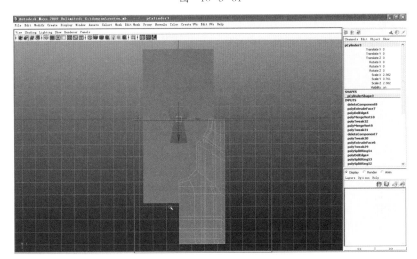

图 10-3-62

17 对这个有细节的锁身上，需要圆滑代理，将过软的边缘线加上些线，让它硬朗起来，这样看起来才像是金属的，如图 10-3-63 所示。

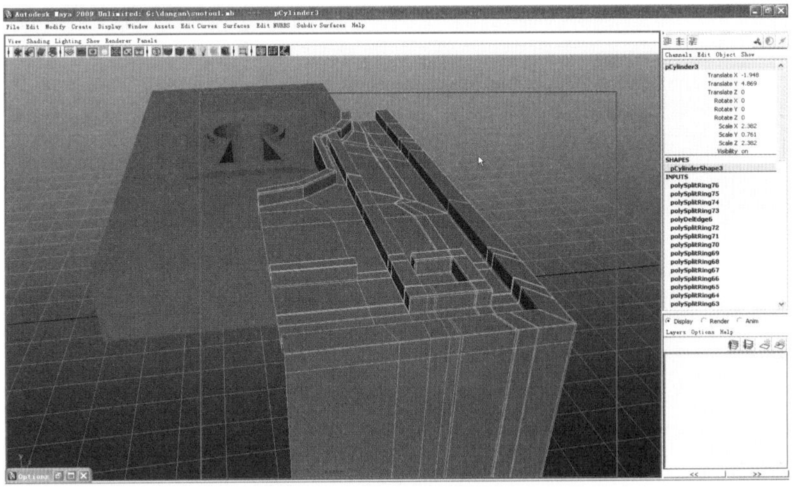

图 10-3-63

18 按快捷键 <Ctrl+D> 复制出新的物体,然后在缩放的属性的相应轴向上打上负值即可,先做左边的部分然后合并合点,然后镜像复制上面的部分合并合点,整个锁身就完成了,如图 10-3-64 和图 10-3-65 所示。

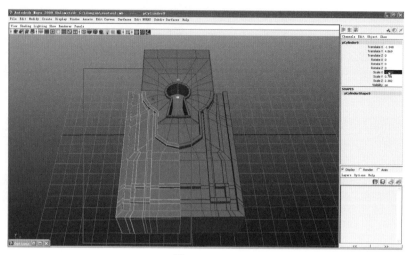

图 10-3-64

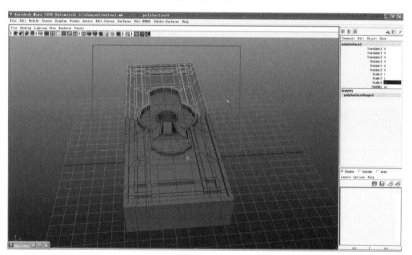

图 10-3-65

19 剩下的纹理可以单独制作,最后摆放在上面即可,如图 10-3-66 所示。

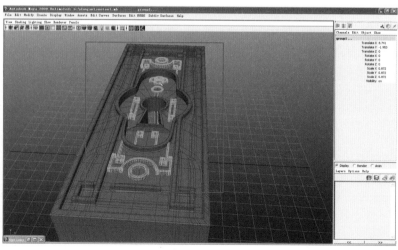

图 10-3-66

第10章 北京卫视整体包装栏目篇之档案

20 最终效果如图10-3-67所示。

图 10-3-67

10.4 档案材质制作

10.4.1 第一个镜头钢笔材质

01 打开Maya镜头一钢笔文件，单击Create创建菜单中Lights灯光面板里Volume Light体积光创建，如图10-4-1所示。

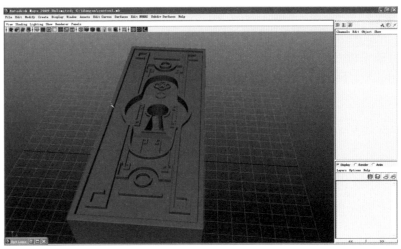

图 10-4-1

02 单击Volume Light体积光Color颜色属性，调整为偏黄色，Intensity灯光强度调整为1.85，如图10-4-2所示。

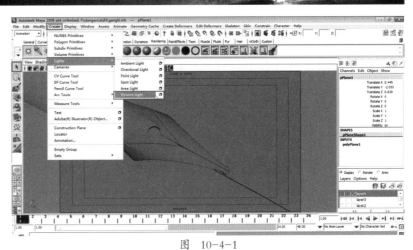

图 10-4-2

393

03 再次创建一个体积光放置在钢笔外侧，灯光颜色调为白色，Intensity 灯光强度调整为 0.6，如图 10-4-3 所示。

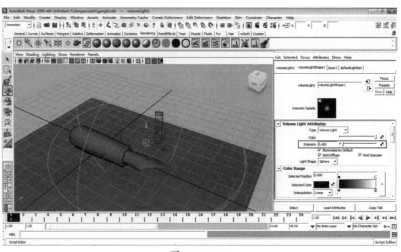

图 10-4-3

04 单击 Create 创建菜单中 Lights 灯光面板里 Point 点光源创建，调整点光源位置灯光颜色调为白色，Intensity 灯光强度调整为 0.2，如图 10-4-4 和图 10-4-5 所示。

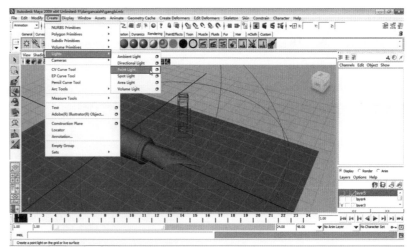

图 10-4-4

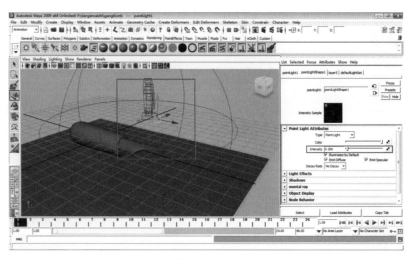

图 10-4-5

05 单击Create创建菜单中Lights灯光面板里Directional Light平行光放置如图10-4-6所示，灯光颜色调为偏黄色Intensity，灯光强度调整为0.6，如图10-4-7所示。

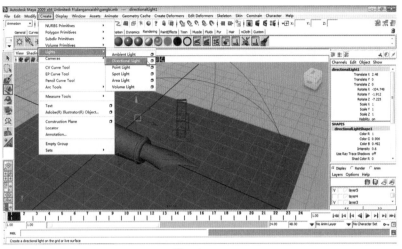

图 10-4-6

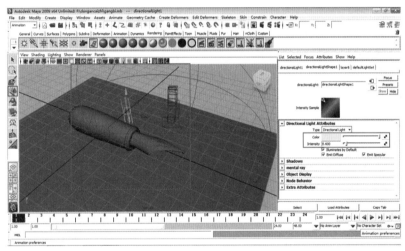

图 10-4-7

06 调整灯光属性，灯光测试效果如图10-4-8所示。

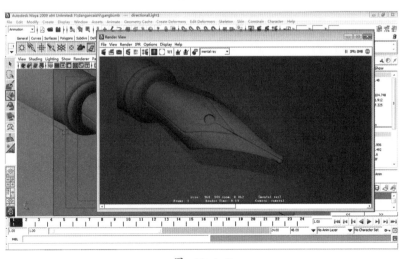

图 10-4-8

07 创建两个面片做为钢笔的反光板放置如图10-4-9所示，并添加为Lambert材质，Color颜色节点为白色，Transparency透明属性开启，Incandescence自发光属性，调节如图10-4-10所示。

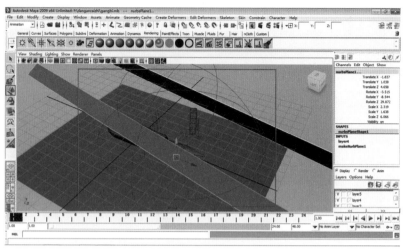

图 10-4-9

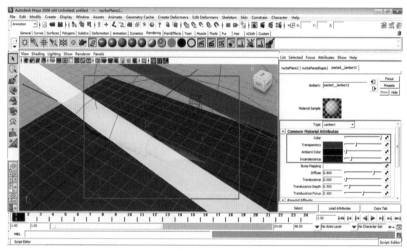

图 10-4-10

08 选择钢笔尖模型，赋予第一个Blin材质球做为高光部分，选择Color颜色节点调整为白色，Transparency透明属性调为白色，如图10-4-11和图10-4-12所示。

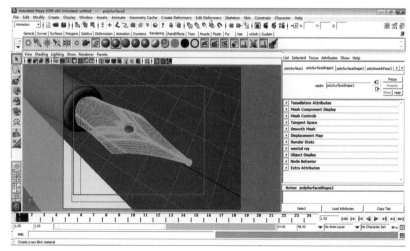

图 10-4-11

09 单击Specular Shading高光属性中Eccentricity高光范围调整为0.132，Specular Roll off高光强度为1，Specular Color高光颜色为白色，调整如图10-4-13所示。

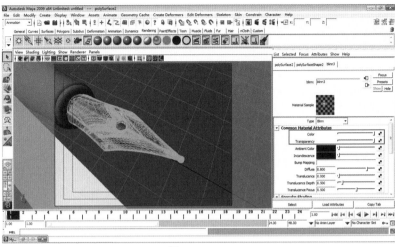

图 10-4-12

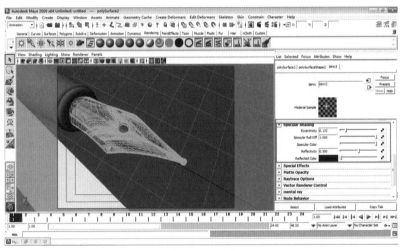

图 10-4-13

10 创建一个新的Blin材质球做为钢笔颜色信息，选择Color颜色节点调整为偏深黄色信息，颜色信息数值调整为HSV 30.92,0.764,0.312，将Ambient Color环境色调整为深褐色，颜色信息数值调整为15.87,0.932,0.192如图10-4-14和图10-4-15所示。

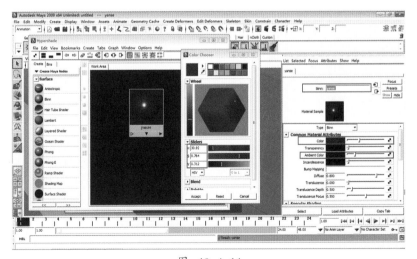

图 10-4-14

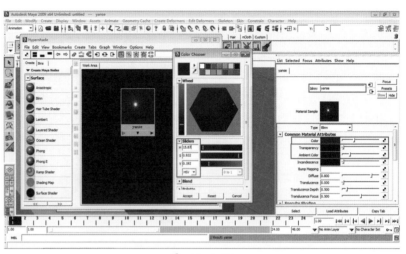

图 10-4-15

11 选择 yanse 材质球 Specular Shading 高光属性中 Eccentricity 高光范围调整为 0.149，Specular Roll off 高光强度为 1，Specular Color 高光颜色为白色 Reflectivity 反射率为 1，调整如图 10-4-16 所示。

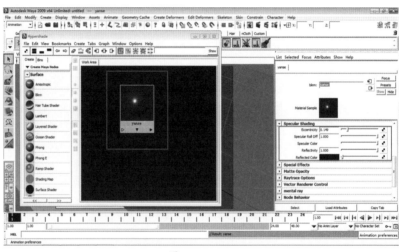

图 10-4-16

12 打开 Hypershade 属性编辑器，在右面材质球属性中，按住鼠标中键将 Layered Shader 层材质拖到 WorkArea 工作区中，如图 10-4-17 所示。

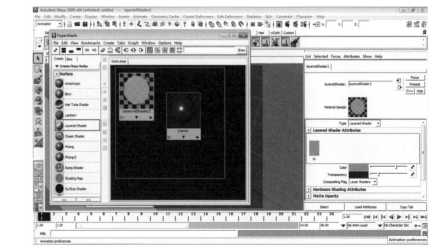

图 10-4-17

第 10 章 北京卫视整体包装栏目篇之档案

13 将第一个调整好的高光层和 yanse 材质球依次放入 Layered Shader 层材质球中,高光材质球在前面 yanse 材质球在后面放置,如图 10-4-18 所示。

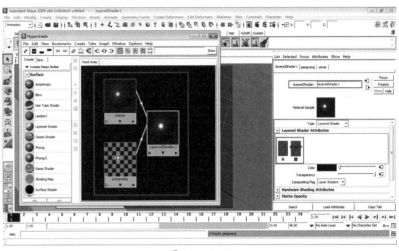

图 10-4-18

14 选择钢笔尖下面的模型赋予一个新的 Blin 材质球,材质球属性调整,如图 10-4-19 和图 10-4-20 所示。

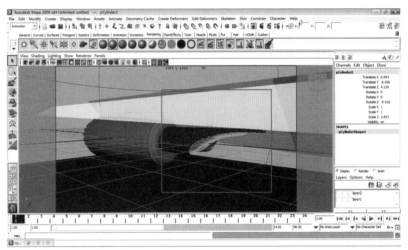

图 10-4-19

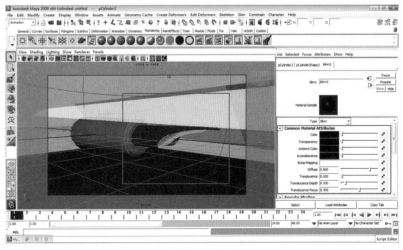

图 10-4-20

399

15 同上选择钢笔杆，添加一个新的 Blin 材质球重命名为 bigan，材质属性调整如图 10-4-21 所示。

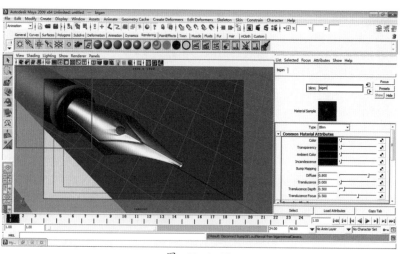

图 10-4-21

16 选择笔杆材质球 Bump Mapping 凹凸属性后面的棋盘格，添加 2D Texture 二维贴图属性中的 Fractal 分形碎片节点，调整 Fractal 属性，Bump Depth 凹凸深度值调整为 0.05 如图 10-4-22～图 10-4-24 所示。

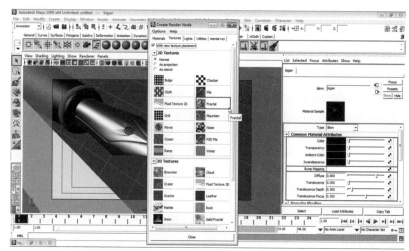

图 10-4-22

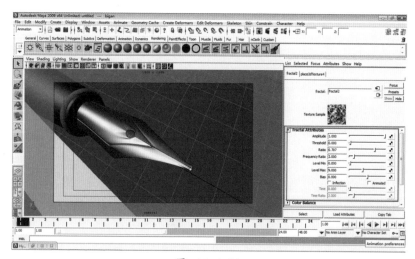

图 10-4-23

第 10 章 北京卫视整体包装栏目篇之档案

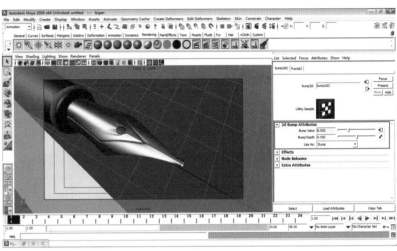

图 10-4-24

17 选择bigan 材质球 Specular Shading 高光属性中 Eccentricity 高光范围调整为 0.3，Specular Roll off 高光强度为 0.7，Specular Color 高光颜色为灰色，Reflectivity 反射率为 0.083，调整如图 10-4-25 所示。

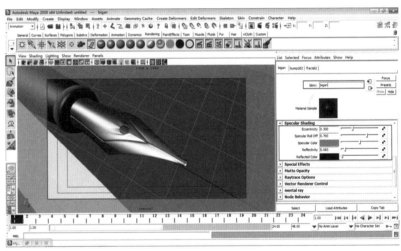

图 10-4-25

18 选择钢笔尖圈模型，添加一个新的 Blin，Color 颜色调整为土黄色，颜色信息 HSV 调整为 30.1，0.868，0.431，选择 Specular Shading 高光属性中 Eccentricity 高光范围调整为 0.149，Specular Roll off 高光强度为 1，Specular Color 高光颜色为灰色 Reflectivity 反射率为 1，调整如图 10-4-26 和图 10-4-27 所示。

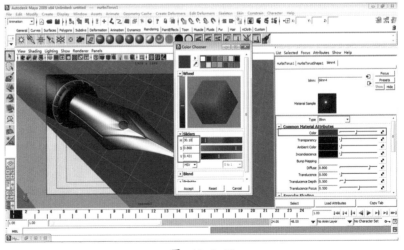

图 10-4-26

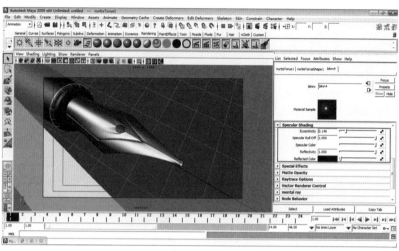

图 10-4-27

19 选择钢笔尖圈材质球 Specular Shading 高光属性中 Reflected Color 反射颜色属性后面的棋盘格，添加 Environment Texture 环境纹理中 Env Sphere 环境球节点，在 Image 属性后面添加 Ramp 贴图，颜色信息调整为黑－白，黑－土黄，如图 10-4-28～图 10-4-30 所示。

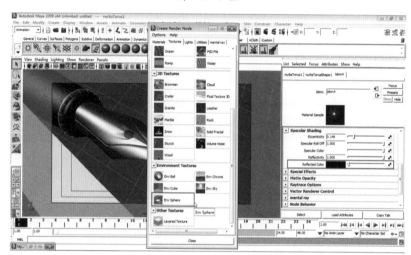

图 10-4-28

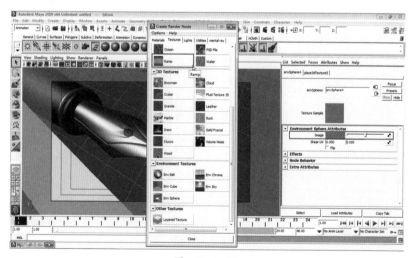

图 10-4-29

第 10 章 北京卫视整体包装栏目篇之档案

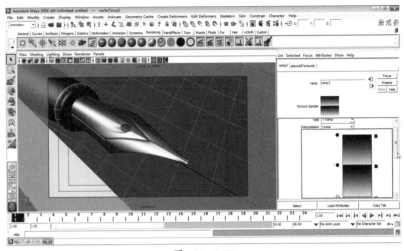

图 10-4-30

10.4.2 定版字材质调节

01 打开定版字模型,在 Create 创建菜单中 Lights 灯光面板里 Volume Light 创建体积光,如图 10-4-31 所示。

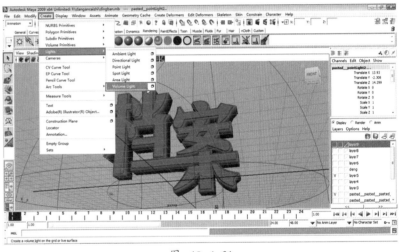

图 10-4-31

02 体积光创建放置如图 10-4-32 所示,灯光颜色调为黄色 Intensity 灯光强度调整为 1,再次复制一个体积光参数调整如图 10-4-33 所示。

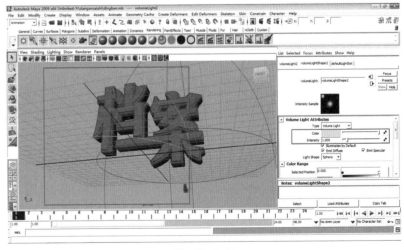

图 10-4-32

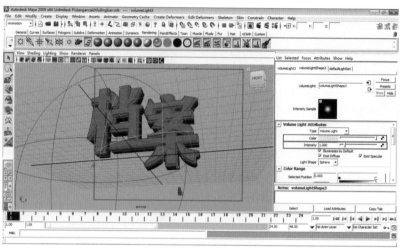

图 10-4-33

03 单击Create创建菜单中Lights灯光面板里Point点光源创建，调整点光源位置灯光颜色调为白色，Intensity灯光强度调整为0.661，如图10-4-34和图10-4-35所示。

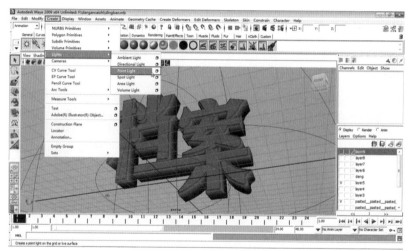

图 10-4-34

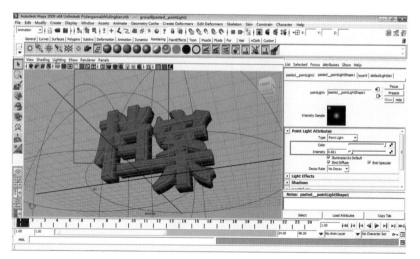

图 10-4-35

第10章 北京卫视整体包装栏目篇之档案

04 调整完灯光属性，渲染测试效果如图 10-4-36 所示。

图 10-4-36

05 选择"档案"模型，赋予新的 Blin 材质球，Color 颜色信息调整为金色 HSV 颜色，信息数值为 34.98, 0.979, 0.248，Diffuse 漫反射信息调整为 0.413，如图 10-4-37 所示。

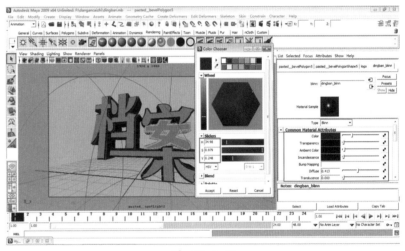

图 10-4-37

06 选择档案定班字材质球 Bump Mapping 凹凸属性后面的棋盘格，添加 2D Texture 二维贴图属性中的 Fractal 分形碎片节点 Fractal 属性调整如图 10-4-38 所示，Bump Depth 凹凸深度值调整为 0.070 如图 10-4-39～图 10-4-40 所示。

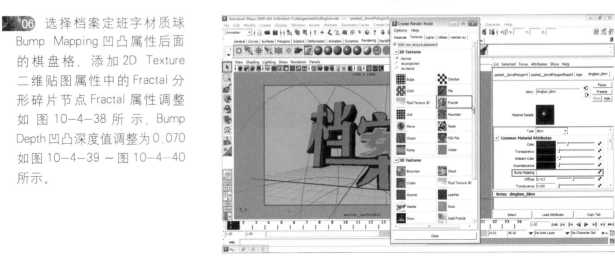

图 10-4-38

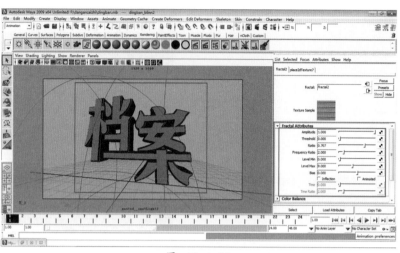

图 10-4-39

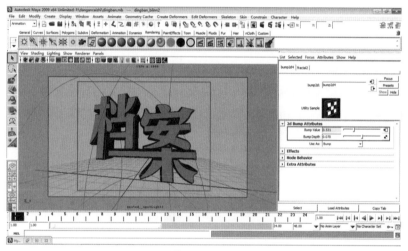

图 10-4-40

07 选择定版字材质球，调整 Specular Shading 高光属性中 Eccentricity 高光范围调整为 0.190，Specular Roll off 高光强度为 1.995，Specular Color 高光颜色为土黄色，Reflectivity 反射率为 0.529，调整如图 10-4-41 所示。

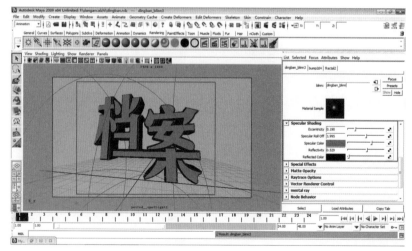

图 10-4-41

第10章 北京卫视整体包装栏目篇之档案

08 单击材质球下面 Special Effect 特殊效果中 Glow Intensity 辉光强度为 0.005，取消勾选 HideSource，如图 10-4-42 所示。

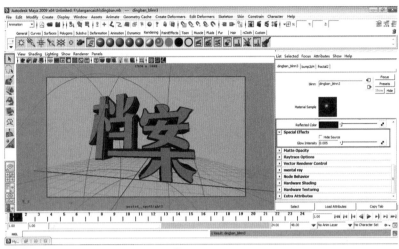

图 10-4-42

09 打开 Maya 渲染设置面板，渲染切换为 Mentalray 渲染器，渲染尺寸 Image Size 改为 HD1920*1080 高清尺寸，将渲染质量 Quality Presets 改为 Production 产品级，勾选 Raytracing 光线追踪，如图 10-4-43 和图 10-4-44 所示。

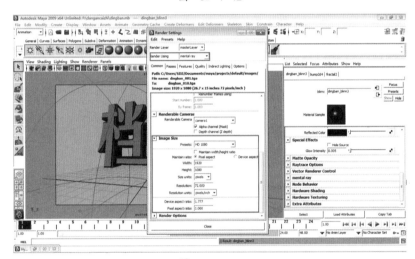

图 10-4-43

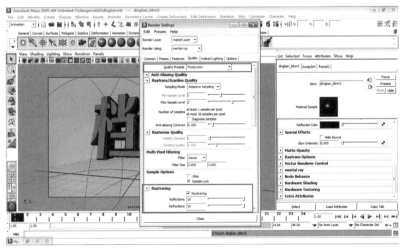

图 10-4-44

10 选择 Indirect Lighting 间接照明属性中 Global Illumination 全局照明属性并将其勾选，将 Final Gathering 最终聚集开启调节，如图 10-4-45 所示。

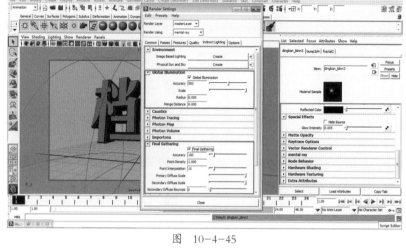

图 10-4-45

11 创建圆形反光板放置如图 10-4-46 所示，选择反光板添加 Lambert 材质，Color 颜色调为白色，Transparency 透明属性调为白色，Incandescence 自发光属性。

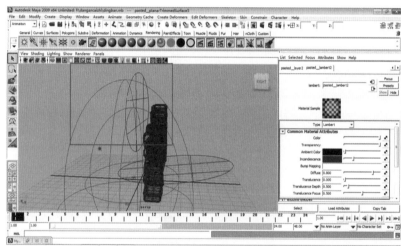

图 10-4-46

12 定版字材质渲染测试效果如图 10-4-47 所示。

图 10-4-47

10.5 在 Maya 中完成动画的制作

《档案》整片的动画是一个完整流畅的镜头，穿过"钢笔划痕"、"旋转齿轮"、"历史书籍"、"锁孔定版"等四个场景。在 Maya 中制作的时候，实际上是按场景分镜头制作的，接下来讲解具体制作过程。

01 首先进行镜头一钢笔场景的制作，用刚刚制作好的钢笔模型搭建镜头一，如图 10-5-1 所示，创建一个摄像机，执行 Ceate → Cameras → Camera 命令。

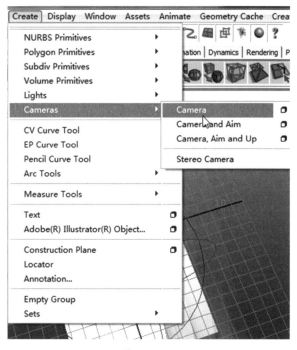

图 10-5-1

02 把摄像机焦段调整到合适的大小，如图 10-5-2 所示，在通道栏里修改 Camera Shape1 中的 Focal Length 为 24（注意：摄像机的默认焦距值是 35。小于 35 为广角镜头；大于 35 则反之）。

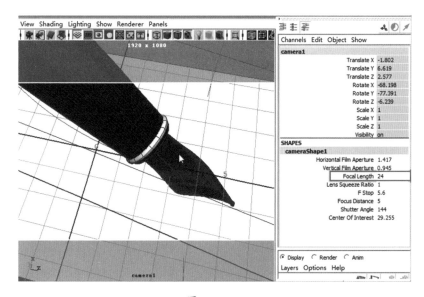

图 10-5-2

03 在场景中，配合构图调整摄像机位置，如图10-5-3所示。

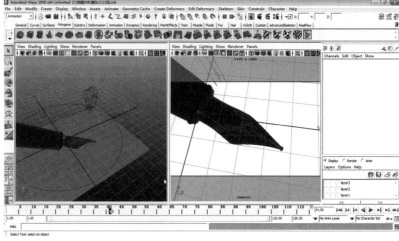

图 10-5-3

04 本镜头是一个推镜头的动势，镜头起点如图10-5-4所示。

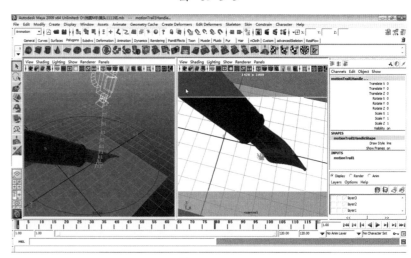

图 10-5-4

05 落点位置如图10-5-5所示，镜头落点位置穿过纸张，正好顺接下一镜头。

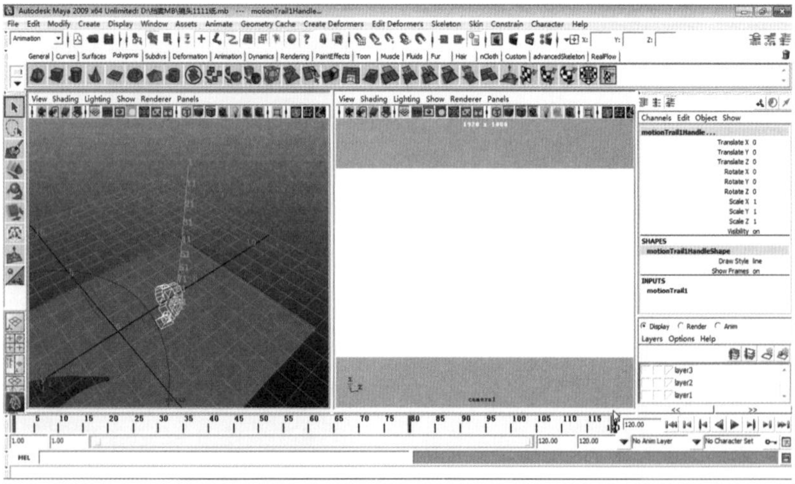

图 10-5-5

第 10 章 北京卫视整体包装栏目篇之档案

06 本镜头是旋转齿轮和交错楼梯的场景，如图 10-5-6 所示。

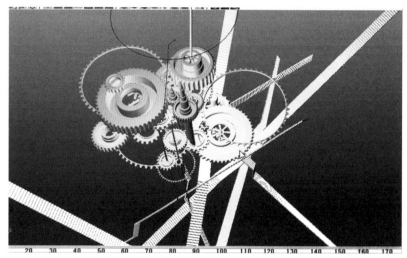

图 10-5-6

07 执行 Create → Cameras → Camera 命令，新创建一台摄像机，如图 10-5-7 所示。

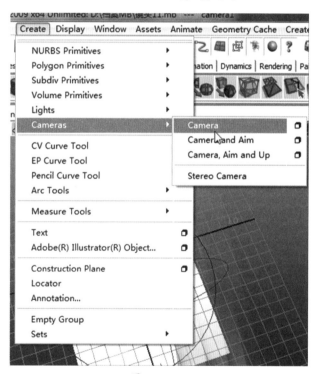

图 10-5-7

08 把摄像机焦段调整到合适的大小，如图 10-5-8 所示，在通道栏里修改 CameraShape1 中的 Focal Length 为 24。

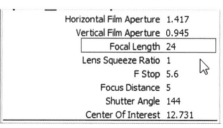

图 10-5-8

411

09 把新建的摄像机调整构图到合适位置，如图10-5-9所示。

图 10-5-9

10 此镜头也是一个推镜头，要考虑上下镜头的速度和节奏，结合上一镜头做到连贯性，把镜头调整到合适位置，并且在合适位置K帧，如图10-5-10～图10-5-14所示。

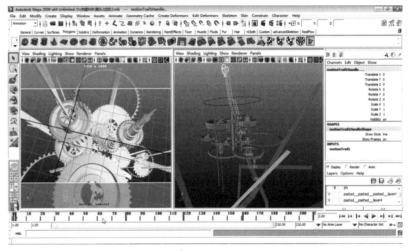

图 10-5-10

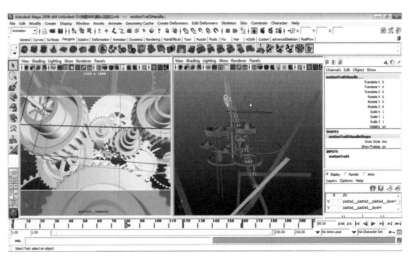

图 10-5-11

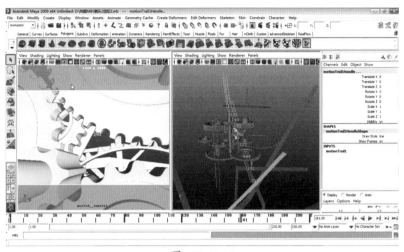

图 10-5-12

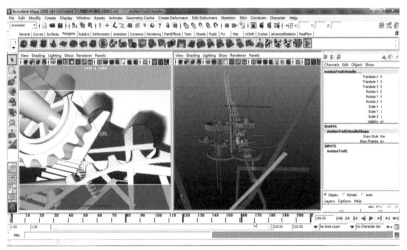

图 10-5-13

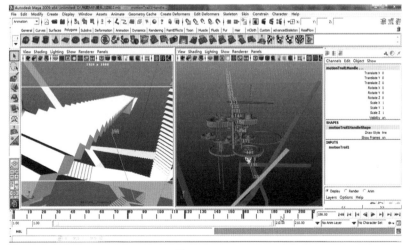

图 10-5-14

11 此镜头是穿过历史书籍资料的场景，同样动作的连贯性非常的重要（注意把握整体镜头的节奏和构图）执行 Create → Cameras → Camera 命令，新创建一台摄像机，如图 10-5-15 所示。

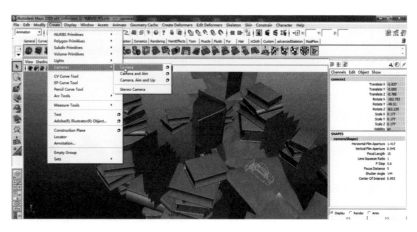

图 10-5-15

12 把摄像机焦段调整到合适的大小，如图 10-5-16 所示，在通道栏里修改 Camera Shape1 中的 Focal Length 为 15。

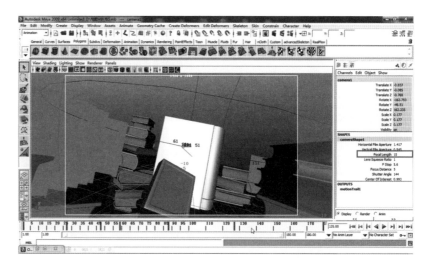

图 10-5-16

13 把镜头调整到合适位置，并且在合适位置 K 帧，做到一个流畅的穿梭镜头，如图 10-5-17～图 10-5-21 所示。

图 10-5-17

第10章 北京卫视整体包装栏目篇之档案

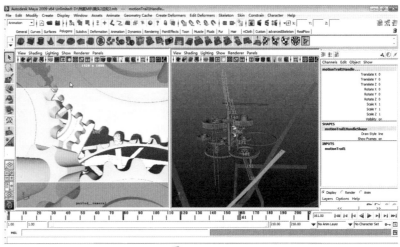

图 10-5-18

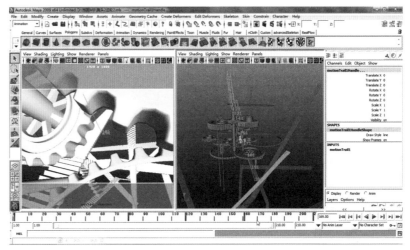

图 10-5-19

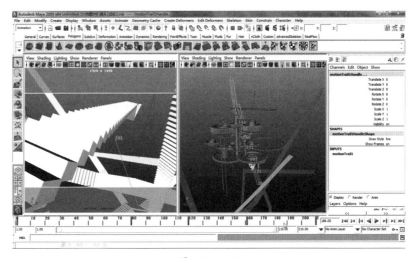

图 10-5-20

图 10-5-21

14 此镜头作为最后的锁孔定版镜头，同样也是要注意前面镜头的流畅性，首先创建一台摄像机执行 Create → Cameras → Camera 命令，如图 10-5-22 所示。

图 10-5-22

15 在摄像机的通道栏里，调整摄像机广角属性 CameraShape1 中的 Focal Length 为 15，如图 10-5-23 所示。

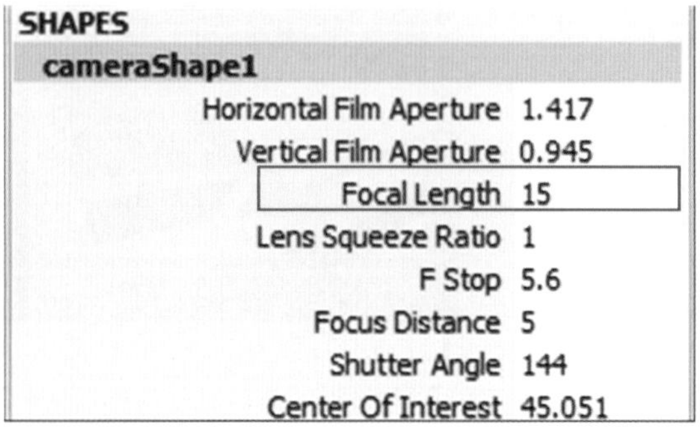

图 10-5-23

第 10 章 北京卫视整体包装栏目篇之档案

16 调整摄像机角度和位置，如图10-5-24～图10-5-27所示，并在适当位置K帧。

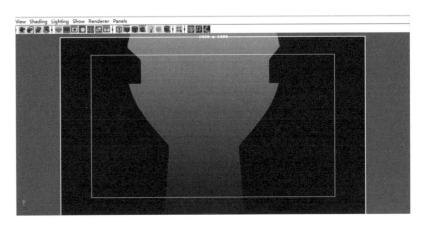

图 10-5-24

图 10-5-25

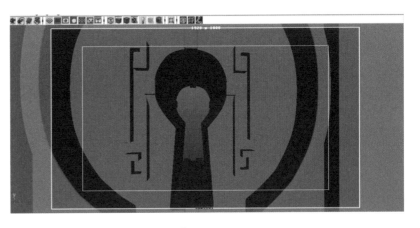

图 10-5-26

17 最后把以上不同场景的摄像机剪辑到一起,就达到了片子中看到的效果。

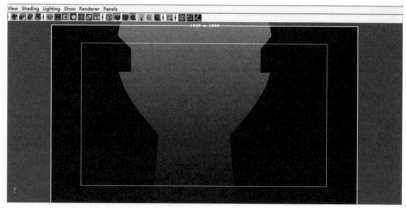

图 10-5-27

10.6 运用 After Effects 后期合成

10.6.1 镜头一合成

01 启动 After Effects,执行 File → Project Setting(工程设置)命令,如图 10-6-1 所示。

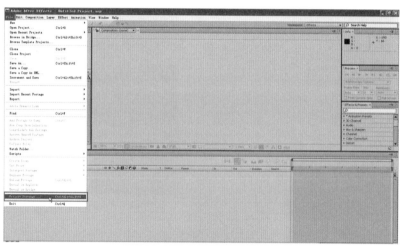

图 10-6-1

02 打开 Project Setting 对话框,设置 Timecode Base 为 25fps,如图 10-6-2 所示。

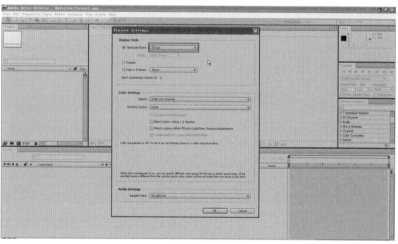

图 10-6-2

第10章 北京卫视整体包装栏目篇之档案

03 执行 Edit → Preferences → Import（导入）命令，如图 10-6-3 所示。

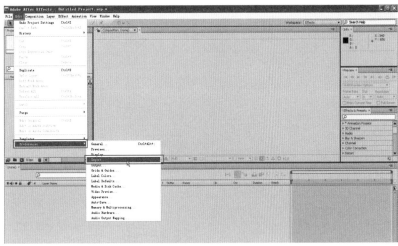

图 10-6-3

04 将 Squences footage 改为 25，单击"OK"按钮，如图 10-6-4 所示。

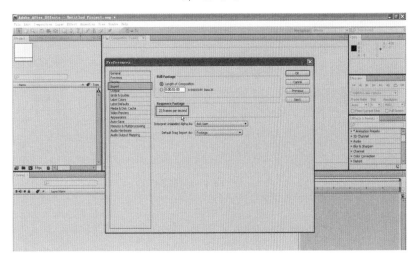

图 10-6-4

05 在 Project 面板下，单击鼠标右键选择 New Composition（新建合成），如图 10-6-5 所示。

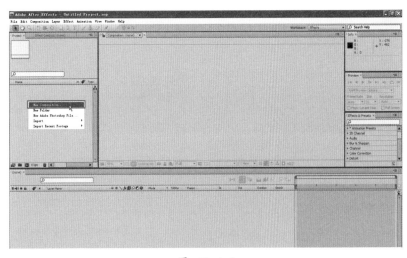

图 10-6-5

419

06 打开 Composition Settings 对话框,设置如图 10-6-6 所示。

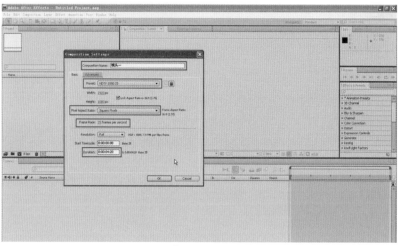

图 10-6-6

07 双击 Project 面板,导入素材"镜头 1 单独纸"序列,勾选 Targa Sequence(Targa 序列),单击"打开"按钮,如图 10-6-7 所示。

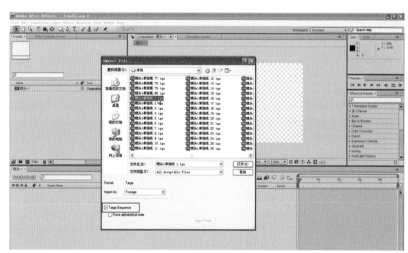

图 10-6-7

08 将"镜头 1 单独纸"序列拖曳到下面操作区面板中,选中该序列为其添加 Levels(色阶)特效,如图 10-6-8 所示。

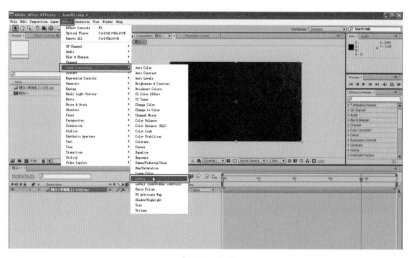

图 10-6-8

09 在 Effect Contrls（特效）面板下设置如图 10-6-9 所示。

图 10-6-9

10 在分别导入素材"镜头 1 单独墨水"和"镜头 1 单独笔"素材序列，并拖曳到操作区中，如图 10-6-10 所示。

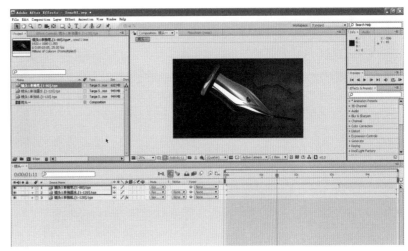

图 10-6-10

11 选中"镜头 1 单独墨水"层，用钢笔工具画如图所示路径，如图 10-6-11 所示。

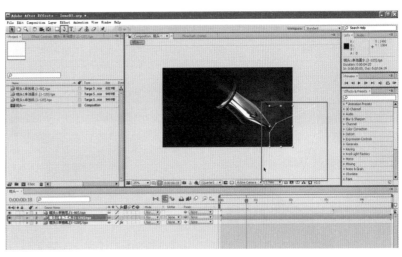

图 10-6-11

12 选中"镜头1单独墨水"层，按<M>键打开遮罩属性，在如图所示位置，单击 Mask Path（遮罩路径）属性前面的秒表 k 帧，并将 Mask Feather（羽化）（快捷键<F>）设置为 36×36，如图 10-6-12 所示。

图 10-6-12

13 向后拖动时间限，按住<Ctrl>键用钢笔工具拖动遮罩路径上的点，调整路径形状，跟随钢笔笔尖运动，这样自动记录一些关键帧，如图 10-6-13 所示。

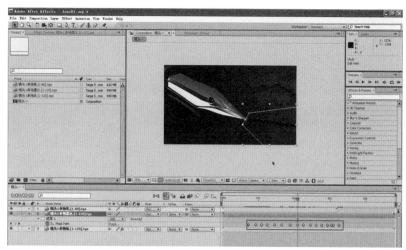

图 10-6-13

14 导入"字动画"动态素材，拖曳到工作区中，打开三维图层（标记处），将图层的模式改为 Color Dodge，如图 10-6-14 所示。

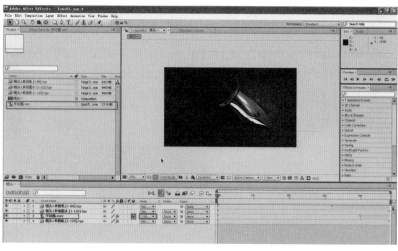

图 10-6-14

15 选中"字动画"层,画如图10-6-15所示的路径并K帧,让路径有个扩大的动画,将Mask Feather(羽化)值设置为:219×219,如图10-6-16所示。

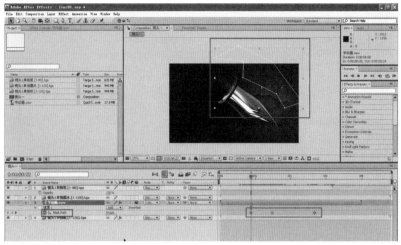

图 10-6-15

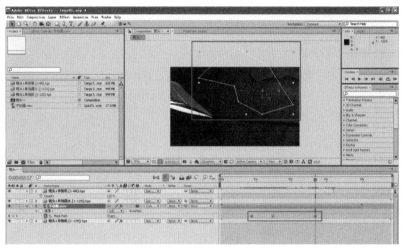

图 10-6-16

16 选中"字动画"层,分别按快捷键<Shift+S>、<Shift+R>、<Shift+T>追加缩放、旋转、透明属性,并设置关键帧,在第一帧位置设置scale(缩放)为:83、83、83%,Orientation(旋转属性):2、14、2.9,在第3秒24帧的位置设置scale:147、147、147%,Orientation:2、14、1,在第16帧的位置设置Opacity(透明):0%,在第2秒17帧的位置设置Opacity:100%,如图10-6-17所示。

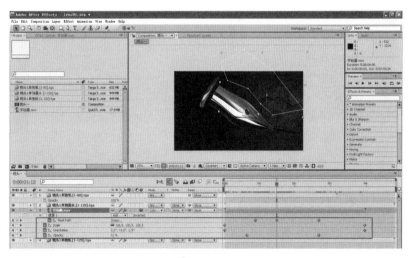

图 10-6-17

17 选中"字动画"层,按快捷键<Ctrl+D>复制图层,如图10-6-18所示。

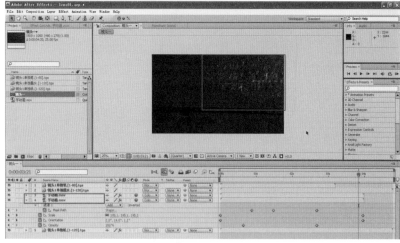

图 10-6-18

18 选中镜头一里的所有图层,按快捷键<Ctrl+Shift+C>嵌套合成,命名为:镜头1单独笔,单击OK按钮,如图10-6-19所示。

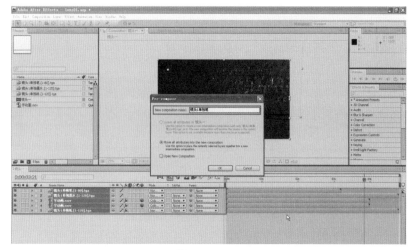

图 10-6-19

19 选择"镜头1单独笔"图层,将图层模式改为add,用钢笔工具画路径,将Mask Feather(羽化)值设置为:214 214,并勾选inverted(反转),k关键帧来模仿钢笔画出墨迹,如图10-6-20和图10-6-21所示。

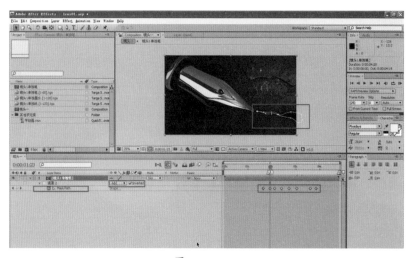

图 10-6-20

第 10 章　北京卫视整体包装栏目篇之档案

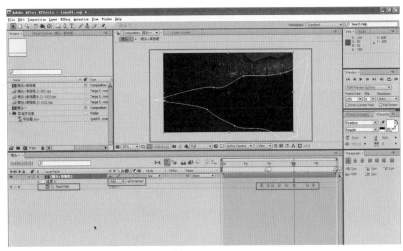

图　10-6-21

20 在 Project 面板下，新建一个合成，命名为：粒子 1，时长 5 秒，导入 MVI 9322 动态素材，拖曳到粒子 1 合成操作区下，为该层素材添加色阶特效，设置如图 10-6-22 所示。

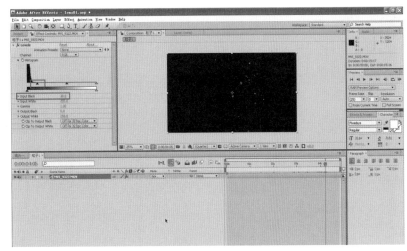

图　10-6-22

21 按住快捷键＜Alt＋/＞切除部分片段，设置 Anchor Point(中心点)：1184.2，-67.9，Position（位置）：1291.6，693.5，Scale（缩放）：36.7，36.3%，Rotation（旋转）：0，287，如图 10-6-23 所示。

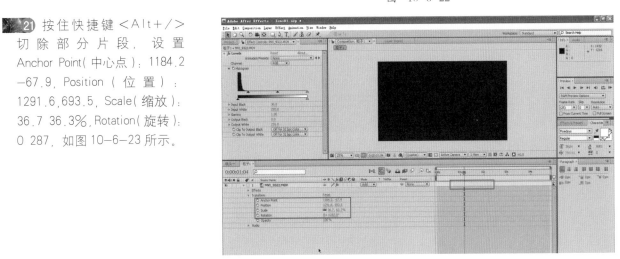

图　10-6-23

22 为 Opacity(透明)k帧,在17帧的位置:0%,在23帧的位置:100%,在2秒的位置:100%,在2秒8帧的位置:0%,如图10-6-24所示。

图 10-6-24

23 用钢笔工具画 Mask 遮罩,并设置关键帧,将 Mask Feather(羽化)值设置为:278 278,路径参考如图 10-6-25 和图 10-6-26 所示。

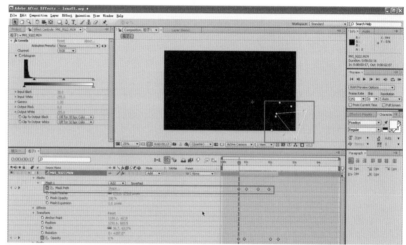

图 10-6-25

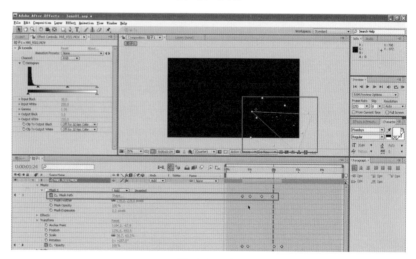

图 10-6-26

第10章 北京卫视整体包装栏目篇之档案

24 选择 MVI 9322 图层，复制 11 层，并将各个图层错开，适当调节各层的遮罩及透明值，如图 10-6-27 所示。

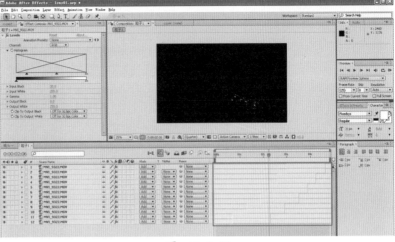

图 10-6-27

25 新建合成，命名为：粒子，时长 7 秒，将粒子 1 拖曳到该合成里，图层模式改为 add，并添加 Hue/Saturation（色相饱和度）特效，如图 10-6-28 所示。

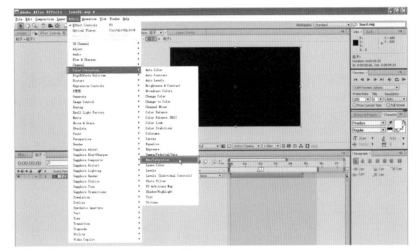

图 10-6-28

26 参数设置如图 10-6-29 所示。

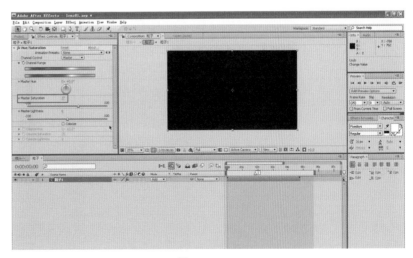

图 10-6-29

27 为该层添加 Gaussian Blur(高斯模糊)特效,如图 10-6-30 所示。

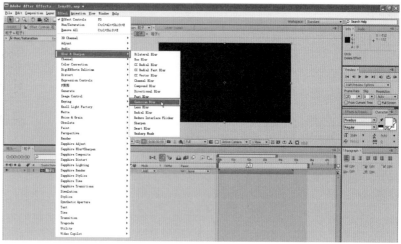

图 10-6-30

28 参数设置如图 10-6-31 所示。

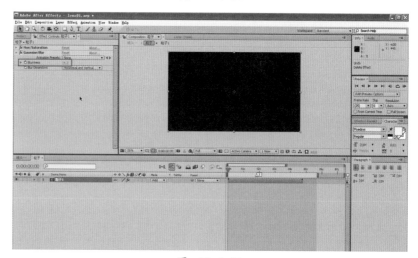

图 10-6-31

29 再为该层添加特效,执行 Effec → Trapcode → Starglow 命令,参数设置如图 10-6-32 所示。

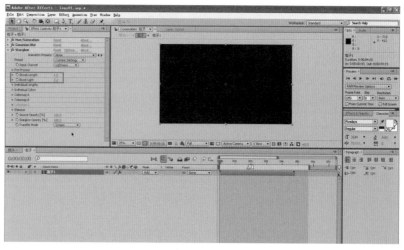

图 10-6-32

(30) 选择"粒子1"图层，复制三次，将复制三层的 Gaussian Blur 特效删除，并将四层错开，如图 10-6-33 所示。

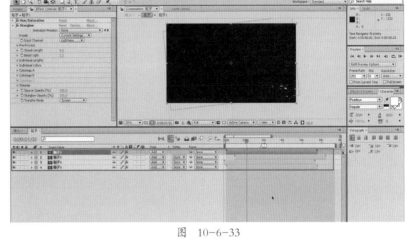

图 10-6-33

(31) 回到镜头一中，将"粒子"合成拖曳到镜头一中，将图层模式改为 Add，如图 10-6-34 所示。

图 10-6-34

(32) 新建固态层（快捷键 <Ctrl+Y>），将图层模式改为 Add，切除部分固态层，如图 10-6-35 所示。

图 10-6-35

大像无形——5DS+ 影视包装卫视典藏版（下）

33 为该层添加 Optical Flares 插件特效，如图 10-6-36 所示。

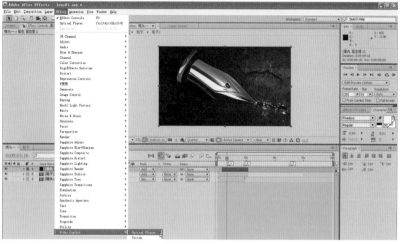

图 10-6-36

34 单击 options 按钮，打开对话框如图 10-6-37 所示。

图 10-6-37

35 将左侧下面不需要的光效单击后面的差号，若需再加入光效，将鼠标向右滑动，在弹出的对话框里选择需要的光效，最后单击 OK 按钮，最终的光效如图 10-6-38 所示。

图 10-6-38

第10章 北京卫视整体包装栏目篇之档案

36 为加入的光效设置关键帧，在1秒16帧的位置设置Position XY（XY轴坐标）：1956、0、-62，Center Position（中心位置）：26、1256，Brightness（亮度）：0，Scale（缩放）：120%，在2秒9帧的位置设置Brightness（亮度）：90，在2秒9帧的位置设置Brightness（亮度）：90，在4秒16帧的位置设置Brightness（亮度）：80，在5秒6帧的位置设置Position XY：-136 -183，Center Position：2638 1463，Brightness（亮度）：0，如图10-6-39所示。

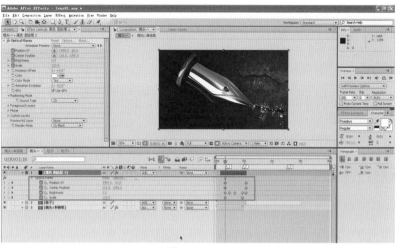

图 10-6-39

37 为该层添加色相饱和度特效，设置如图10-6-40所示。

图 10-6-40

38 再加色阶特效，设置如图10-6-41所示。

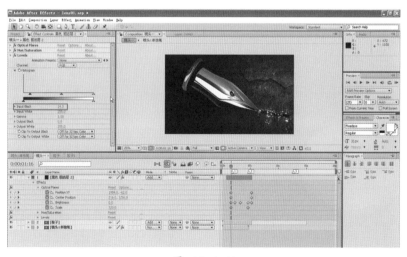

图 10-6-41

10.6.2 档案定版合成镜头

01 打开 After Effevt，在菜单栏下选择 Comsiption 下的 New Comsiption，新建一个项目工程（快捷键 <Ctrl+N>），命名为 dingban，Preset 预设选择 HDTV1920×1080，持续时间为 5 秒，Frame Rate 25 帧每秒，设置如图 10-6-42 所示。

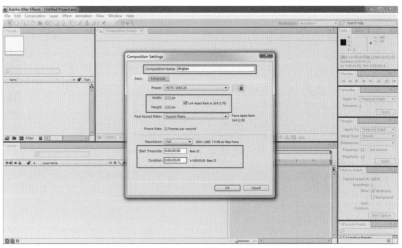

图 10-6-42

02 在菜单中选择 File 下选择 Import/File(快捷键 <Ctrl+I>)，或者可以双击 Project，导入定版背景 .015.0iff 素材右下角 iff Sequence 图片序列不要勾选导入单帧图片设置，如图 10-6-43 所示。

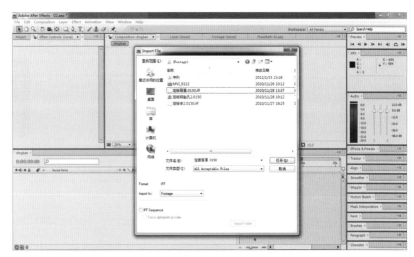

图 10-6-43

03 导入属性 Interpret Footage，选择 Alpha 里 Premultiplied-Matted With Color 第三项，如图 10-6-44 所示。

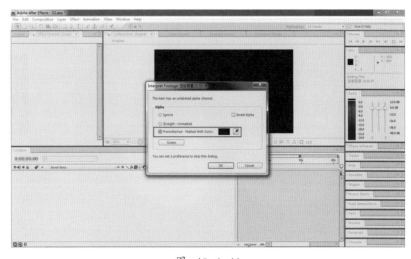

图 10-6-44

04 选择素材，执行 Effect 特效面板中 Color Correction 色彩校正面板里 Levels 色阶属性，调节色阶属性参数，如图 10-6-45 和图 10-6-46 所示。

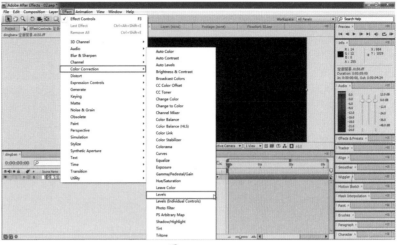

图 10-6-45

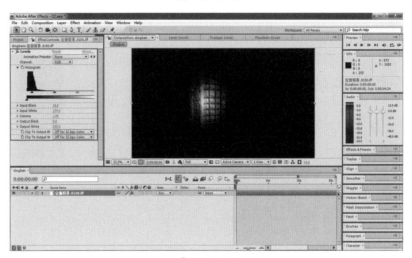

图 10-6-46

05 选择定版背景素材，添加菜单 Effect 特效面板里 Color Correction 色彩较正属性中 HueSaturation 色相饱和度属性调整信息，如图 10-6-47 和图 10-6-48 所示。

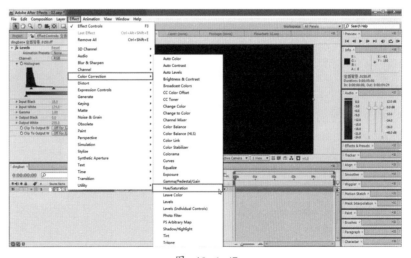

图 10-6-47

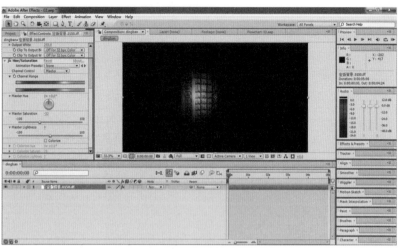

图 10-6-48

06 选择定版背景素材，用钢笔工具绘制Mask，并执行Inverted反向遮罩，如图10-6-49所示。

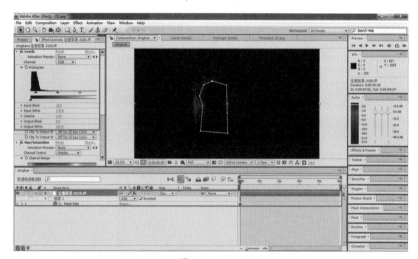

图 10-6-49

07 复制定版背景 .0150iff 素材，在Blending Mode混合面板属性下选择Add叠加属性，并按快捷键<T>，将不透明度Opacity设置为50%，如图10-6-50所示。

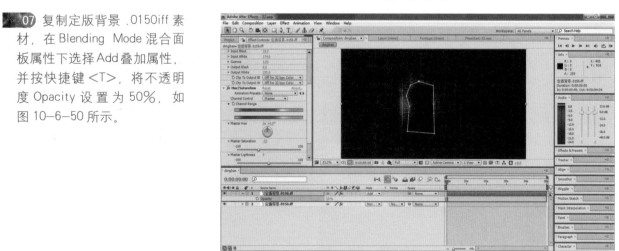

图 10-6-50

第10章 北京卫视整体包装栏目篇之档案

08 在菜单中选择 File 下选择 Import/File（快捷键 <Ctrl+I>），或者可以双击 Project，导入定版背景 .015.0iff 素材右下角 iff Sequence 图片序列勾选导入图片序列，设置如图 10-6-51 所示。

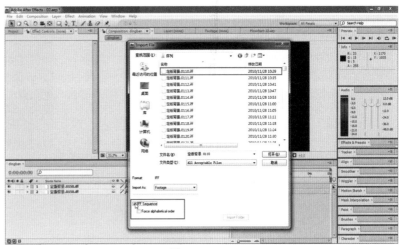

图 10-6-51

09 选择定版背景动态序列，添加菜单 Effect 特效面板里 Color Correction 色彩较正属性中 Levels 色阶属性，调节色阶属性参数，如图 10-6-52 所示。

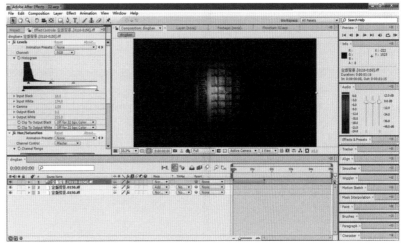

图 10-6-52

10 选择定版背景动态素材，将单帧背景上的 Mask 复制到动态素材图层序列上，并选择 Inverted 反向遮罩，如图 10-6-53 所示。

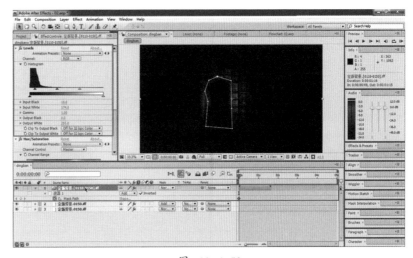

图 10-6-53

11 选择定版背景素材动态序列Mask，对Mask进行key帧并按住Mask单击快捷键<F>调整Mask Feather遮罩羽化值为70，如图10-6-54所示。

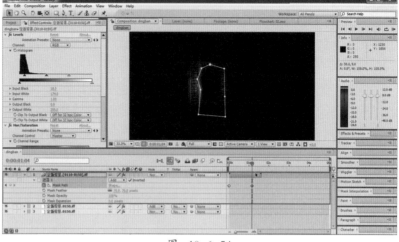

图 10-6-54

12 复制定版背景动态素材，执行Blending Mode混合面板属性下选择Add叠加属性，并按快捷键<T>将不透明度Opacity设置为50%，如图10-6-55所示。

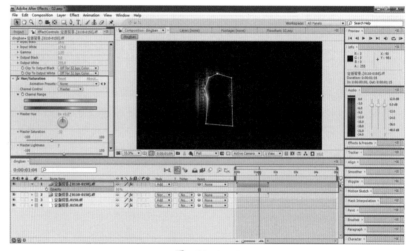

图 10-6-55

13 选择定版钥匙孔素材，单帧导入如图10-6-56所示。

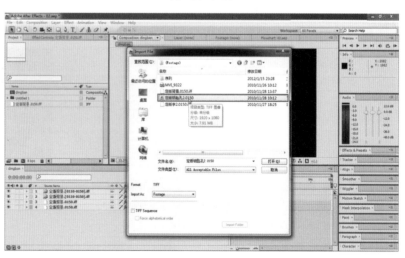

图 10-6-56

第10章 北京卫视整体包装栏目篇之档案

14 选择定版钥匙孔素材，绘制 Mask 并选择 Mask 按住快捷键 <F> 调整 Mask Feather 遮罩羽化值为 336，如图 10-6-57 所示。

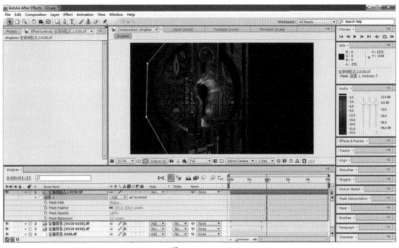

图 10-6-57

15 在菜单中选择 File 下选择 Import/File（快捷键 <Ctrl+I>），或者可以双击 Project，导入定版钥匙孔素材右下角 Tiff Sequence 图片序列勾选导入图片序列，设置如图 10-6-58 所示。

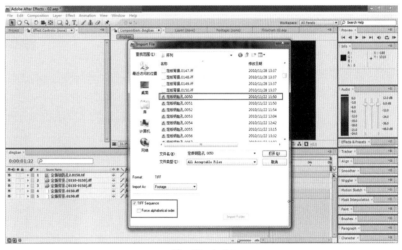

图 10-6-58

16 选择定版钥匙孔素材，执行 Effect 特效面板里 Blur&Sharpen 模糊工具中 RadialBlur 径向模糊，并对模糊属性 Amount k 帧，让锁从开始模糊到清晰 k 帧调整如图 10-6-59 和图 10-6-60 所示。

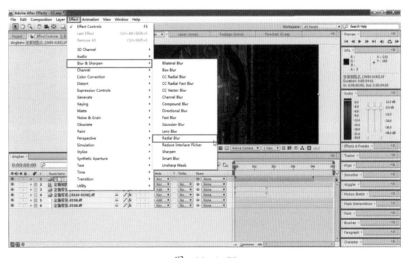

图 10-6-59

437

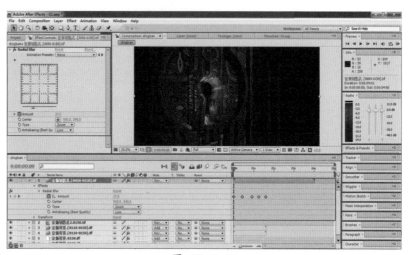

图 10-6-60

17 选择素材，执行 Effect 特效面板里 Color Correction 色彩校正属性 HueSaturation 色相饱和度属性，调整信息如图 10-6-61 和图 10-6-62 所示。

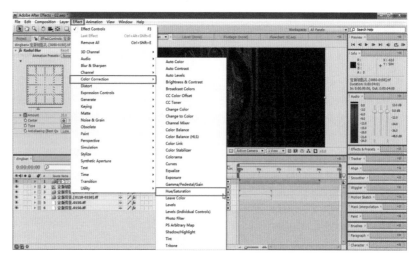

图 10-6-61

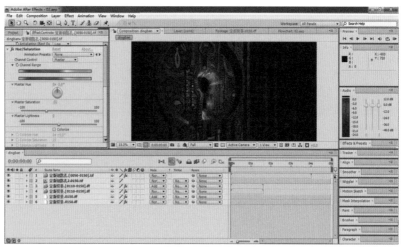

图 10-6-62

18 选择定版钥匙孔素材，执行 Effect 特效面板里 Color Correction 色彩较正属性中 Levels 色阶属性，调节如图 10-6-63 和图 10-6-64 所示。

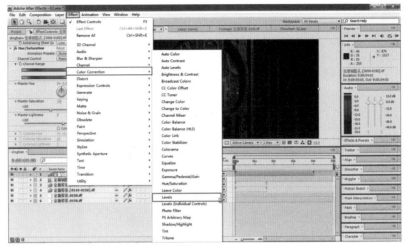

图 10-6-63

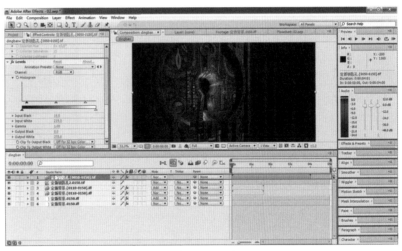

图 10-6-64

19 选择定版钥匙孔动态序列素材上 Mask，调整位置对 Mask Path 进行 k 帧，如图 10-6-65 所示。

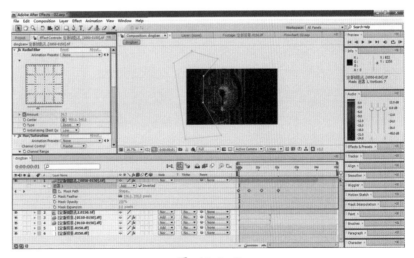

图 10-6-65

20 选择定版字素材,单帧导入放置如图 10-6-66 和图 10-6-67 所示。

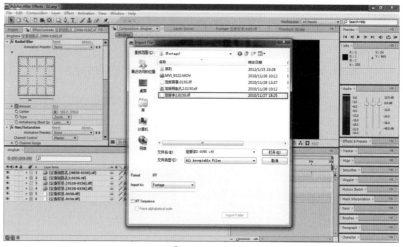

图 10-6-66

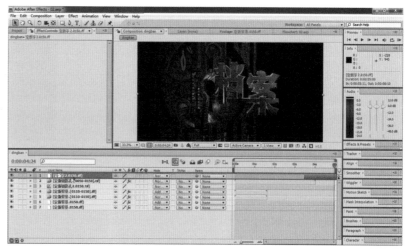

图 10-6-67

21 选择素材,执行 Effect 特效面板里 Color Correction 色彩较正属性中 HueSaturation 色相饱和度属性,调整信息如图 10-6-68 所示。

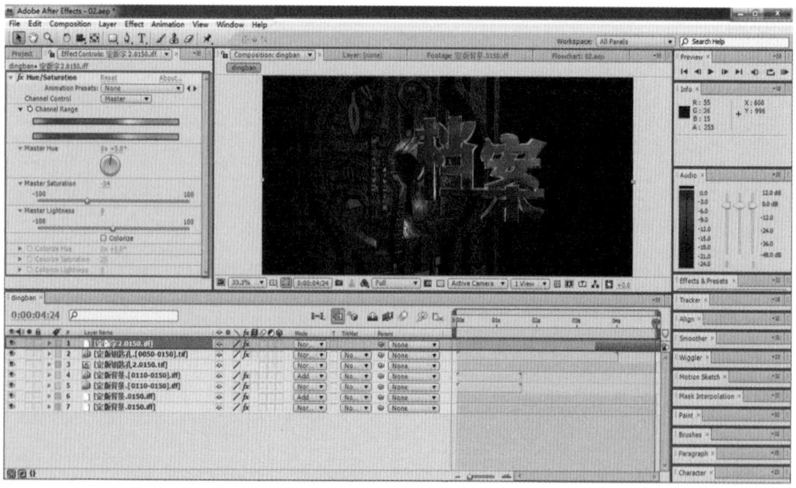

图 10-6-68

22 选择定版字单帧素材，添加 Effect 特效面板里 Color Correction 色彩较正属性中 Levels 色阶属性，调节如图 10-6-69 所示。

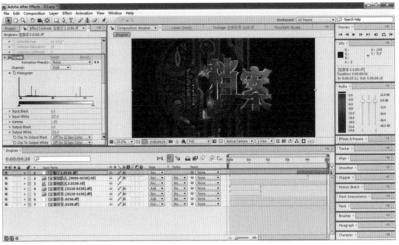

图 10-6-69

23 选择定版字单帧素材，执行 Blending Mode 混合面板属性下选择 Add 叠加属性，并按快捷键 <T> 将不透明度 Opacity 为 50% 放置素材，如图 10-6-70 所示。

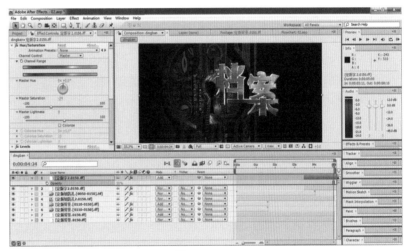

图 10-6-70

24 选择定版字 2 动态序列导入，如图 10-6-71 所示。

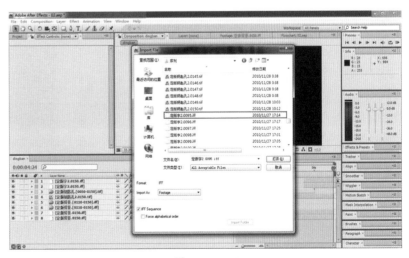

图 10-6-71

25 选择定版字 2 动态序列素材，复制一层添加 Effect 特效面板里 Color Correction 色彩较正属性中 HueSaturation 色相饱和度属性调整信息调整，并 Blending Mode 混合面板属性下选择 Add 叠加属性，并按快捷键 <T> 将不透明度 Opacity 为 50%，如图 10-6-72 所示。

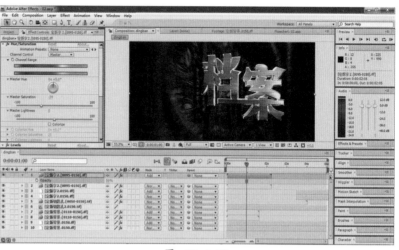

图 10-6-72

26 选择镜头 111 书动态素材导入序列，如图 10-6-73 和图 10-6-74 所示。

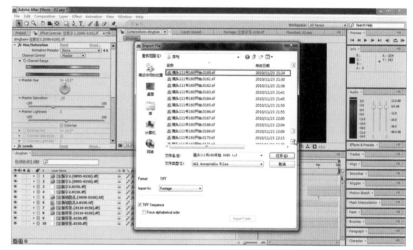

图 10-6-73

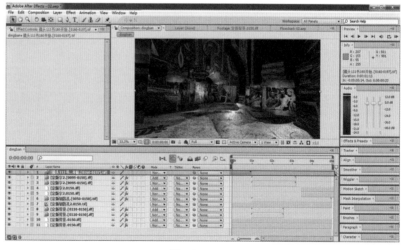

图 10-6-74

第10章 北京卫视整体包装栏目篇之档案

27 选择镜头111书动态素材，绘制Mask并对Mask进行k帧调整Mask大小，让素材有个向画面里面冲的动画，选择Mask按住快捷键<F>调整Mask Feather遮罩羽化231，如图10-6-75和图10-6-76所示。

图 10-6-75

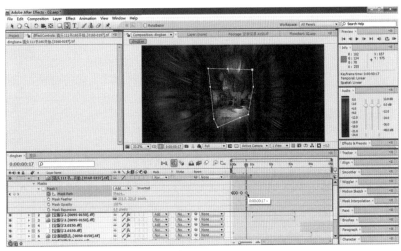

图 10-6-76

28 选择镜头111书动态素材，按住快捷键<T>，调整素材不透明度Opacity属性对不透明度进行k帧，首帧时候k为0依次K帧将不透明度数值，调整如图10-6-77和图10-6-78所示。

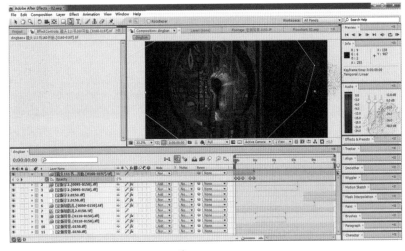

图 10-6-77

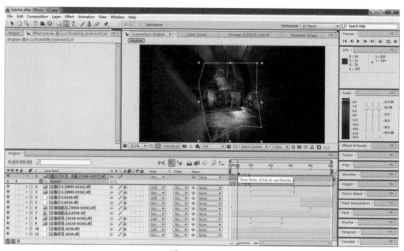

图 10-6-78

29 选择镜头 111 动态素材，执行 Effect 特效面板里 Blur & Sharpen 模糊工具中 Radial Blur 径向模糊属性，如图 10-6-79 所示。

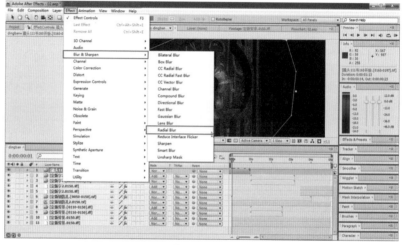

图 10-6-79

30 对素材 RadialBlur 径向模糊属性 Amount k 帧，首帧 k 为 0 第二帧 k 为 30，调整效果如图 10-6-80 和图 10-6-80 所示。

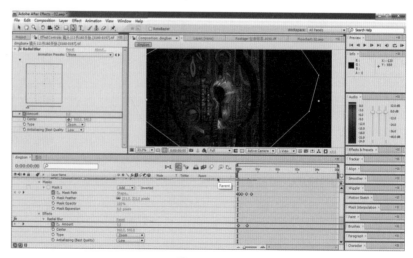

图 10-6-80

第 10 章　北京卫视整体包装栏目篇之档案

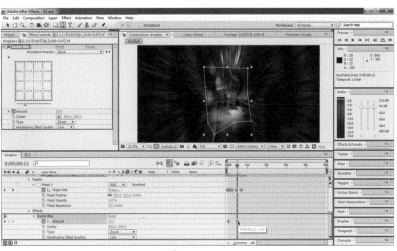

图 10-6-81

31 选择并导入 MVI9322 金粉素材 mov，在 Blending Mode 混合面板属性下选择 Screen 滤色命令，如图 10-6-82 和图 10-6-83 所示。

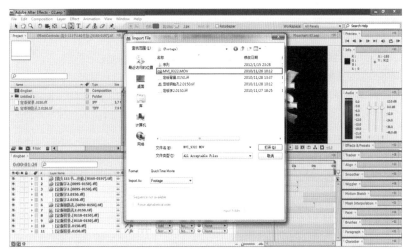

图 10-6-82

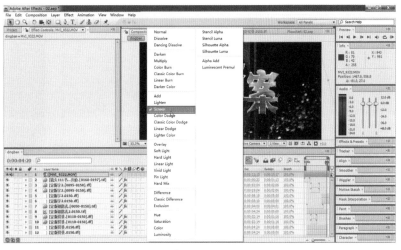

图 10-6-83

32 选择金粉素材 mov，执行 Effect 特效面板里 Color Correction 色彩较正属性中 Levels 色阶属性，调节如图 10-6-84 所示。

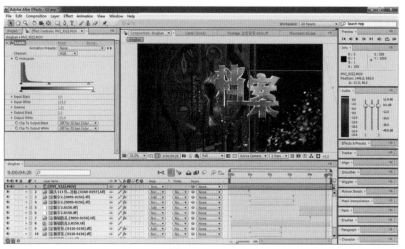

图 10-6-84

33 选择金粉动态 MOV 素材，添加 Effect 特效面板里 Color Correction 色彩较正属性中 HueSaturation 色相饱和度属性，调整信息如图 10-6-85 和图 10-6-86 所示。

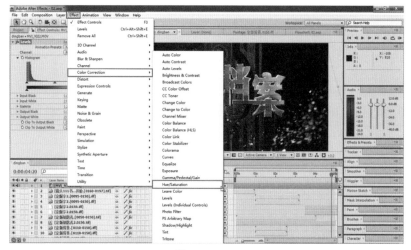

图 10-6-85

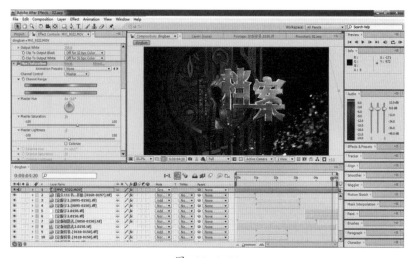

图 10-6-86

第 10 章　北京卫视整体包装栏目篇之档案

34 将光斑素材导入，执行 Effect 特效面板里 Blur&Sharpen 模糊工具中 FastBlur 快速模糊属性，调节如图 10-6-87 所示。

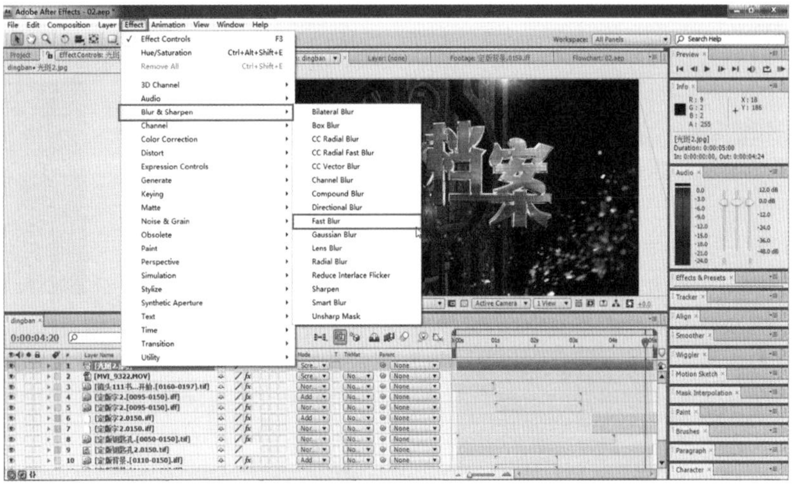

图 10-6-87

35 选择光斑素材，执行 Effect 特效面板里 Color Correction 色彩较正属性中 HueSaturation 色相饱和度属性，调整信息如图 10-6-88 和图 10-6-89 所示。

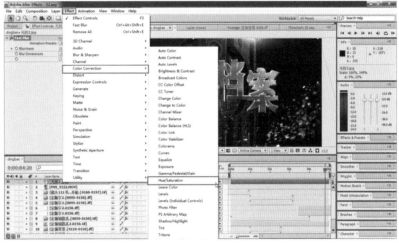

图 10-6-88

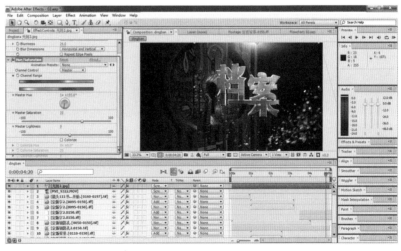

图 10-6-89

大像无形——5DS⁺影视包装卫视典藏版（下）

36 选择光斑素材，添加 Effect 特效面板里 Color Correction 色彩较正属性中 ColorBalance 色彩平衡调节，并选择 Blending Mode 混合面板属性下 Screen 滤色命令，如图 10-6-90 所示。

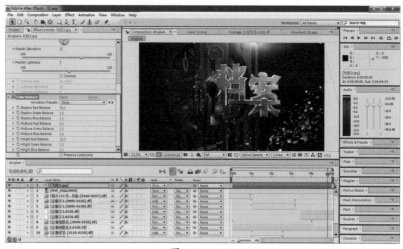

图 10-6-90